高等学校新工科数字媒体技术专业系列教材

游戏程序设计

主　编　李　仕

副主编　陶秀挺

西安电子科技大学出版社

内 容 简 介

本书是游戏开发的入门级教材，以游戏框架结构为着手点，讲解游戏开发的基础知识，内容涵盖游戏框架、游戏双缓冲显示、游戏循环控制、游戏动画、鼠标交互、游戏类封装、双人游戏等。书中案例均按游戏框架的模块结构展开，在开发层面详细描述游戏从原型到成品的开发过程，强调模块可用、可维护的思想。

全书分为三篇：游戏开发基础篇，SFML 游戏开发篇，SFML 高级应用篇。游戏开发基础篇提供了基于 C/C++标准库的控制台版贪吃蛇游戏案例，以帮助读者从通识性的 C/C++学习顺利过渡到专业性的游戏开发学习。为让读者的注意力从具体开发平台转向游戏开发本身，剩余篇章的教学案例依赖开源的简单快速媒体库（SFML）完成。

本书适合作为高等学校数字媒体技术、计算机科学与技术、软件工程等专业游戏开发课程的本科生或研究生教材，也可作为游戏开发爱好者的参考书。

图书在版编目(CIP)数据

游戏程序设计 / 李仕主编. —西安：西安电子科技大学出版社，2021.12
ISBN 978-7-5606-6189-6

Ⅰ. ①游… Ⅱ. ①李… Ⅲ. ①游戏—程序设计—高等学校—教材 Ⅳ. ①TS952.83

中国版本图书馆 CIP 数据核字(2021)第 172773 号

策划编辑 陈 婷
责任编辑 贾春兰 陈 婷
出版发行 西安电子科技大学出版社(西安市太白南路 2 号)
电 话 (029)88202421 88201467 邮 编 710071
网 址 www.xduph.com 电子邮箱 xdupfxb001@163.com
经 销 新华书店
印刷单位 陕西天意印务有限责任公司
版 次 2021 年 12 月第 1 版 2021 年 12 月第 1 次印刷
开 本 787 毫米×1092 毫米 1/16 印张 20
字 数 476 千字
印 数 1～3000 册
定 价 45.00 元
ISBN 978-7-5606-6189-6 / TS
XDUP 6491001-1

前　言

游戏行业是一个朝阳行业，但面向游戏开发类人才培养的成系统的资源相对较少。现有的游戏开发类书籍大多是偏向编程知识、算法讲解的传统理论型教材，或者是仅对游戏成品案例进行解读性介绍的书籍。同时，由于涉及商业利益或机密，绝大多数游戏案例是针对特定开发平台的，存在平台局限性和细节讲解不深入的问题。

本书结合游戏行业对人才需求的实际情况，以项目为导向，强调游戏框架模块化和游戏维护的重要性，依据产学合作、协同育人的指导思想，尝试采用迭代式开发方式进行案例讲授，传递"编程出错是正常的""代码是调试出来的"等信息，提升读者面对问题的勇气，锻炼读者发现问题和解决问题的能力。

编者的学生中曾有人质疑过，老师怎么能在课程内容上给学生挖坑呢？师者，所以传道授业解惑也。概念性知识的讲授，不容有马虎。"游戏程序设计"是传统编程类课程偏向具体行业应用而延伸出来的一个分支，相对来讲是一个比较新兴的课程，至少是一个知识体系在不断完善、讲授方法在不断改进的课程。采用迭代式开发方式讲授的优点是：可以先试着动手做，再及时总结、改进、巩固所学。

以第 9 章"鼠标交互案例——扫雷"为例，整章约 60 页篇幅，但并没能把微软版扫雷游戏的规则完全展现。其原因有三点：首先，本书定位为入门级教材，讲解游戏程序如何设计，注重游戏开发能力的培养，重心不是游戏规则的制订。扫雷游戏简单，但规则不简单，用思维导图绘制出来的微软版游戏规则，一页纸放不下。当游戏规则复杂时，容易分散初学者学习程序设计过程中的注意力，导致其需花更多时间去琢磨游戏规则。其次，本书讲授的方法针对的是程序设计过程中的问题，而这些问题大多存在于开发过程中。成品游戏中存在的问题并不适合初学者过多接触。因此，本书内容上所谓的"坑"，都是开发过程中比较常见的问题。最后，所有知识点的学习，从来不会一上来就展示标准答案。一开始就有答案了，读者的思考能力容易被禁锢。本书不是工具书。在有搜索引擎存在的时代，编者更希望分享的是分析问题和解决问题的乐趣。

本书采用 C/C++作为开发语言，读者需要具备 C/C++基础知识。鉴于当前游戏开发平台较多，为了让读者脱离具体的开发平台，专注于游戏开发内在的知识，书中引入开源的简单快速媒体库（SFML）。SFML 库基于 OpenGL 开发，本身跨平台并支持多语言。该库遵守 zlib/libpng 许可，除了不允许将他人的源码标榜为自己的源码外，在使用上没有其他限制。

本书内容以游戏的框架结构为核心，以具体案例为形体，精选有代表性的游戏案例覆盖游戏开发的基本知识点。全书内容分为游戏开发基础篇、SFML 游戏开发篇、SFML 高级应用篇。

游戏开发基础篇围绕游戏框架讲授 Console 平台下如何用 C++语言实现贪吃蛇的游

戏原型，并讲授游戏循环的各种控制原理和技巧，以帮助读者从通识性的C/C++学习顺利过渡到专业性的游戏开发学习，使其快速掌握游戏框架的概念。

SFML游戏开发篇主要讲授SFML媒体库在游戏开发过程中的基本运用。讲授过程中，以第一篇中的贪吃蛇游戏为载体，将游戏案例从Console版贪吃蛇过渡到SFML版贪吃蛇。为了让读者深入地理解和掌握游戏动画与游戏逻辑数值之间的内在关系，在本篇案例的游戏动画中做了一些不同于原版游戏的设定。例如，SFML版贪吃蛇的最终版本中，贪吃蛇的动画可以在步进式移动和连续式移动之间任意切换。

SFML高级应用篇引入扫雷和俄罗斯方块两个经典游戏。扫雷案例主要讲解鼠标的交互实现方法。书中以微软的扫雷游戏为原型，引导读者思考鼠标的各种交互行为的设定与实现，该案例的最终版展示了一个随时可以更换游戏各种素材的案例。俄罗斯方块案例在扫雷游戏的基础上引入了面向对象类的概念，给读者展示了一个双人版的俄罗斯方块游戏。为引发学生思考和尝试开发新的游戏功能，案例中又追加了诸如两个玩家之间可以进行方块交换等功能的设定。

游戏的类型很多，一本入门级教材很难做到面面俱到，且贪多容易嚼不烂。本书通过在经典游戏案例上添加新的游戏元素，逐步增加游戏的复杂度和难度，为读者揭开了游戏开发的神秘面纱，揭示了游戏画面与逻辑数值之间的联系，让读者在记忆、理解知识的基础上，学会应用知识，进而学会分析、评估，最终达到创新的目的。由于学时设定的缘故，本书并未涵盖网络通信、AI、物理引擎等游戏开发应用的高级模块。

本书内容来源于杭州电子科技大学2018年度立项的MOOCs/SPOC翻转课堂改革项目“游戏程序设计”课程，得到了2019年第二批教育部产学合作协同育人项目之教学内容与课程体系改革项目的支持。

本书在编写过程中参考了大量的文献资料，其中一些资料来自互联网和一些非正式的出版物，书后的参考文献无法一一列举，在此对原作者表示诚挚的谢意！

本书由李仕和陶秀挺共同编写。

编者按本书内容执教“游戏程序设计”课程以来，尽管学评教在全校一直名列前茅，在学院的排名稳居前三，但在教材的实际编写过程中发现，能上好课不一定等同于能写出好教材，这是两个不一样的范畴。为此，编者在编写本书期间内心诚惶诚恐，只希望能将我们在课堂上所讲授的内容、方法，采用的授课理念、思路尽量表达清楚。由于编者水平有限，书中难免有欠妥之处，恳请专家和广大读者不吝指正。编者信箱：brightlishi@hdu.edu.cn。教材对应的线上资源链接：https://mooc1.chaoxing.com/course/95301317.html。

线上资源链接

编　者

2021年8月

目　录

第一篇　游戏开发基础

第二篇 SFML 游戏开发

第三篇　SFML 高级应用

第一篇

游戏开发基础

第1章　概　　述

1.1　游戏开发

1.1.1　游戏运行原理

游戏开发是运用计算机技术对游戏剧情进行设定(游戏初始化)，在游戏程序运行过程(游戏循环)中，让用户通过输入设备(游戏输入)参与游戏的情节(游戏逻辑)，并以图形和文字的形式将游戏逻辑呈现在屏幕上(图形绘制)，作为用户输入的响应。

简单地说，游戏开发的实质是用数据对象来描述游戏内容，遵照游戏的逻辑规则，对数据数值进行更新，并以可视化的方式将游戏数据进行呈现，实现和谐的人机交互。游戏开发中的5个主要模块是游戏初始化、游戏循环、游戏输入、游戏逻辑、图形绘制。

1.1.2　游戏开发语言

编程语言是使计算机理解和识别用户意图的一种媒介，它是由一系列按照特定的规则组合的计算机指令构成的。按照编程语言规则组织起来的一组计算机指令称为计算机程序。

程序设计语言包括3大类：机器语言、汇编语言和高级语言。

机器语言是一种二进制语言，它直接使用二进制代码表达指令，是计算机硬件可以直接识别和执行的程序设计语言。二进制代码编写的程序难以阅读和修改，于是汇编语言诞生了，它使用助记符与机器语言中的指令进行对应，以提高编程效率。机器语言和汇编语言都是面向计算机硬件的低级语言。

高级语言是接近自然语言的一种编程语言，可以更容易地描述编程问题并利用计算机解决编程问题。高级语言与计算机结构无关，同一种高级语言在不同计算机上的表达方式是一致的。迄今为止诞生了两千多种高级语言，但是大多数语言由于应用领域狭窄而退出了历史舞台。一般来说，通用编程语言比专用于某些领域的编程语言生命力更强。目前还被经常使用的编程语言包括C、C++、Java、Python、C#、Co、JavaScript、PHP、SOL、Verilog等。

1.1.3　编译和解释

高级语言按照计算机执行程序的过程不同可分成两类：编译型语言和解释型语言。编译型语言在程序执行之前，有一个单独的编译过程，即将高级语言源代码转换成目标机器语言代码。执行代码编译的计算机程序通常称为编译器(Compiler)。C/C++等都是编译型语言。

解释型语言是在程序运行的时候将代码翻译成机器语言，源代码逐条翻译，边翻译边执行。执行解释的计算机程序称为解释器(Interpreter)。高级语言源代码与数据一同输入给解释器，然后输出运行结果。Java、C#、其他脚本语言等都是解释型语言。虽然 Java 程序在运行之前也有一个编译过程，但并不是将程序编译成机器语言，而是将它编译成字节码(可以理解为一个中间语言)。Java 程序在运行的时候由 JVM 将字节码再翻译成机器语言。

编译型语言和解释型语言的区别是：

(1) 编译型语言是一次性完成翻译的，一旦程序被编译，就不再需要编译程序或者源代码；解释型语言则在每次程序运行时都需要解释器和源代码。

(2) 编译型程序是面向特定平台的，具有平台依赖性；解释型语言只要存在解释器，源代码就可以在任何操作系统上运行，具有可移植性好的跨平台特性。

编译型语言的编译过程只进行一次，所以，编译过程的速度并不是关键，而目标代码的运行速度才是关键。因此，编译器一般都集成尽可能多的优化技术，使生成的目标代码具备更好的执行效率。但是解释器不能集成太多优化技术，因为代码优化技术会消耗运行时间，使整个程序的执行速度受到影响。因此，运行解释型语言编写的程序时，必须先运行相关的解释器。解释器是复杂的、智能的，它在运行时会占用很多内存和 CPU 资源。

编译型语言最大的优势之一就是其运行速度快。例如，用 C/C++编写的程序运行速度要比用 Java 编写的相同程序快 30%～70%。

1.1.4 游戏引擎

在游戏开发的早期，一些游戏开发者为了节省成本，将前一款类似题材游戏中某些部分的程序代码拿来作为新游戏的基本框架，以降低开发时间与成本。由此慢慢地演化出了游戏引擎的概念。经过多年的不断发展和完善，如今的游戏引擎已经发展成一种由许多子系统共同构成的复杂框架系统，它几乎涵盖了整个开发过程中的所有重要环节，如模型建立、动画管理、声音管理、粒子特效、物理碰撞、数据管理、网络联机，以及其他专业性的编辑工具与套件等。通过稳定的游戏引擎开发游戏，可以省下大量研发时间与成本。

尽管引擎的不断改进使得游戏中的技术含量越来越高，但游戏引擎的研发需要耗费大量的时间及金钱，所以现今的游戏开发通常分为两种类型：一种是完全投入游戏引擎的开发，代表性的引擎产品有 Cocos、Unity、Unreal 等；另一种则是购买现成的游戏引擎来制作游戏。当然，也有一些游戏制作公司(比如暴雪公司)选择自行研发游戏引擎。自行研发游戏引擎有利有弊，若掌握相应程度的游戏引擎技术，则在游戏开发过程中的话语权会相应增加，在一些特殊时期可以避免一些“卡脖子”事件的出现。

1.2 编程基础

本书的读者需要具备 C/C++基础知识。因为 C11、C18、C++11、C++14、C++17、C++20

等标准先后推出，C/C++仍在不断发展，所以，建议读者主动学习 C/C++的新功能和新标准，确保自己已掌握了语言的重要特性之后，再进行有效率的编程。

1.2.1　基础知识

现给出学习本书可能会用到的基础知识。

1. 编译、生成与调试

编译(Compile)是使用编译器将用编程语言(源语言)编写的计算机代码转化成能在目标处理器上执行的机器指令(目标语言)的过程。

生成(Build)是将源代码文件转换为可以在计算机上运行的独立软件的过程。

调试(Debug)是查找和解决程序源代码、计算机软件或系统中的错误(妨碍正确操作的缺陷或问题)的过程。

2. 基础程序结构

C/C++的基础程序结构包括#include 头文件、main()函数等。

头文件(header)是使类或其他名字的定义可被多个程序使用的一种机制。程序通过#include 指令使用头文件。

main()是操作系统执行一个 C/C++程序时所调用的入口函数。每个程序必须有且只有一个命名为 main 的函数。

3. 基本数据类型

C/C++的基本数据类型包括布尔类型、字符型、整型、浮点型、双浮点型、无类型、宽字符型等。

4. 复合数据类型

C/C++的复合数据类型包括数组、结构体、联合体、枚举、字符串等。

5. 控制结构

C/C++的控制结构包含顺序结构、选择结构、循环结构。顺序结构中，表达式按照前后顺序执行；选择结构可以使用 if 语句或者 switch 语句实现；C/C++中包含 3 种循环语句：while、do while 和 for。

6. 函数

函数是把一个语句序列(函数体)与名称(函数名)和函数参数列表(或无形参列表)进行关联的 C/C++实体。函数可以将返回值发送回调用它的程序模块。函数可理解为一组一起执行一个任务的语句。

7. 函数参数传递

函数形参列表包括函数参数的类型、顺序、数量。参数是可选的，函数可能不包含参数。当函数被调用时，用户向参数传递一个值，这个值被称为实际参数。每次调用函数时都会重新创建它的形参，并用传入的实参对形参进行初始化。

8. 动态内存分配与指针

动态内存分配是指在程序执行的过程中动态地分配或者回收存储空间的分配内存的

方法。

指针是一个对象，存放着某个对象的地址。

9. 类型转换

类型转换是转换一种类型的值为另一种类型的值的过程。C/C++语言定义了内置类型的转换规则。

10. 类和面向对象

类是C++中最基本的特性之一，是一种用于定义自己的数据结构及其相关操作的机制。

面向对象是相对于面向过程来讲的，它把相关的数据和方法组织为一个整体来看待，从更高的层次来进行系统建模，更贴近事物的自然运行模式。

11. 面向对象编程的继承与多态

面向对象编程(OOP)的继承是由一个已有的类(基类)定义一个新类(派生类)的编程技术。派生类将继承基类的成员。

多态是指程序通过引用或指针的动态类型获取特定行为的能力。

12. 标准模板库

标准模板库(STL)是一套功能强大的 C++模板类和函数，这些模板类和函数可以实现多种流行和常用的算法和数据结构，如向量、链表、队列、栈。

13. 链接

链接是链接器或链接编辑器将一个或多个目标文件(由编译器或汇编器生成)组合成单个可执行文件、库文件或另一个目标文件的过程。

1.2.2 与高级编程相关的概念

本节给出一些与高级编程相关的概念。

1. 模板

一个模板(Templates)就是一个创建特定类或函数的蓝图。

2. 运算符重载

运算符重载(Operator Overloading)就是对已有的运算符重新进行定义，赋予其另一种功能，以适应不同的数据类型。

3. 命名空间

命名空间(Namespaces)表示一个标识符(identifier)的可见范围。一个标识符可在多个命名空间中定义，但它在不同命名空间中的含义是互不相干的。

4. 移动语义

移动语义(Move Semantics)是指在一些对象进行构造时把已有的资源(如内存)非拷贝地直接移动(move)给被赋值的左值对象，以提升性能。

5. 元编程

元编程(Metaprogramming)是指某类计算机程序的编写，这类计算机程序编写或者操纵其他程序(或者自身)作为它们的数据，或者在运行时完成部分本应在编译时完成的工作。

1.2.3 与代码维护和优化相关的概念

本节给出与代码维护和性能优化相关的概念。

1. 性能分析

性能分析(Profiling)是以收集程序运行时的信息为手段研究程序行为的分析方法。性能分析的对象是程序的空间或时间复杂度、特定指令的使用情形、函数调用的频率及运行时间等。

2. 优化技术与编译器优化

优化技术的目的是通过一定的方法或策略使系统或程序的有关性能提升。

编译器优化是一种试图最小化或最大化可执行计算机程序的某些属性的编译器设置。常见的要求是最大限度地减少程序的执行时间、内存占用、存储大小和功耗。

3. 编码规范、命名规范与注释

编码规范(Coding Conventions)是针对特定编程语言的一组指南，为用该语言编写的程序的每个方面推荐编程风格、实践和方法。

命名规范(Naming Conventions)是为了对标识符的名称字符串进行定义(即命名)而规定的一系列规则。命名规范的目的是提高源代码的易读性、易认性、程序效率以及可维护性。

注释(Writing Comments)是计算机程序源代码中程序员可读的解释。添加注释的目的是使人类更容易理解源代码。

4. 重构技术

重构技术(Refactoring Techniques)是在不改变其外部行为的情况下重构现有计算机代码的技术。

5. 高级数据结构和算法

掌握多维数组、哈希表、树与二叉树、优先队列与堆、并查集、红-黑树等高级数据结构，并结合内排序、外排序、检索、索引等算法，可提升程序的运行效率。

6.数据抽象、模块化与职责分割

面向对象的编程思想是利用数据抽象、模块化、职责分割等技术编写程序。数据抽象是对现实世界的一种抽象，从实际的人、物、事和概念中抽取人们关心的共同特性，忽略非本质的细节，把这些特性用各种概念精确地加以描述。模块化是指将程序的功能分成独立的、可互换的模块。职责分割是指把系统功能中的各个步骤分给不同的个体，以防个体影响进程。

7. 库文件和 API

库文件是计算机上的一类文件，提供给使用者一些开箱即用的变量、函数或类。应用程序接口(API)是计算机之间或计算机程序之间的接口。库文件和 API 的设计理念有助于代码的维护和优化。

8. 软件配置管理

在软件工程中，软件配置管理(SCM)的任务是跟踪和控制软件变更，如git、SVN的版本控制等。

9. RAII、PIMPL、Erase-Remove、Copy & Swap

RAII(Resource Acquisition Is Initialization)也称为"资源获取就是初始化"，是C++等编程语言常用的管理资源、避免内存泄露的方法。RAII保证在任何情况下使用对象时先构造对象，后析构对象。

PIMPL(Private Implementation 或 Pointer to Implementation)通过一个私有的成员指针，将指针所指向的类的内部数据的实现进行隐藏。

Erase-Remove用于从C++标准库容器中删除满足特定条件的元素。

Copy & Swap用于保证重载赋值运算符的异常安全的实现。它是保证异常安全的利器。

1.2.4 其他底层知识

本节给出其他底层知识。

1. 管线渲染和OpenGL

管线渲染是计算机图形系统将三维模型渲染到二维屏幕上的过程。

OpenGL是用于渲染2D、3D矢量图形的跨语言、跨平台的应用程序接口。

2. 网络协议

常用的网络协议有传输控制协议(Transmission Control Protocol，TCP)和用户数据包协议(User Datagram Protocol，UDP)。TCP是一种面向连接的、可靠的、基于字节流的传输层通信协议，由IETF的RFC 793定义。UDP是一个简单的面向数据包的通信协议。

3. 音频知识

音频知识包括声音采样频率、衰减、音波特性等。采样频率定义了每秒从连续信号中提取并组成离散信号的采样个数，它用赫兹(Hz)来表示。衰减是声波在介质中传播时声能减少的现象。音波特性主要指主观感受，其参数有音调、响度和音色等。

4. 操作系统

Windows、Linux、iOS、Android等是目前的主流操作系统。

1.3 库文件和链接冲突

1.3.1 x86和x64

处理器可以理解并正确执行的指令集合称为指令集。处理器架构是处理器的硬件架构，可以实现指令集所规定操作运算的硬件电路。因为Intel公司的处理器架构非常流行，其产品型号早期以86结尾，所以它们提供的指令集被称为x86指令集。标记为x86的架构均为32位寄存器架构。因此，x86是32位的同义词。

32位寄存器只能寻址4 GB的内存，当32位寄存器不够用，处理器开始使用64位寄存器的时候，处理器架构进入x64时代。AMD公司首先提出用于64位架构的指令集，因此出现了AMD64一词。在某种程度上来说，指令集决定了处理器的架构。如今，x64、x86-64和AMD64均表示64位架构。

在编译代码时，编译器最终会将语法上合法的代码转换为要在目标处理器上执行的机器指令。因此，程序在本质上是将CPU内部指令集按照给定的方式组合而成。由于x64体系结构完全向后兼容x86指令(x64可理解为一个超集)，因此64位架构上也可以运行为x86系统编译的可执行文件。当然，这需要操作系统内核的支持。

一些操作系统(如Linux和OS X)以牺牲程序的可移植性为代价，针对其目标体系结构进行特定的代码编译优化。在这些系统上，通常不必担心架构类型的选择。因为它们已经基本放弃了对32位处理器的支持。

Windows操作系统更倾向于可移植性，而不是潜在的性能提升。由于微软公司不敢轻易停止在其新版的Windows操作系统上对旧版应用程序的支持，因此它们选择让32位和64位应用程序在新版Windows上兼容并行运行。

1.3.2 库文件和链接冲突

编程语言的库文件相当于一个代码仓库，它为使用者提供一些可以直接使用的变量、函数或类。在库文件的发展史上经历了无库－静态链接库－动态链接库的时代。这里的库指的是对源代码进行事先编译后生成的二进制文件。库文件的好处是可以减少重复编译的时间，增强程序的模块化。静态链接库与动态链接库是共享代码的两种不同方式。如果采用静态链接库，则库中的指令被直接包含在最终生成的可执行文件中；若使用动态链接库，则该库文件不被包含在最终可执行文件中，可执行文件执行时将动态地引用和卸载这个与可执行文件相独立的库文件。

在Windows操作系统中对库文件进行链接时，经常会出现混淆的情况。其根源在于Windows同时支持x86和x64指令集，在默认情况下大多数软件优先使用x86指令集。因此在使用库文件时，除非事先知道库文件编译的指令集版本，否则程序员将无法在不通过检测的情况下知道该库文件是否与自己的编译器的参数设置相匹配。

Windows下的各种常见集成开发环境IDE中，GCC或clang不像Visual Studio那样会对架构冲突进行显式检查，而只是忽略体系结构不匹配的所有符号，看起来链接器似乎接收了库文件，但实际上它根本不处理任何一个库文件，从而导致链接期间出现大量未定义的引用。如果使用这些IDE中的任何一个，则建议不要在Windows上针对x64构建程序。如果确实必须在Windows上针对x64进行构建，请使用微软的Visual Studio。

在使用Visual Studio进行构建时，链接器将检查要相互链接的所有模块的机器类型(体系结构)。如果发现不匹配，则它将因错误而中止。该错误通常看起来像这样：

fatal error LNK1112: module machine type 'X86' conflicts with target machine type 'x64'

其中，X86和x64的位置可能会被交换。要解决此错误，只需确保库文件和IDE环境的编译指令集的版本相匹配，且不发生冲突。

1.4 软件许可证

1.4.1 软件许可证

在游戏产业高速发展的年代，程序员完全从底层开始游戏开发编程，这是一件很困难的事情。目前，知识产权的概念已深入人心，我们需要直面软件许可和授权的问题。软件许可证是一种格式合同，由软件(或源代码)作者与用户签订，用以规定和限制用户使用软件(或其源代码)的权利，以及作者应尽的义务。常用的软件许可证包括 GPL 许可证、BSD 许可证、私权软件许可证等。

GNU 通用公共许可证(General Public License，GPL)是由自由软件基金会发行的用于计算机软件的协议证书，使用该证书的软件被称为自由软件(free software)。大多数的 GNU 程序和超过半数的自由软件均使用它。GPL 许可证允许软件(或源代码)作者对相应的服务收取一定的费用。因此，自由软件中的自由不是指价格免费。

相较于 GPL 的严格性，BSD 许可证就宽松许多，只需要附上许可证的原文。不过 BSD 还要求所有进一步的开发者将自己的版权资料放上去，所以使用以 BSD 许可证发行的软件时可能会出现一个小状况，就是这些版权资料许可证占的空间比程序(或源代码)还大。

1.4.2 zlib/libpng 许可

zlib/libpng 许可是一个更加宽松的自由软件授权协议。基于 zlib / libpng 许可的软件或源代码可免费使用(包括商业用途)，且在其使用过程中没有任何限制，甚至可以省略提及。但有一种状况除外，即如果用户使用了该软件或源代码，则不得声称相应软件或源代码是自己编写的。

zlib/libpng 许可的中文翻译如图 1-1 所示。

zlib / libpng 许可证(Zlib)

版权(c)<年份><版权所有者>

该软件按“即-是”方式提供，没有任何明示或暗示的保证。作者概不对使用此软件引起的任何损失负责。

任何人均有权将本软件用于任何目的(包括商业应用程序)，并可以对其进行更改和自由分发，但要遵守以下限制：

(1) 本软件的来源不得虚假记载；不得声称自己编写了原始软件。如果在产品中使用了该软件，则可以在产品文档中鸣谢，但这不是必需的。

(2) 经过修改的源代码版本必须做明确的标识，并且不得将其误认为原始软件。

(3) 本声明在任何源码的发布中均不可以移除或修改。

图 1-1　zlib / libpng 许可的中文翻译

zlib/libpng 许可的网站截图如图 1-2 所示。

图 1-2　zlib/libpng 许可的网站截图

第2章 程序设计基础

2.1 HelloWorld！

2.1.1 开发环境

游戏开发有很多种集成开发环境(Integrated Development Environment，IDE)和开发语言(如 C/C++、Java、C#、JavaScript 等)可选择。在 Windows 系统下，VS 可能会是一个比较好的 IDE 选择。但它的版本更替速度比较快，常见的版本有 VC6.0、VS2015、VS2017、VS2019。

鉴于 VS 的高版本具有较好的向下兼容性，同时 VC6.0 之后的版本对 C/C++标准的支持度较好，本书采用 VS2015 为开发环境(如未特别声明，书中后面提到的 VS 均指 VS2015)。

本书首先从熟悉的 C 语言开始。如图 2-1 所示，先用 VS 创建一个空项目，并命名为 ch01s01HelloWorld。

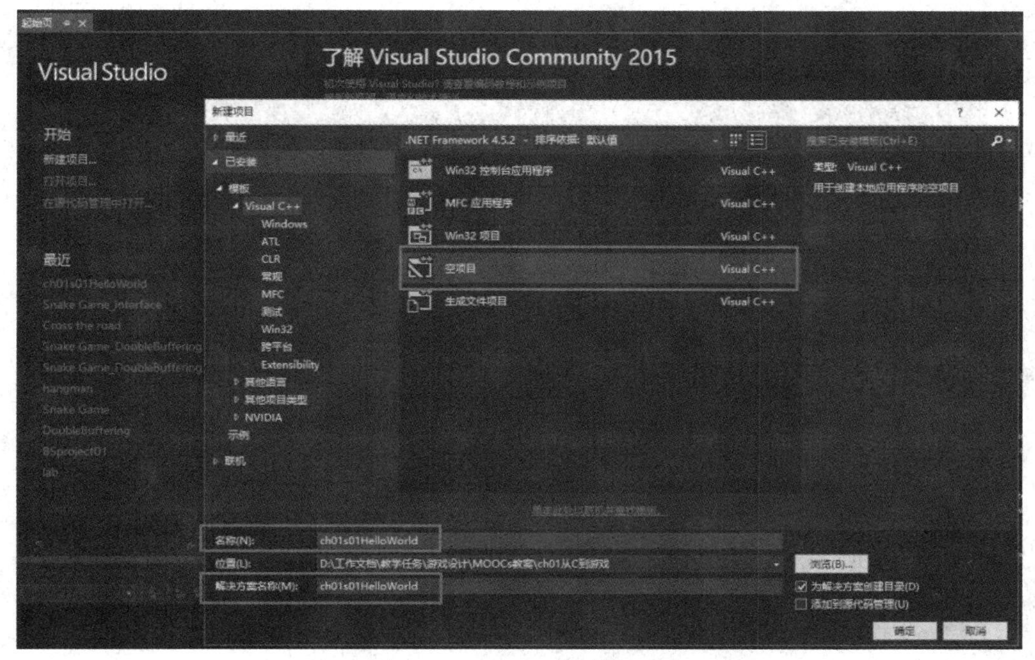

图 2-1 VS 下空项目的创建

然后进行 C++文件创建操作，即右键单击项目解决方案(如图 2-2 所示)，选择“添加”→“新建项”。

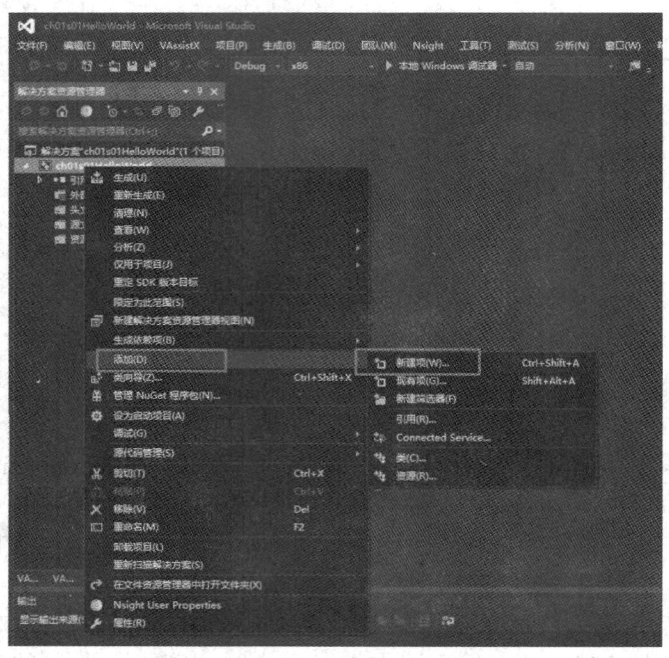

图 2-2　在 VS 下添加新建项

如图 2-3 所示，在“添加新项”面板中选择“C++文件”，进行文件命名，然后点击“添加(A)”按钮。

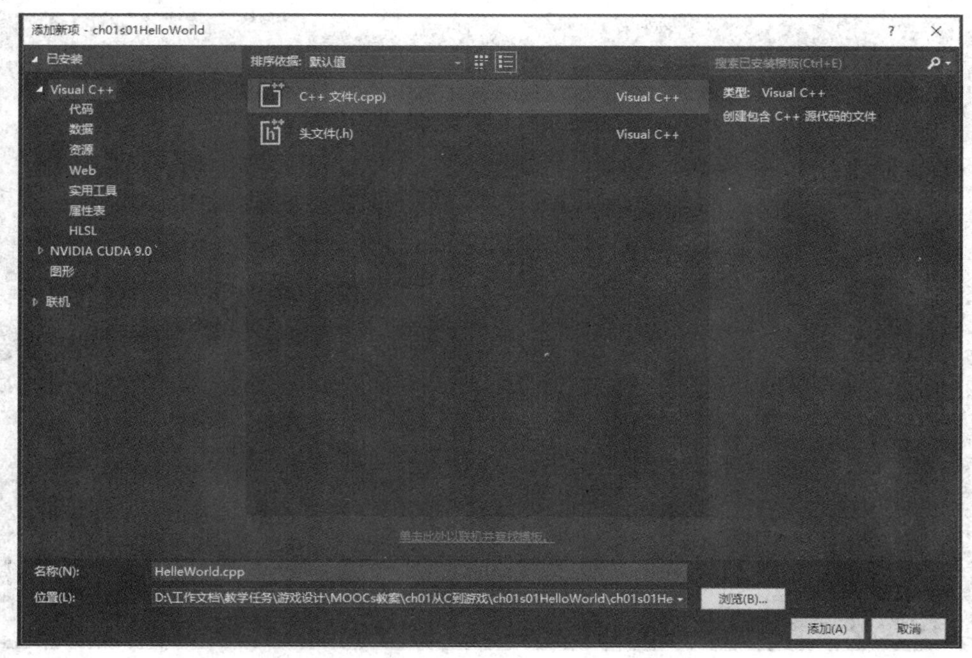

图 2-3　新建 C++文件

2.1.2 HelloWorld

首先使用C标准库的函数来书写HelloWorld的代码。下列代码作为我们在console控制台环境下写C代码的标准样板。

```
1.  #include <stdio.h>              //包含头文件
2.  #include <stdlib.h>
3.
4.  int main()
5.  {
6.          return 0;
7.  }
```

完成代码输入后运行一下，看看是否有报错。如果没有报错，且窗口一闪而过的话，则我们需再进一步完善HelloWorld代码。

```
1.  #include <stdio.h>              //包含头文件
2.  #include <stdlib.h>
3.
4.  int main()
5.  {
6.          printf("Hello World!\n");
7.          system("pause");
8.          return 0;
9.  }
```

其中，system("pause");的作用是让console窗口能驻留冻结。完成代码输入后再运行，得到如图2-4所示的结果。

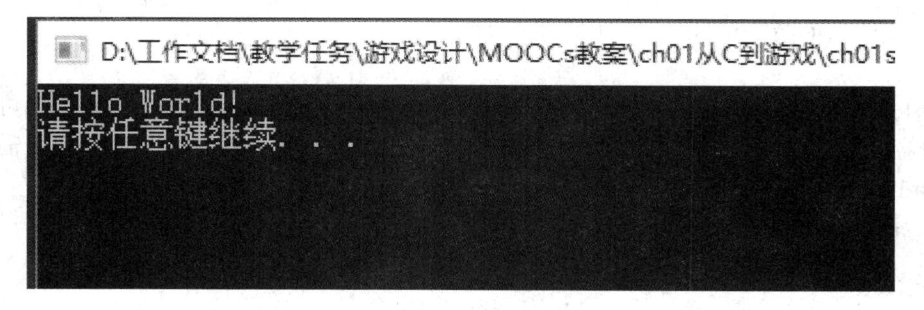

图2-4 C版HelloWorld程序运行结果

游戏开发会涉及很多对象的管理，通常建议采用面向对象的语言进行开发。本课程后续的内容也以面向对象开发为主。为此，我们用C++标准库的函数重新书写HelloWorld的代码。具体代码如下：

```
1.  #include <iostream>        //包含头文件
2.  using namespace std;       //使用命名空间
3.
4.  int main()
5.  {
6.          cout << "Hello World!" << endl;
7.          system("pause");
8.          return 0;
9.  }
```

这里 iostream 为 C++提供标准输入/输出类库，它包含许多用于输入/输出的类。其中，ios 是抽象基类，由它派生出 istream 类和 ostream 类，两个类名中第 1 个字母 i 和 o 分别代表输入(input)和输出(output)，即 istream 类支持输入操作，ostream 类支持输出操作。

输入和输出是数据传送的过程，使数据如流水一样从一处流向另一处。C++形象地将此过程称为流(Stream)。流表示了信息从源到目的端的流动。在输入操作时，字节流从输入设备(如键盘、磁盘)流向内存；在输出操作时，字节流从内存流向输出设备(如屏幕、打印机、磁盘等)。

第 6 行代码中的 cout 是 console output 的缩写，表示在控制台(终端显示器)的输出，它是 iostream 中 ostream 输出流类的对象。cout 流是流向显示器的数据，此数据是用流插入运算符“<<”顺序加入的。

运行代码后，得到与 C 语言代码一样的运行结果，如图 2-5 所示。

图 2-5　C++版 HelloWorld 程序运行结果

2.1.3　函数讲解

system()函数的功能是向控制台窗口发出 DOS 命令。例如，system("pause")可以实现窗口内容冻结，system("CLS")可以实现清屏操作。system()函数在 C 语言中应用需添加头文件<stdlib.h>。函数原型如下：

```
int system(char *command);
```

习　题

1. system("pause")的作用是什么？在 C 语言中，如果该行报错，是因为没有包含哪个头文件？

2. 在游戏开发中，system("CLS")清屏操作可能会在哪些情况下被使用？

2.2 数 值 运 算

2.2.1 数值运算

在游戏的逻辑中一定会遇到数值的计算。下面我们写一段数值运算代码。我们建立一个新的项目，并为新项目添加 C++文件。首先按照 2.1 节的操作把准备工作做好，并完成标准样板的编写，代码如下：

```
1.  #include <iostream>       //包含头文件
2.  using namespace std;      //使用命名空间
3.
4.  int main()
5.  {
6.          //此处可加入其他代码
7.          system("pause");
8.          return 0;
9.  }
```

然后，输入本节数值运算的代码：

```
1.  #include <iostream>
2.  using namespace std;
3.
4.  int main()
5.  {
6.      int a;
7.      double b, c;
8.      a = 10;
9.      b = 3.14;
10.     c = a + b;
11.
12.     cout<<"Value of a is: "<< a <<endl;
13.     cout<<"Value of b is: "<< b <<endl;
14.     cout<<"c = a + b is: "<< c <<endl;
15.
16.     system("pause");
17.     return 0;
18. }
```

代码运行后得到如图 2-6 所示的运行结果。

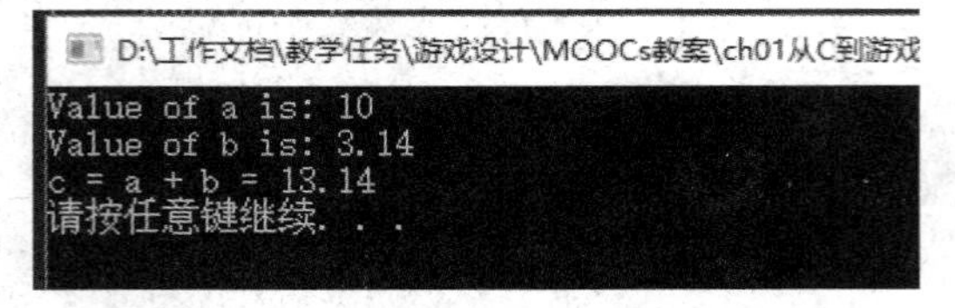

图 2-6　数值运算代码的运行结果

至于加减乘除的其他运算，大家可以自己尝试一下。

从游戏开发角度来看，目前已完成数值逻辑计算和终端代码显示，但还缺少用户的交互——数值输入。人机交互的 I/O 对于游戏开发还是比较重要的。

2.2.2　标准输入流

cin 是 C++ 的标准输入流 istream 类的对象，它主要用于从标准输入设备(键盘)获取数据(通过流提取符“>>”从流中提取数据)。

本节采用 cin 来完成键盘输入功能。修改后的完整代码如下：

```
1.  #include <iostream>
2.  using namespace std;
3.
4.  int main()
5.  {
6.      int a;
7.      double b, c;
8.      a = 0;
9.      b = 0;
10.     cout << "Enter a: ";
11.     cin >> a;
12.     cout << "Enter b: ";
13.     cin >> b;
14.
15.     c = a + b;
16.
17.     cout << "Value of a is: "<< a <<endl;
18.     cout << "Value of b is: "<< b <<endl;
19.     cout << "Value of a + b is: "<< c <<endl;
20.
21.     system("pause");
22.     return 0;
23. }
```

代码运行后可得到如图 2-7 所示的运行结果。

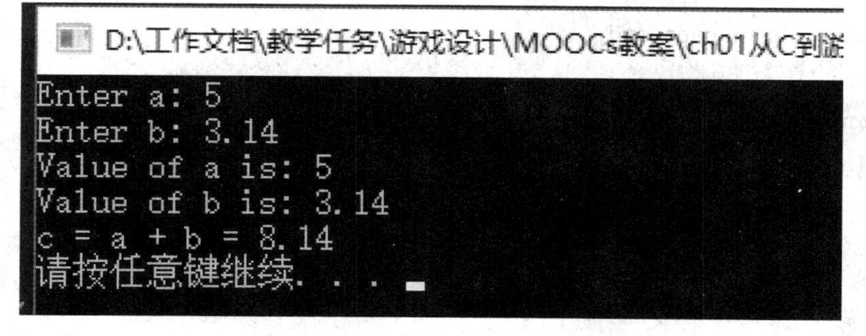

图 2-7 可人机交互的数值运算代码的运行结果

习 题

1. cout 和 cin 是 C++语言中提供的函数还是对象？

2. 2016 年广电总局就对在境内运营的游戏出台了意见，即游戏界面上不能显示英文单词或英文缩写，比如 MP、HP 等。以上列举的代码能够进行中文显示吗？请试一试。

2.3 逻辑判断

2.3.1 逻辑判断

游戏运行一定会进行逻辑判断。下面我们写一段逻辑判断代码。我们建立一个新的工程，并为新项目添加 C++文件。首先把准备工作做好，即完成如下代码的撰写。

```
1.  #include <iostream>
2.  using namespace std;
3.  
4.  int main()
5.  {
6.      //此处可加入其他代码
7.      system("pause");
8.      return 0;
9.  
10. }
```

第 2.2 节习题 2 中问道“代码中能不能显示中文？”带着该疑问，我们完成如下的逻辑判断代码：

```
1.  #include <iostream>
2.  using namespace std;
3.
4.  int main()
5.  {
6.      int a, b;
7.      cout <<"输入第一个数：";
8.      cin >> a;
9.
10.     cout <<"输入第二个数：";
11.     cin >> b;
12.
13.     if (a > b)
14.     {
15.         cout <<"数值a比数值b大."<<endl;
16.         cout <<"数值 a 是"<<大 a <<endl<<"数值 b 是"<< b <<endl;
17.     }
18.
19.     system("pause");
20.     return 0;
21. }
```

代码运行后得到如图 2-8 所示的运行结果。

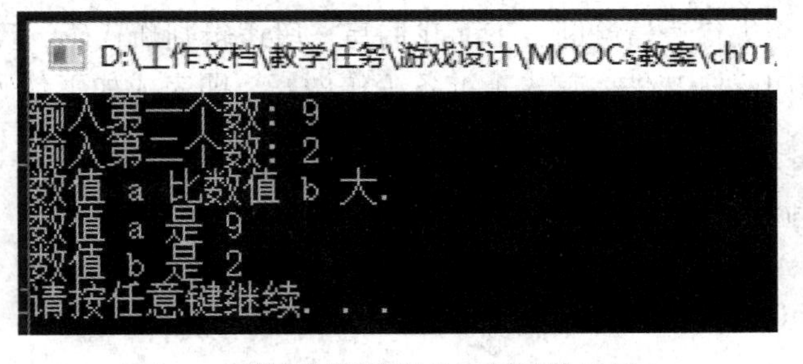

图 2-8　逻辑判断代码的运行结果示例 1

控制台窗口顺利显示中文输出，同时给出大小判定数值 a 大于数值 b 的结果。那如果 a 小于 b 呢？我们需要对上面的代码进行如下修改：

```
1.  #include <iostream>
2.  using namespace std;
3.
4.  int main()
5.  {
```

```
6.      int a, b;
7.      cout <<"输入第一个数：";
8.      cin >> a;
9.
10.     cout <<"输入第二个数：";
11.     cin >> b;
12.
13.     if (a > b)
14.     {
15.         cout <<"数值a比数值b大."<<endl;
16.         cout <<"数值 a 是"<<大 a <<endl<<"数值 b 是"<< b <<endl;
17.     }
18.     else
19.     {
20.         cout <<"数值 a 比数值 b 小."<<endl;
21.         cout <<"数值a是"<< a <<endl<<"数值b是"<< b <<endl;
22.     }
23.
24.     system("pause");
25.     return 0;
26. }
```

现在的代码能对 a 小于 b 的情形做出正确响应，其运行结果如图 2-9 所示。

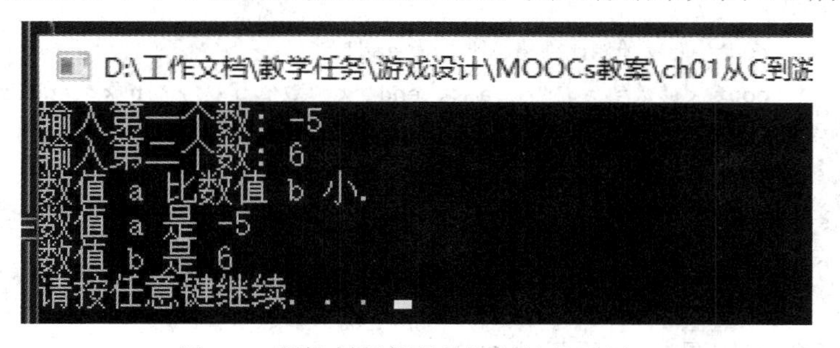

图 2-9　逻辑判断代码的运行结果示例 2

2.3.2　逻辑错误

当 a=b 时呢？因此上节代码中修改后的逻辑判断其实还存在一个 BUG。这通常被称为逻辑错误，被归为异常的一种。每位程序员写代码都有其逻辑思路。编译器通常只能检测代码的语法错误。而逻辑错误，则需要通过检测方法进行排查。当用户照着程序员的逻辑思路去使用程序时，通常不会出现逻辑问题，但用户不知道程序员的逻辑思路。这时，如果程序员原本的逻辑思路不够严密，就会出现异常，尤其当代码结构复杂度较大的时候。

另外，由于程序员通常是按照自己的逻辑去检测原来代码逻辑的，所以，程序员较难排查自己代码中的逻辑问题。这也是程序通常会有专门的测试人员进行测试的原因。1.2.3 节代码组建中提到了数据抽象、模块化、职责分割。合理的代码组建，便于后续的测试和维护工作。这里我们再次完善逻辑判断代码如下：

```
1.  int main()
2.  {
3.      int a, b;
4.      cout <<"输入第一个数：";
5.      cin >> a;
6.
7.      cout <<"输入第二个数：";
8.      cin >> b;
9.
10.     if (a > b)
11.     {
12.         cout <<"数值a比数值b大."<< endl;
13.         cout <<"数值 a 是"<<大 a << endl <<"数值 b 是"<< b << endl;
14.     }
15.     elseif(a==b)
16.     {
17.         cout <<"数值 a 等于数值 b."<< endl;
18.         cout <<"数值a是"<< a << endl <<"数值b是"<< b << endl;
19.     }
20.     else
21.     {
22.         cout <<"数值a比数值b小."<< endl;
23.         cout <<"数值 a 是"<< a << endl <<"数值 b 是"<< b << endl;
24.     }
25.
26.     system("pause");
27.     return 0;
28. }
```

代码运行后得到如图 2-10 所示的结果。

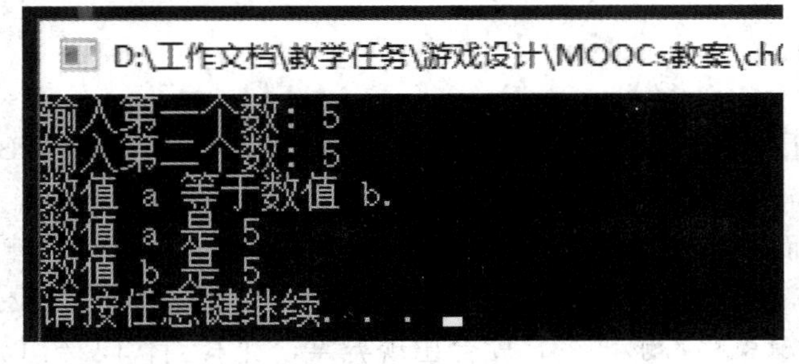

图 2-10　逻辑判断代码的运行结果示例 3

程序开发的过程中，有时需要在代码中预留一个逻辑后门，用于代码测试等工作。例如，下方代码第10～13行表示当输入值为–1时，启动return指令。

```
1.  #include <iostream>
2.  using namespace std;
3.
4.  int main()
5.  {
6.      int a, b;
7.      cout <<"输入第一个数：";
8.      cin >> a;
9.
10.     if (a == -1)
11.     {
12.         return 0;
13.     }
14.
15.     cout << "输入第二个数：";
16.     cin >> b;
17.
18.     if (a > b)
19.     {
20.         cout << "数值a比数值b大." << endl;
21.         cout << "数值 a 是" << a << endl<< "数值 b 是" << b << endl;
22.     }
23.     elseif(a==b)
```

以cin数据流提取的方式有利有弊。其利处在于对测试后门口令的限制较少，比如上方代码的第8行代码，我们可以输入两个字符的–1值，或者大小写组合的字符串。弊端在于让测试入口处于显式的明处。若想让测试的后门入口处于隐藏式，又想避开误操作，则通常会采用组合按键的方式进行入口激活。

习 题

1. 用自己的语言描述什么叫逻辑错误，它与编译错误有什么区别。

2. 编写程序的时候，经常会需要预留按键测试指令进行代码调试。例如，按F1键进入帮助模式。单个按键的输入响应相对简单，但容易被误触发。如何设定指定的按键组合(即组合键)作为输入进行代码的测试和调试？

3. 你知道怎么去获取按键的键码或虚拟键码吗？

2.4　循环与中断

2.4.1　循环与中断

游戏开发的主体之一是循环。下面我们完成 2 个循环相关的代码。我们建立一个新的工程，为新项目添加 C++文件。首先完成如下代码，做好准备工作。

```
1.  #include <iostream>
2.  using namespace std;
3.
4.  int main()
5.  {
6.          //此处可加入其他代码
7.          system("pause");
8.          return 0;
9.  }
```

第一段循环代码为求数值累加。这里有一个问题，即累加的数值个数是多少？如果事先知道需要累加数值的个数，则可以在循环代码中指定累加循环的次数。但如果事先不知道具体需要累加的数值个数，则累加循环怎么控制呢？即累加循环该如何结束呢？

先看如下代码：

```
1.  #include <iostream>
2.  using namespace std;
3.
4.  int main()
5.  {
6.      double a, z;
7.      z = 0;
8.      a = 0;
9.
10.     cout <<"请输入要累加的数值" << endl;
11.     cin >> a;
12.     while (a != -1)
13.     {
14.             z += a;
15.             cin >> a;
16.     }
17.     cout << "累计值是：" << z << endl;
18.     system("pause");
19.     return 0;
20. }
```

本段代码在执行的时候，首先在循环体外的第 11 行代码 cin 处，被要求 1 次数值输入；然后在循环体内部的第 15 行代码 cin 处，每次循环时均被要求输入要累加的数值。

用户的体验是：在程序运行时，控制台窗口出现一行提示文字“请输入要累加的数值”；然后用户每输入一次参与累加的数值，敲一次回车做确认。在第 12 行代码中循环条件检测到输入数值为特定数值(本例为“–1”)时循环结束。程序运行结果如图 2-11 所示。

图 2-11　循环中断演示的示意图

在这个例子中，我们通过输入指定的特殊数值来结束循环。该方式设定美中不足的地方在于退出循环方式的显式化(见图 2-11)，且最后一个输入数值为–1 时，容易引起误解。

2.4.2　按键响应

下面简单介绍几种常见的按键读取函数：

(1) kbhit()：C/C++函数，其函数名是 keyboard hit 的缩写。该函数用于非阻塞地响应键盘输入事件，运行时不会暂停程序。其作用是若有键盘输入，则返回输入的值；若没有则返回 0。键盘属于输入设备，控制台(console)下的 I/O 需要用到头文件 conio.h。该文件名是 console I/O 的意思。

(2) getch()：从控制台读取一个字符，但不显示在屏幕上。当用户按下某个字符时，函数自动读取，无需按回车。这个函数并非标准函数，使用时要注意移植性。

(3) SHORT GetAsyncKeyState(int vKey)函数：直接侦测键盘的硬件中断，判断函数调用时 vKey 对应的虚拟键(Virtual-KeyCode)的状态是 down 或 up，并确定用户当前是否按下了键盘上的 vKey 对应键的函数。返回值的最高位表示键的状态(up 或 down)，如果按下，则返回值的最高位为 1。

(4) SHORT GetKeyState(int vKey)函数：从消息队列中读取消息，用于判断 vKey 的状态。若返回值的最高位为 1，则表示当前键处于 down 的状态；若最高位为 0，则当前键处于 up 状态。

(5) BOOL GetKeyboardState(PBYTE lpKeyState)函数：获得所有的 256 个键(键盘按键、鼠标按键等等)的状态，lpKeyState 是指向一个 256 bit 的数组，存放所有键的状态。

我们运用 kbhit()函数完成一段中断循环的代码。代码如下：

```
1.  #include <iostream>
2.  #include <conio.h>
3.  using namespace std;
4.
5.  int main()
6.  {
7.      while (!_kbhit())
8.      {
9.          for (inti = 0; i< 10; i++)
10.         {
11.             for (int j = 0; j <i; j++)
12.             {
13.                 cout <<"*";
14.             }
15.             cout << endl;
16.         }
17.     }
18.     cout << "有键按下" << endl;
19.
20.     system("pause");
21.     return 0;
22. }`
```

其中：

(1) 代码第 9～16 行作为循环的主体内容，负责输出一个由字符“*”构成的三角图形。外部的 while 循环会持续地输出该三角图形。

(2) 当有键盘点击事件触发的时候，第 7 行的 while 运行条件为非，while 循环中断跳出。

(3) 第 18 行代码输出“有键按下”字符信息，并由第 20 行代码对屏幕进行驻留冻结。

(4) 第 7 行代码中使用_kbhit()函数代替 kbhit()函数，是因在 VisualStudio 中直接使用 kbhit()函数通常会被 VS 的编译器报警告 warning C4996。具体原因和其他解决方案这里就不做展开介绍了。

上述按键控制的中断循环代码的运行结果如图 2-12 所示。

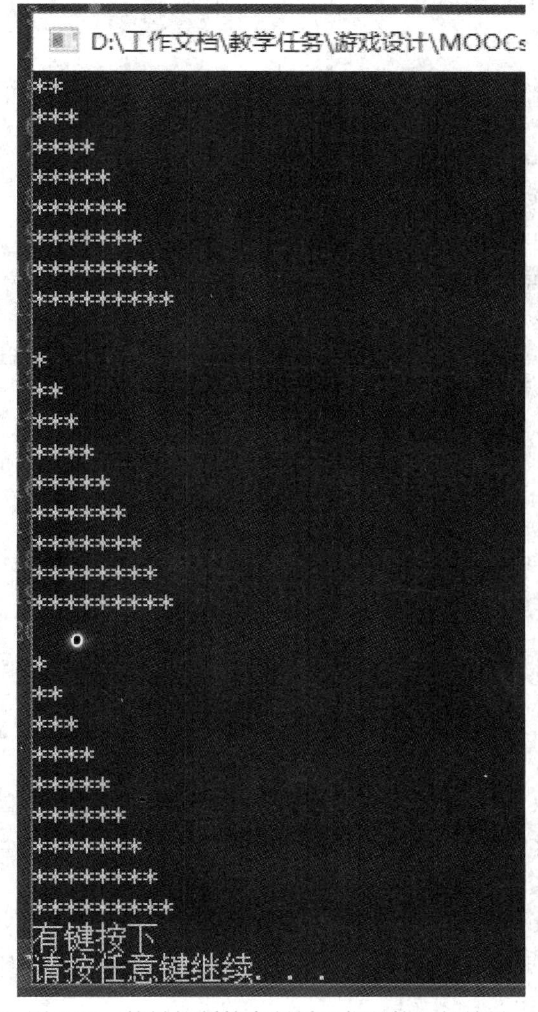

图 2-12　按键控制的中断循环代码的运行结果

关于具体按键值的读取和响应，我们将在后续章节的游戏案例中进行介绍。

2.4.3　按键组合

本节讨论一下组合按键的响应。程序中设置功能键或快捷键时，单键的设定容易导致误触发；而组合按键(即组合键)的设定，则会面临按键的先后问题。下方的伪代码是当且仅当组合按键(该例中组合键数为 2)全部被按下时，实现在循环体中调用 CallingFunction()函数。

在循环体 Loop()中，当按键 A、按键 B 不是同时处于被按下状态时，第 15 行代码会对 JudgeValue 值做清零操作。当且仅当按键 A、按键 B 同时处于按下状态时，JudgeValue 值等于预设值，则第 10 行代码的 if 条件被满足，从而调用 CallingFunction()函数。组合键个数超过 2 时，可以根据下列伪代码进行拓展修改。

```
1.  int JudgeValue = 0;
2.
3.  Loop()
4.  {
5.       if input == A,
6.          JudgeValue += pre_define_value_A;
7.       if input == B,
8.          JudgeValue += pre_define_value_B;
9.
10.      if (JudgeValue == pre_define_value_A + pre_define_value_B)
11.      {
12.         CallingFunction();
13.      }
14.
15.      JudgeValue = 0;
16. }
```

习　题

1. 下方(　　)函数可以直接侦测键盘的硬件中断，并返回键盘指定按键的 down/up 状态。

A. kbhit( );　　B. GetAsyncKeyState( );

C. GetKeyState(int vKey);　　D. GetKeyboardState( );

2. 如何通过指定的按键对循环进行中断？已经被中断的循环如何重新开始循环？

2.5　控制台颜色

前面控制台程序运行时，窗口一直都是黑色的背景、白色的字符。程序运行界面是一个黑白的世界！从主流的游戏视觉表达趋势来看，仅黑、白两种颜色显得有点单调。在本节中我们探究下怎样让 console 控制台窗口输出其他的颜色。

2.5.1　控制台文本属性

SetConsoleTextAttribute 是 Windows 系统中一个可以设置 console 控制台窗口字体颜色和背景色的 API 函数。使用此函数前，必须包含 Windows.h 头文件，即#include <Windows.h>。

它的函数原型：

```
BOOL SetConsoleTextAttribute(HANDLE hConsoleWnd, WORD wAttributes);
```

其中，参数 hConsoleWnd 对应控制台窗口的句柄，wAttributes 是用来设置颜色的参数。句柄是 Windows 系统内部数据结构的引用。在 Windows 程序中有各种各样的资源(窗口、图标、光标等)，系统在创建这些资源时会为它们分配内存，并返回标示这些资源的标示号，即句柄。系统为每个窗口分配的句柄，相当于人的名字、房间的门牌房号，它是窗口的代号。通过窗口句柄，可以进行移动窗口、改变窗口大小、窗口最小化等操作。实际上许多 Windows API 函数把句柄作为它的第一个参数，如 GDI(图形设备接口)句柄、菜单句柄、实例句柄、位图句柄等，不仅仅局限于窗口函数。

当前窗口的句柄可以通过如下函数指令进行问询得到：

```
hConsoleWnd = GetStdHandle(STD_OUTPUT_HANDLE);
```

其中，GetStdHandle(nStdHandle)是返回标准的输入、输出或错误的设备的句柄，也就是获得输入、输出或错误的屏幕缓冲区的句柄。其参数 nStdHandle 的值为表 2-1 中几种类型的一种。

表 2-1　参数 nStdHandle 取值列表

值	含　义
STD_INPUT_HANDLE	标准输入的句柄
STD_OUTPUT_HANDLE	标准输出的句柄
STD_ERROR_HANDLE	标准错误的句柄

参数 wAttributes 的颜色值列表如表 2-2 所示。

表 2-2　参数 wAttributes 的颜色值列表

wAttributes	颜　色	对应的值	二进制
FOREGROUND_BLUE	字体颜色：蓝	1	00000001
FOREGROUND_GREEN	字体颜色：绿	2	00000010
FOREGROUND_RED	字体颜色：红	4	00000100
FOREGROUND_INTENSITY	前景色高亮显示	8	00001000
BACKGROUND_BLUE	背景颜色：蓝	16	00010000
BACKGROUND_GREEN	背景颜色：绿	32	00100000
BACKGROUND_RED	背景颜色：红	64	01000000
BACKGROUND_INTENSITY	背景色高亮显示	128	10000000

由表 2-2 可知，SetConsoleTextAttribute 函数是依靠 wAttributes 参数的一个字节的低四位来控制前景色，高四位来控制背景色。

2.5.2　文本颜色设置

读者掌握了控制台文本属性的设置函数之后，可实践操作文本颜色的设置。我们建立一个新的工程，完成为新项目添加 C++文件的工作。其具体代码如下：

```
1.  #include <iostream>
2.  #include <windows.h>
3.  using namespace std;
4.
5.  int main()
6.  {
7.          HANDLE h = GetStdHandle(STD_OUTPUT_HANDLE);
8.          cout << "下面将显示字体的颜色与对应的编码：" << endl;
9.          int textColor = 0xF0;
10.
11.         cout << hex << showbase;
12.         for (inti = 0; i< 16; i++)
13.         {
14.             textColor++;
15.             SetConsoleTextAttribute(h, textColor);
16.             cout << textColor<<" 的颜色"<< endl;
17.         }
18.
19.         textColor = 0x0F;
20.         SetConsoleTextAttribute(h, textColor);
21.         cout << "下面将显示背景的颜色与对应的编码：";
22.
23.         textColor = 0x00;
24.         for (inti = 0; i< 16; i++)
25.         {
26.             textColor += 16;
27.             SetConsoleTextAttribute(h, textColor);
28.             cout << textColor <<" 的颜色" << endl;
29.         }
30.
31.         system("pause");
32.         return 0;
33. }
```

其中：

(1) 第9行代码将wAttributes参数textColor的高4位全置为1(即0xF0)，即根据属性值表，输出字体的背景色为高亮白色。

(2) 第11行代码cout<<hex<<showbase;表达的意思是设置cout输出字符的格式。hex表示将输出数值的格式设置为16进制显示。若要切换回10进制的格式，则需用“cout<<dec”；showbase表示显示输出数值的前缀，即0x。

(3) 第 12～17 行代码段用于遍历显示字体的 16 种不同颜色。由于遍历的过程中并没有对高 4 位的背景色属性值进行变更，所以 16 种字体颜色的背景色都为高亮白色。

(4) 第 23 行代码将 wAttributes 参数 textColor 的值进行清零(即 0x00)。第 24～29 行代码段以步长 16(16 的二进制值为 0b00010000)的方式，对高 4 位的背景色的颜色进行遍历。由于遍历的过程中没有对低 4 位的字体颜色属性值进行变更，所以此过程中字体的颜色显示为黑色。

上述背景和文字颜色设置程序代码的运行结果如图 2-13 所示。

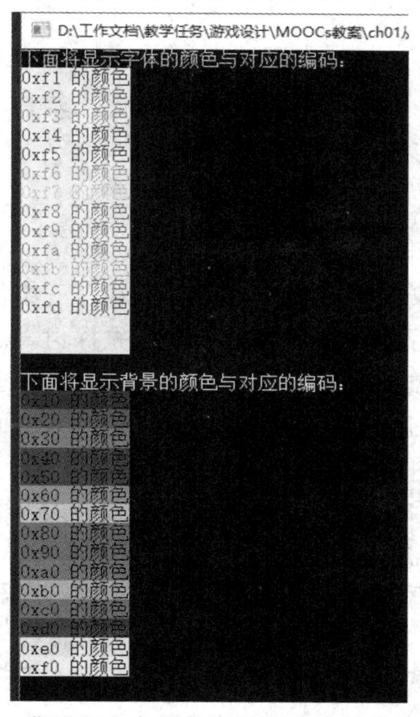

图 2-13　背景和文字颜色设置程序代码的运行结果

习　题

1. 以 SetConsoleTextAttribut()函数对窗口的文字与背景颜色进行设置，最多能得到多少种颜色组合？

2. 请用编程的方式实现图 2-14(a)或(b)(也可以自选一个类似的图案)。

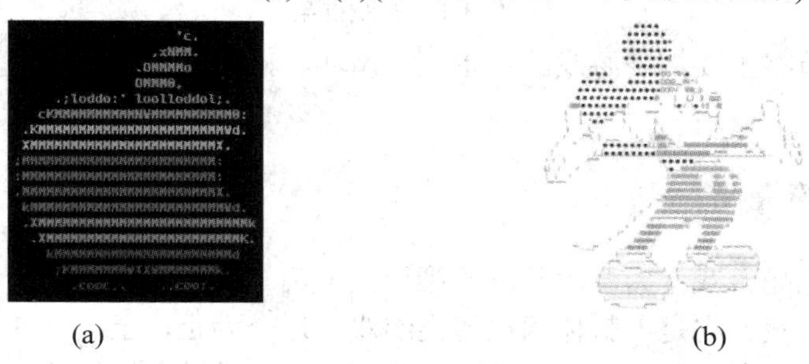

(a)　　　　　　　　(b)

图 2-14　Ascii Art 绘制图样示例

第 3 章　游戏的框架

3.1　游 戏 框 架

3.1.1　游戏框架

游戏种类繁多，若按渲染技术分，则有二维游戏、三维游戏；若按内容分，则有益智类游戏、RPG 游戏等。在进行游戏开发之前，我们先探讨一下它们的共性。绝大多数游戏都需要对游戏的内容及其对象数值进行初始化工作，需要通过游戏循环机制让游戏内容(画面)持续更新，在游戏循环的过程中需要获取玩家的输入，进而依据游戏逻辑判断更新游戏数值，最后根据游戏的数值进行游戏图形的绘制。

尽管游戏的内容和种类五花八门，但绝大多数游戏开发都采用如图 3-1 所示的游戏框架。

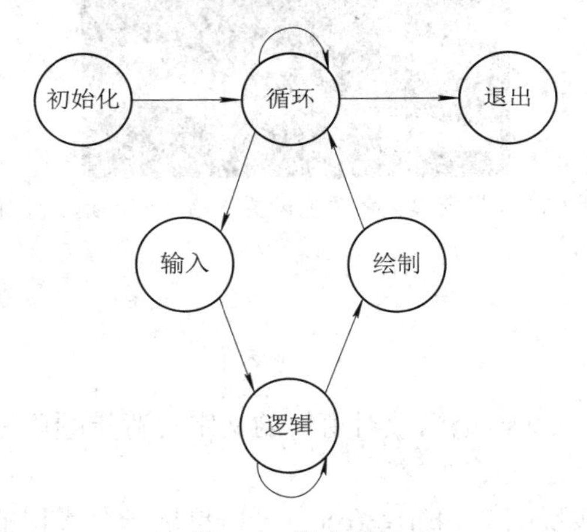

图 3-1　游戏框架

本书后续章节将主要围绕游戏的初始化、循环、输入、逻辑、绘制等 5 个模块，讲解游戏的开发。

3.1.2　贪吃蛇简介

本书选择贪吃蛇游戏作为游戏开发的第一个案例。从开发的角度来说，很少有比贪吃蛇游戏还简单的游戏。它是一款休闲益智类游戏。迄今为止，至少有 3.5 亿台手机预装了贪吃蛇游戏，使其推向市场，也使其成为了游戏史上传播最广的作品之一。它的游戏规则是：玩家通过上、下、左、右的方向操作，控制蛇的移动方向，寻找并吃掉水果，每吃一颗就能得到一定的积分，而且蛇的身子会越吃越长，身子越长，难度就越大，不能碰墙，不能咬到自己的身体，等到了一定的分数，就能过关，然后继续玩下一关。

本章基于前面提到的游戏框架来进行贪吃蛇游戏的开发。贪吃蛇游戏的截图如图 3-2 所示。

图 3-2　贪吃蛇游戏的截图

在正式进入程序开发之前，先用 VS 创建一个空的项目，见图 3-3。

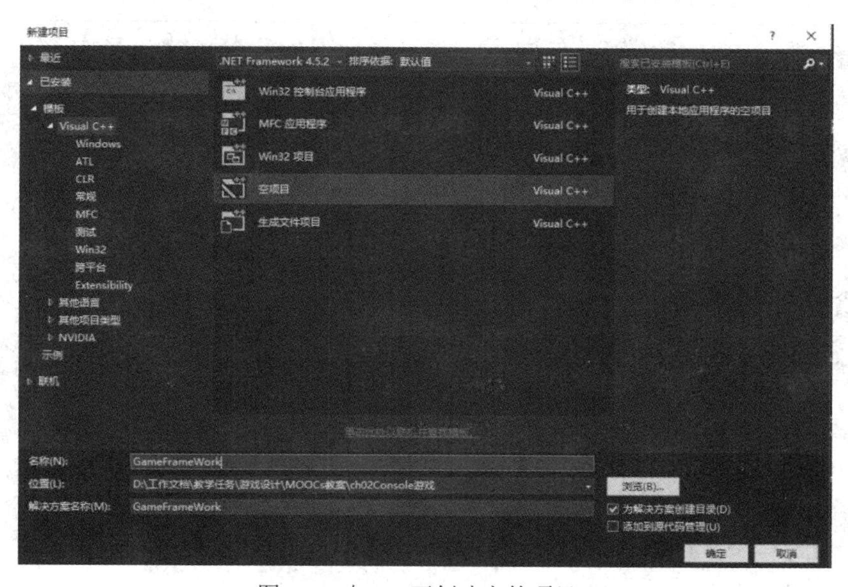

图 3-3　在 VS 下创建空的项目

如图 3-4 所示，在 VS 中添加新的 cpp 文件。

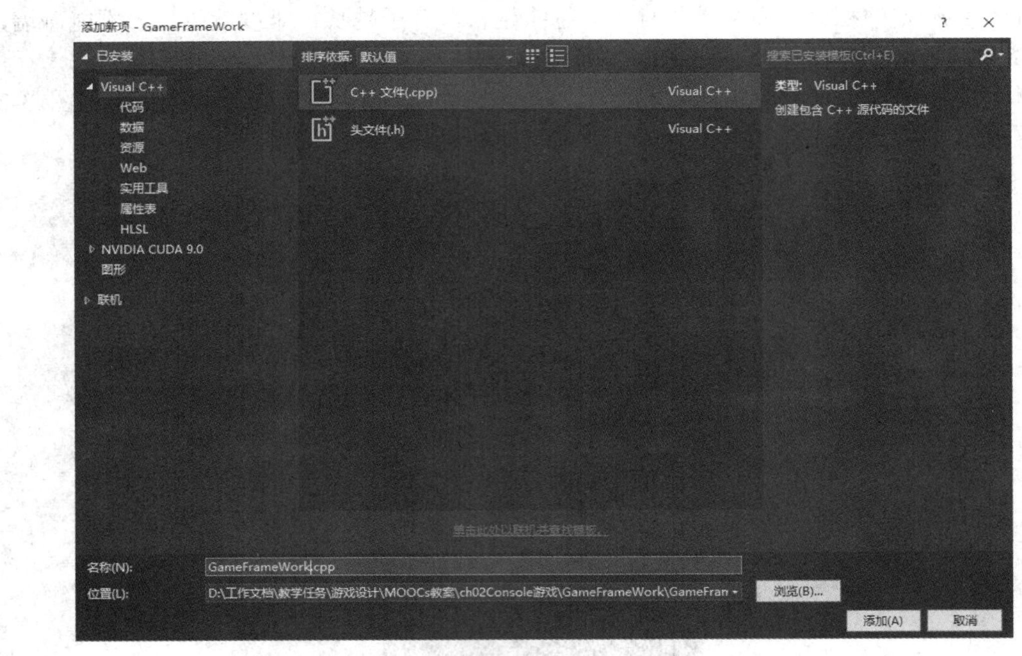

图 3-4　在 VS 中添加新的项目文件

此时，需要完成的代码准备工作如下：

```
1.  #include <iostream>       //包含头文件
2.  using namespace std;      //使用命名空间
3.
4.  int main()
5.  {
6.          //此处可加入其它代码
7.          system("pause");
8.          return 0;
9.  }
```

3.1.3　贪吃蛇的框架

以核心函数的形式对“初始化”“输入”“逻辑”“绘制”4 个模块进行声明。在前面代码的基础上增加相应函数声明后的内容如下：

```
1.  #include <iostream>  //包含头文件
2.  using namespace std; //使用命名空间
3.
4.  void Initial()
```

```
5.  {
6.
7.  }
8.  void Draw()
9.  {
10.
11. }
12. void Input()
13. {
14.
15. }
16. void Logic()
17. {
18.
19. }
```

游戏框架实际是对各个模块的组织和调用。游戏框架首先运行初始化模块，游戏循环通过 while 循环体实现，在 while 循环中分别执行“绘制”“输入”“逻辑”3 个模块。贪吃蛇游戏的具体代码框架如下：

```
1.  int main()
2.  {
3.      Initial();
4.      while (!gameOver)
5.      {
6.          Draw();
7.          Input();
8.          Logic();
9.      }
10.     system("pause");
11.     return 0;
12. }
```

3.1.4 游戏初始化

贪吃蛇游戏的元素有“蛇”“水果”“墙”“方向”等(参见 3.1.2 节的游戏简介)。在游戏初始化之前，创建相应的对象变量。具体代码如下：

```
1.  #include <iostream>       //包含头文件
2.  using namespace std;      //使用命名空间
3.  bool gameOver;
4.  const int width = 20;
5.  const int height = 20;
6.  int x, y, fruitX, fruitY, score;
7.  enum eDirection { STOP = 0, LIFT, RIGHT, UP, DOWN};
8.  eDirection dir;
```

其中：

(1) 第 4、5 行代码中的变量 width 和 height 分别对应游戏舞台尺寸的宽度和高度。

(2) 第 6 行代码中的变量 x、y 对应蛇头在舞台上的坐标值，fruitX、fruitY 对应水果在舞台上的坐标值，score 对应游戏的分值。

(3) 第 7 行代码使用枚举类型 enum，其意义是制订一个名字列表，使每个名字对应一个默认的数值；从另一种角度来说，是令每个数值拥有一个类似于宏定义的命名，赋予数值一个具有语义意义的名字，便于后续代码的维护和管理。

(4) 第 8 行代码中的变量 dir 则表征蛇的移动方向。

在 Initial()函数中进行对象变量的初始化赋值。游戏开始时，蛇处于静止状态，没有移动方向。其代码如下：

```
10. voidInitial()
11. {
12.     gameOver = false;
13.     dir = STOP;
14.     x = width / 2;
15.     y = height / 2;
16.     fruitX = rand() % width;
17.     fruitY = rand() % height;
18.     score = 0;
19. }
```

其中，第 13 行代码将变量 dir 赋值为 STOP(根据枚举设定，标识符 STOP 对应“0”值)；第 14～15 行代码将蛇头位置设为舞台中心；第 16～17 行代码将水果的初始位置设为随机值；第 18 行代码将游戏分数值置为“0”值。

3.1.5　游戏舞台绘制

游戏绘制是将游戏对象及其数值关系以图形可视化的方式呈现在终端屏幕上。游戏动态内容的绘制通常涉及擦除和重绘等操作，即将游戏上一帧画面中的游戏对象擦除，再根据更新后的游戏数值重新绘制游戏对象。

作为控制台下的游戏开发，本例采用 system("cls")的方式先对游戏舞台场景进行清除，然后绘制新的游戏画面，其代码如下所示。因此，在 Draw()函数模块中，首先调用 system("cls")对控制台窗口进行内容清除(见代码第 22 行)。

```
20. void Draw()
21. {
22.     system("cls");
23.     for (int i = 0; i < width; i++)
24.         cout << "#";
25.     cout << endl;
26.
27.     for (int i = 0; i < height; i++)
28.     {
29.         for (int j = 0; j < width; j++)
30.         {
31.             if (j == 0)
32.                 cout << "#";
33.             else if (j == width - 1)
34.                 cout << "#";
35.             else
36.                 cout << " ";
37.         }
38.         cout << endl;
39.     }
40.     for (int i = 0; i < width; i++)
41.         cout << "#";
42.     cout << endl;
43. }
```

贪吃蛇游戏舞台场景的主体是 4 道闭合的墙。清屏之后，绘制墙体。游戏中用“#”字符表示墙砖。在绘制舞台上方的水平墙体时，可以采用 for 循环的方式水平输出指定数量(width)的“#”字符(见第 23～24 行代码)。同理，第 40～41 行代码输出舞台下方的水平墙体。

竖直方向的墙体是在控制台窗口一定高度值(height)范围内，是由每行输出指定间隔(width-2)的“#”字符组成的。因此，绘制竖直方向的墙体时需要分两步走：

① 通过 for 循环，在某个范围区间内换行 height 次(见第 27～38 行代码)。

② 在该 for 循环体内，每次绘制两个间隔(width-2)的“#”字符。

其中，第②步的实现需要通过 1 个 for 循环来完成(见第 29～37 行代码)。在循环体内，当判断 j 值为 0(即当前行的输出位置处于第 0 列)或 width-1(即当前行的输出位置处于第 width-1 列)时，则输出“#”字符；其他位置则输出空格符。此处，“空”表示无物。

编译程序后，其代码的运行结果如图 3-5 所示。

图 3-5　绘制游戏舞台场景 4 道墙的代码的运行结果

若想给舞台场景上色，则可以使用第 2 章介绍的 SetConsoleTextAttribute()函数。首先使用形式为 HANDLE GetStdHandle(DWORD nStdHandle)的 GetStdHandle 函数将 DWORD 类型的句柄指向标准输出设备，即用于接收计算机数据的输出显示设备，在这里可以认为是显示器。然后，我们便可以得到返回的标准输出设备的句柄，并将后面输出到显示器缓冲区的字符设置为自定义字体背景颜色进行输出。

实现舞台场景上色的代码如下所示。在清屏指令之后，绘制墙体之前，首先获取窗口的句柄(见第 24 行代码)，设定墙体颜色为灰底黄字(0X86)；然后设置文本颜色属性(见第 26 行代码)。

```
21. void Draw()
22. {
23.     system("cls");
24.     HANDLE h = GetStdHandle(STD_OUTPUT_HANDLE);
25.     int textColor = 0X86;
26.     SetConsoleTextAttribute(h, textColor);
27.
28.     for (int i = 0; i < width + 2; i++)
29.         cout << "#";
30.     cout << endl;
```

再次编译程序后，其代码的运行结果如图 3-6 所示。

图 3-6　舞台场景上色代码的运行结果

3.1.6　游戏对象的表达

贪吃蛇游戏的对象主体是“蛇”和“果”，它们应该出现在舞台上(4 道闭合墙体的内部区域)。本例用“O”字符表示“蛇”的头，用“F”字符表示“果”。原本舞台场景绘制的内容是“#”字符或者空格符。当新增了“O”“F”字符后，相应位置的空格符将被取代。基于该思路，我们先看一下原先绘制竖向墙体和空格符的循环。代码如下所示，原先的 if-else 组合可以拆分为 3 个 if 语句。

```
32. for (int i = 0; i < height; i++)
33.  {
34.      for (int j = 0; j < width; j++)
35.      {
36.          if (j == 0)
37.              cout << "#";
38.
39.          if (j >0 && j <width - 1)
40.              cout << " ";
41.
42.          if (j == width - 1)
43.              cout << "#";
44.      }
45.      cout << endl;
46.  }
```

当发生空格符被“O”和“F”字符所替代(即舞台上出现“蛇”和“果”对象)时，需对上述代码的第 39～40 行进行重写，增加“O”和“F”字符出现的条件判断。在舞台上绘制“蛇”和“果”时，依据的是它们在舞台上的坐标。当某个舞台坐标位置被标记为“蛇”(或“果”)时，则该处应绘制对应的“O”字符(或“F”字符)。坐标包含 x 轴坐标和 y 轴坐标，因此在进行坐标判断时要同时对 x、y 轴坐标进行比较。添加“O”和“F”字符输出的代码如下：

```
32.  for (int i = 0; i < height; i++)
33.  {
34.      for (int j = 0; j < width; j++)
35.      {
36.          if (j == 0)
37.              cout << "#";
38.
39.          if (i == y && j == x)
40.              cout << "O";
41.          else if (i == fruitY && j == fruitX)
42.              cout << "F";
43.          else
44.              cout << " ";
45.
46.          if (j == width - 1)
47.              cout << "#";
48.      }
49.      cout << endl;
50.  }
```

代码编译后的运行结果如图 3-7 所示。

图 3-7　添加蛇和果在游戏舞台上的代码的运行结果

若想对图 3-7 舞台中的各个字符进行颜色变更，可以用 SetConsoleTextAttribute()函数进行颜色设定。其代码如下所示。例如，在绘制“O”字符时(见第 41～42 行代码)，将字符颜色设置为 0x8a(亮绿色)；在绘制“F”字符时(见第 47～48 行代码)，将字符颜色设置为 0x84(亮红色)。

```
39.             if (i == y && j == x)
40.             {
41.                 textColor = 0x8a;
42.                 SetConsoleTextAttribute(h, textColor);
43.                 cout << "O";
44.             }
45.             else if (i == fruitY && j == fruitX)
46.             {
47.                 textColor = 0x84;
48.                 SetConsoleTextAttribute(h, textColor);
49.                 cout << "F";
50.             }
51.             else
52.             {
53.                 cout << " ";
54.             }
```

代码调整后的运行效果图如图 3-8 所示。

图 3-8　贪吃蛇游戏绘制模块的运行效果图

习 题

1. 游戏的框架由哪几部分构成？

2. 游戏循环中“绘制”“输入”“逻辑”3 个模块执行的先后顺序如果发生调整，会有怎样的影响？

3. 贪吃蛇游戏的方向表示为什么采用枚举类型？它有什么优点？

4. 本节代码中的舞台绘制代码运行后，如果绘制出来的 4 道墙不能闭合，可能的原因是什么？

5. 贪吃蛇游戏中，游戏舞台的尺寸设定为高度 height，宽度 width，但本节案例的实际执行是稍有偏差的。以舞台的第 i 行为例，左墙坐标为(0，i)，右墙坐标为(width-1，i)，实际舞台的宽度为 width-2。该情况可能会为后续蛇的移动判定带来困扰。请尝试设计一种舞台的游戏数值表达方案，使得舞台左右墙体和贪吃蛇游戏舞台坐标的表示不会出现混乱。

补充材料

Draw()函数代码明细：

```
1.  void Draw()
2.  {
3.   system("cls");
4.   HANDLE h = GetStdHandle(STD_OUTPUT_HANDLE);
5.   int textColor = 0x06;
6.   SetConsoleTextAttribute(h, textColor);
7.
8.   for (int i = 0; i < width + 2; i++)
9.       cout << "#";
10.  cout << endl;
11.
12.  for (int i = 0; i < height; i++)
13.  {
14.      for (int j = 0; j < width; j++)
15.      {
16.          if (j == 0)
17.              cout << "#";
18.
19.          if (i == y && j == x)
20.          {
21.              textColor = 0x0a;
22.              SetConsoleTextAttribute(h, textColor);
23.              cout << "O";
```

```
24.             }
25.             else if (i == fruitY && j == fruitX)
26.             {
27.                 textColor = 0x04;
28.                 SetConsoleTextAttribute(h, textColor);
29.                 cout << "F";
30.             }
31.             else
32.             {
33.                 textColor = 0x06;
34.                 SetConsoleTextAttribute(h, textColor);
35.                 cout << " ";
36.             }
37.
38.             if (j == width - 1)
39.                 cout << "#";
40.         }
41.         cout << endl;
42.     }
43.     for (int i = 0; i < width + 2; i++)
44.         cout << "#";
45.     cout << endl;
46. }
```

3.2 游戏模块

3.2.1 游戏输入

游戏的输入通常意味着会有游戏的数值发生变化。初学者往往容易将游戏输入和游戏逻辑缠绕在一起。从标准模块化开发的角度考虑，为了更好地理清函数与函数之间的功能，使每个模块函数的功能更加纯粹，建议不要将输入和逻辑两模块的内容并在一起写。同时，不要为了图一时方便，忘记了框架结构，给后续的开发和维护带来无穷的烦恼和困惑。举个简单的例子，如果这个游戏还有鼠标或其他输入设备，那将输入和逻辑两模块的内容并起来，那么事情是变简单了？还是变复杂了？换个思路，游戏的后续中，如果需要再增加其他的输入方式呢？这个诉求是合理的吗？

在游戏开发的初期，要充分考虑程序后续的可扩展性。本章游戏框架里明确提出输入模块和逻辑模块，并希望两者能够各司其职，增强开发框架的强壮度，以便后续功能模块的调整、扩增和维护。

输入模块既然单独成块，顾名思义，该模块只负责外设输入指令的接收。当然，在贪吃蛇游戏中只需接收键盘的输入就可以。由于输入模块放置在游戏循环中，每次游戏循环均会被调用。为了提升代码的运行效率，游戏的键盘输入通常被分成两级进行管理：① 是否有按键按下；② 是否有指定的按键按下。

本例采用 conio.h 的_kbhit()和_getch()函数组合进行键盘信息接收。其中，_kbhit()用于侦测是否有按键按下，_getch()用于读取按键信息。贪吃蛇游戏的输入通常有上下左右 4 个方向键，再加一个游戏退出键，一共 5 个按键。在 Input()模块函数中，本例借助 switch()语句对按键进行筛选。

Input()函数的实现代码如下所示。其中，第 72 行代码用于检测是否有键盘按键事件发生，若发生，则运行代码段第 76～92 行。在该代码段中，如果按键为 a、d、w、s，则将“蛇”的方向变量设为对应的标识符；如果按键为 x，则将 bool 变量 gameOver 设置为 true，用于标记游戏结束。

```
70. void Input()
71. {
72.  if (_kbhit())
73.  {
74.      switch (_getch())
75.      {
76.      case 'a':
77.          dir = LEFT;
78.          break;
79.      case 'd':
80.          dir = RIGHT;
81.          break;
82.      case 'w':
83.          dir = UP;
84.          break;
85.      case 's':
86.          dir = DOWN;
87.          break;
88.      case 'x':
89.          gameOver = true;
90.          break;
91.      default:
92.          break;
93.      }
94.  }
95. }
```

3.2.2 全局变量的弊端

从 Input()函数的实现代码可以看到，它是通过变更全局变量 dir 和 gameOver 的值来实现与外部衔接的。游戏循环后续的逻辑模块会依据这两个全局变量的值进行逻辑处理。

本例中全局变量的使用似乎是一个简单的解决方案，但是全局变量的使用被认为是不良的编程习惯。当项目规模扩大或未意识到在全局范围内已经被声明的某些变量名时，它们可能在后续开发中让人头疼。

严格来说，全局变量与代码模块化是背道而驰的。全局变量可以从任何地方访问，从而绕过模块之间定义明确的接口(如本章案例)。若在代码中引入了隐藏的依赖关系，则不仅增加了维护负担，而且可能导致难以跟踪的错误。这是因为全局变量的值在任一地方发生变更时，其影响会覆盖全局区域。

全局变量的其他弊端大家可以查阅其他专业书籍，本书将全局变量的弊端问题单独成节的目的是给读者提个醒：在开发过程中要慎用全局变量。不过，作为一本游戏开发的入门级教程，重心是为大家开启一扇游戏开发的窗户；关于编程上的修行，取决于大家后续的个人兴趣和意愿。为了降低大家对编程难度的关注，请将注意力集中在游戏开发的思路上。但在本书的案例中我们将继续沿用全局变量。

3.2.3 游戏逻辑

游戏逻辑是游戏规则的核心。贪吃蛇游戏中的蛇之所以会被驱动，是键盘的输入指令影响到蛇的位置坐标，若蛇的位置坐标发生变化，则形成视觉上的位置移动。由于蛇在舞台上不能斜着移动，只能水平或竖直方向移动，所以蛇移动的数值逻辑是根据蛇的移动方向对蛇的 x、y 坐标进行相应加减的。

在 Logic()函数中，借助 switch()函数对全局变量 dir 进行分类，可完成方向按键对应的数值计算。具体代码如下：

```
96. void Logic()
97. {
98.     switch (dir)
99.     {
100.        case LEFT:
101.            x--;
102.            break;
103.        case RIGHT:
104.            x++;
105.            break;
106.        case UP:
107.            y--;
108.            break;
```

```
109.        case DOWN:
110.            y++;
111.            break;
112.        default:
113.            break;
114.        }
115. }
```

现在，我们这个游戏就可以进行初步的人机交互了。编译并运行程序，测试下蛇头是否能根据按键方向进行相对应的移动。

3.2.4　游戏组成要素

任何类型的游戏设计都应该包含以下四种元素：行为模式、条件规则、娱乐身心和输赢胜负。贪吃蛇游戏的移动逻辑是游戏的一种行为模式。当游戏有了一定行为模式后，还必须制定出一整套的条件规则。例如，若蛇碰墙，则游戏结束。游戏结束的判定按照模块划分，属于逻辑模块。因此，在 Logic()函数中增加蛇头坐标与墙体相撞的条件判断。对于墙体与蛇头相撞的定义，可能会有不同的理解。这里示例代码如下：

```
115. if (x > width || x < 0 || y > height || y < 0)
116.          gameOver = true;
```

当墙体与蛇头相撞的事件发生时，则 gameOver 变量值为 true。示例代码如下：

```
1.  int main()
2.  {
3.     Initial();
4.     while (!gameOver)
5.     {
6.         Draw();
7.         Input();
8.         Logic();
9.     }
10.    system("pause");
11.    return 0;
12. }
```

游戏要素里面的娱乐身心，实质就是一种对游戏玩家的激励机制。在贪吃蛇游戏中，这种激励机制就体现在果上。舞台上一直会有果的存在，当蛇吃到果时，玩家获得积分。同时，游戏逻辑会赋予新的果，其新坐标是随机的。

在逻辑模块里面吃果的逻辑是：① 若蛇与果的坐标相同，则蛇吃到果；② 若玩家获得积分奖励，则对分数进行累加；③ 果拥有一个随机的新坐标。具体实现代码如下：

```
118. if (x == fruitX && y == fruitY)
119.     {
120.     score += 10;
121.         fruitX = rand() % width;
122.         fruitY = rand() % height;
123.     }
```

3.2.5 得分与显示

按照功能模块的划分，玩家积分的计算在逻辑模块中实现，而积分的显示则是在绘制模块中进行。控制台下的输出，主要通过 cout 对象完成。本案例在 Draw()函数里面增加了积分的输出显示。具体实现代码如下：

```
69. cout << "游戏得分" << score << endl;
```

编译并运行程序后，当蛇吃到果子时，游戏得分会显示在场景的下方，如图 3-9 所示。

图 3-9 游戏得分数值的显示

3.2.6 蛇身链表

每个游戏都有它的核心算法。贪吃蛇游戏的核心算法是蛇身的链表表示。蛇吃到果后，在获得积分奖励的同时，自身还会成长。当蛇身变长之后，怎么让变长的蛇身跟随蛇头一起移动，是一件很有挑战性的事情。

贪吃蛇游戏的蛇身链表结构需要设计一个结构体，一节蛇身对应一个结构体节点，各蛇身节点按单向或双向的方式进行链接。当发生吃果增长蛇身时，将增长的蛇身节点放置在链表的最前端(也有放置在最末端的方案)。在蛇身移动的时候，将前一节蛇身节点的坐标依次传递给后一节蛇身节点，给人一种蛇在移动的感觉。

为降低编程难度，本案例采用简单的数组来替代链表结构。首先在变量声明处增加几个描述蛇身属性的变量。代码如下：

```
10. int tailX[100], tailY[100];
11. int nTail;
```

其中，数组 tailX 和 tailY 分别用于存储每节蛇身的 x，y 坐标，nTail 记录当前蛇身的长度。数组 tailX 和 tailY 的长度指定为一个较大的数值 100，该数值意味着本例的蛇身长度只能存储 100 节。如果有需要，可以将该数值调大，或采用动态数组的方案。

在游戏逻辑中，当蛇吃到果子时，蛇身长度要增加。在吃果代码段中添加蛇身长度变量 nTail 自增语句。代码如下：

```
120.     if (x == fruitX && y == fruitY)
121.     {
122.         score += 10;
123.         fruitX = rand() % width;
124.         fruitY = rand() % height;
125.         nTail++;
126.     }
```

在蛇身节点坐标值依次向后传递的过程中，我们增设 4 个临时变量 prevX、prevY、prev2X、prev2Y，分别用于暂存前节点和现节点的 x、y 坐标。具体实现代码如下：

```
99. void Logic()
100. {
101.     int prevX = tailX[0];
102.     int prevY = tailY[0];
103.     int prev2X, prev2Y;
104.
105. for (int i = 1; i < nTail; i++)
106.     {
107.         prev2X = tailX[i];
108.         prev2Y = tailY[i];
109.         tailX[i] = prevX;
110.         tailY[i] = prevY;
111.         prevX = prev2X;
112.         prevY = prev2Y;
113.     }
```

其中，第 101～102 行代码将 0 号蛇身节点的 x、y 坐标分别预存于变量 prevX、prevY；第 105 行代码的 for 循环对蛇身节点进行遍历；第 107～108 行代码将循环体内当前 i 号蛇身节点的 x、y 坐标分别暂存于变量 prev2X、prev2Y 中；第 109～110 行代码将当前 i 号蛇身节点的 x、y 坐标更新为前节点的坐标；第 111～112 行代码将原 i 号蛇身节点的 x、y 坐标存于变量 prevX、prevY，便于循环体的下次循环调用。

3.2.7 蛇身显示

本部分内容主要是让大家进一步了解游戏数据与游戏图形之间的对应关系，让大家清楚地知道游戏场景画面仅仅是游戏逻辑的一种可视化的呈现。在绘制模块中绘制蛇身，本质上与上一节绘制“蛇头”与“果”的方式是一样的。当发现舞台上的某个坐标值可以在蛇身链表中检索到的时候，相应的舞台坐标位置处则绘制代表蛇身的 o 字符，以表示该坐标上有某节蛇身存在，即舞台上是否出现蛇身图形字符，取决于蛇身链表中存储的坐标值情况。由于蛇身的 o 字符与 O、F 字符均互斥，所以在原绘制代码的 O 字符的 if 判定之后，再增加 else 代码段。具体代码如下：

```
43.         if (i == fruitY && j == fruitX)
44.         {
45.             textColor = 0x04;
46.             SetConsoleTextAttribute(h, textColor);
47.             cout << "F";
48.         }
49.         else if (i == y && j == x)
50.             {
51.                 textColor = 0x0a;
52.                 SetConsoleTextAttribute(h, textColor);
53.                 cout << "O";
54.             }
55.         else
56.         {
57.             for (int k = 0; k < nTail; k++)
58.             {
59.                 if (tailX[k] == j && tailY[k] == i)
60.                     cout << "o";
61.             }
```

3.2.8 问题排查

我们在教学过程中一直向学生强调，代码不是写出来，而是调试出来的。该说法尽管不严谨，但我们要承认编写代码的过程中出现问题是正常的。我们要学习的是当遇到问题时，如何去分析问题和解决问题。上述代码同样也存在各种问题，本节抛砖引玉，挖掘下其中存在的一些问题。为了方便测试，我们先把游戏结束的判定代码注释掉。代码如下：

```
138. //if (x > width || x < 0 || y > height || y < 0)
139.     //  gameOver = true;
```

以上代码编译后运行，会发现增长的蛇身处于舞台的左上角，并没有跟随蛇头移动，同时右边的墙体显示有点异常，如图 3-10 所示。

图 3-10　新增蛇身初始位置显示异常情况

对于该问题，我们首先需要排查绘制模块的绘制逻辑有没有问题，即画面绘制对不对。当确认绘制模块没问题之后，根据绘制异常去排查对应的游戏数值是否有异常。前面的异常结果表明蛇身链表的数值出现了异常。进一步确认后发现本章代码有两处明显的纰漏：① 蛇头的坐标没有传递给蛇身链表，导致蛇身没能跟随蛇头移动；② 蛇身数组没有被初始化，导致坐标一直为 0 值。

问题定位后，我们需要对蛇身链表进行初始化，并将蛇身的链表与蛇头进行关联。该关联只需将蛇头坐标(x,y)赋值给蛇身链表数组的 0 元素。代码如下：

```
105. void Logic()
106. {
107.     int prevX = tailX[0];
108.     int prevY = tailY[0];
109.     int prev2X, prev2Y;
110.     tailX[0] = x;
111.     tailY[0] = y;
```

此时，编译程序后再次运行，蛇身就能跟着蛇头移动了，如图 3-11 所示。

图 3-11　蛇身跟着蛇头移动的异常情况

下面我们分析图 3-11 中舞台右边墙壁显示异常的问题。有蛇身存在的行，右边墙体会突出显示，感觉好像是右墙体的左边多绘制了空格符导致的。请检查绘制模块的代码，看看蛇身的 o 字符与 O、F 字符通过 if-else 条件语句实现互斥的同时，是否与空格符也实现了互斥。也就是说，舞台上的单一坐标对应显示的内容只能在 F、O、o 字符和空字符之间进行 4 选 1。如果对应的代码被修改，就能得到如图 3-12 所示的游戏运行正常的画面。

图 3-12　修正异常后的贪吃蛇游戏运行画面

3.2.9　胜负判断

游戏或比赛最终均会有个输赢。缺少输赢的游戏会使玩家缺少继续游戏的动力。这里我们增加一个游戏结束的条件，即当蛇头和蛇身相撞的时候游戏结束。相撞的条件设定是当蛇头坐标与蛇身链表中的任一坐标重叠。具体代码如下：

```
147. for (int i = 0; i < nTail; i++)
148.         if (tailX[i] == x && tailY[i] == y)
149.             gameOver = true;
```

习　题

1. 为什么本节输入模块中不采用直接侦测键盘硬件中断的 GetAsyncKeyState( )函数？本例中如果使用 GetAsyncKeyState( )函数做键盘的输入接收，会有怎样的优点和弊端？

2. 贪吃蛇游戏的输入模块中采用 switch()语句进行按键筛选，可能会存在怎样的弊端？

3. 贪吃蛇游戏的输入模块，如果想采用键盘上的“←”“→”“↑”“↓”(左、右、上、下)四个方向键进行控制，代码需要如何改？如果“w”“a”“s”“d”按键和方向键均能控制，又如何改？

4. 全局变量有哪些使用弊端，请至少罗列 3 种。

5. 游戏设计有哪 4 个组成要素？

6. 在贪吃蛇游戏画面上如何表现或示意“水果”被蛇吃没了？以下最可能的选项是(　　)。

A. 用背景图案将原来水果图案覆盖掉

B. 把水果图案直接拿掉

C. 逻辑中不产生水果信息，画面上自然就不会有水果

D. 用蛇的图案将原来水果图案覆盖掉

7. 贪吃蛇游戏中，蛇每吃一个果子，蛇身会增长一节。为让游戏场景中的蛇身变长，以下(　　)比较合理。

A. 碰撞函数中，当蛇头与果子相遇，则多绘制一节蛇身

B. 绘图函数中，每增加一节蛇身绘图函数就多绘制一节

C. 逻辑函数中，每增加一节蛇身，逻辑函数就给蛇身链表增加一节蛇身数据

D. 循环函数中，每增加一节蛇身，蛇身链表的循环次数加 1

8. 如何让蛇身能够穿墙，即蛇头进入右(上)墙，会从左(下)墙出来，条件应该怎样设定？

第4章 游戏的显示

第3章的贪吃蛇游戏在运行时，游戏画面会一直闪烁，这与我们平时所接触到的成品游戏不一样。本章将对游戏的刷新显示方法进行介绍。

4.1 双缓冲显示

4.1.1 屏幕缓冲区

屏幕缓冲区是用于存放在控制台窗口中输出的字符和颜色数据的一段存储区域。一个控制台窗口可以包含多个屏幕缓冲区。当前激活的屏幕缓冲区指的是显示在屏幕上的那个缓冲区。每个屏幕缓冲区都有自己的二维字符信息记录数组。每个字符信息都被存储在CHAR_INFO结构中，该结构中指定了Unicode或ANSI字符，以及显示字符时的前景和背景颜色。

屏幕缓冲区创建时，不含任何内容。此时，光标可见，且处在缓冲区的原点(0,0)，而且与窗口的左上角与缓冲区的原点重合。控制台屏幕缓冲区大小、窗口大小、文本属性及光标外观都是由系统默认或用户设置所决定的，可以通过调用GetConsoleScreenBufferInfo()、GetConsoleCursorInfo()和GetConsoleMode()函数来获取当前缓冲区的属性。每个屏幕缓冲区字符单元都存储着背景和所绘文本的颜色属性。应用程序可以单独为每个单元格设置颜色属性，并存储在每个单元的CHAR_INFO结构的Attributes成员中。

以第3章贪吃蛇游戏案例为例。该游戏的绘制是通过绘图模块函数Draw()实现的。其中，Draw()函数的每次绘制都第一时间执行system("cls")指令进行屏幕已有画面的清除，让光标回归窗口的原点。新的游戏画面绘制是通过cout对象输出实现的。但各个cout输出本质上是有先后的，靠近system("cls")指令的cout输出在某种程度上来说距离下一次清屏操作的间隔时长要久一点，输出内容在窗口中驻留的时间会相对长一点；反之，距离清屏指令远的cout输出内容在屏幕上的驻留时间要相对短一点。因此，画面局部区域驻留时长的不一致，会让观察者感觉窗口画面在闪烁。

因为system()函数的调用相当于中断当前程序，将控制权转交给了操作系统；又因为操作系统往往不止游戏这一个程序在运行，所以导致system()函数的响应会出现不及时或不可控的情况。当system()函数的响应速度低于游戏刷新的要求时，游戏窗口的画面闪烁情况会加剧。绘图模块函数Draw()的部分代码如下：

```
25. void Draw()
26. {
27.     system("cls");
28.     HANDLE h = GetStdHandle(STD_OUTPUT_HANDLE);
29.     int textColor = 0x06;
30.     SetConsoleTextAttribute(h, textColor);
31.
32.     for (int i = 0; i < width + 1; i++)
33.         cout << "#";
34.     cout << endl;
```

4.1.2　双缓冲技术

游戏窗口的画面之所以出现闪烁，从本质上来说，是因为在一个游戏周期内，游戏画面的分步输出导致屏幕各区域内容的驻留时长不一致。解决该问题的方案之一是：使用双缓冲技术。双缓冲技术的核心是启用两个显示缓冲区。当其中一个缓冲区的内容在显示的时候，对另一个缓冲区进行新内容的绘制，等后台缓冲区绘制完毕后，将两个缓冲区进行互换，实现画面的整体切换，从而避免屏幕出现闪烁。

每个屏幕缓冲区都拥有一个句柄。前面章节中多次使用的函数 GetStdHandle (STD_OUTPUT_HANDLE);实际上就是返回标准的输出设备的句柄，也就是获得系统默认的屏幕缓冲区的句柄。当使用双缓冲时，需至少再创建一个新的缓冲区句柄。我们通过 WriteConsoleOutputAttribute()和 WriteConsoleOutputCharacterA()函数将希望显示在屏幕上的数据存放在指定的屏幕缓冲区，最后通过 SetConsoleActiveScreenBuffer()函数指定当前需要激活显示的缓冲区。

双缓冲技术所涉及的函数如表 4-1 所示。

表 4-1　控制台函数列表

名　称	说　明
HANDLE GetStdHandle(　_In_ DWORD NStdHandle);	获取标准设备的句柄。 nStdHandle 为标准设备，其可取值如下： STD_INPUT_HANDLE　(DWORD)-10，输入设备； STD_OUTPUT_HANDLE　(DWORD)-11，输出设备； STD_ERROR_HANDLE　(DWORD)-12，错误设备。 调用返回： 成功，返回设备句柄(HANDLE)； 失败，返回 INVALID_HANDLE_VALUE。 如果没有标准设备，则返回 NULL

续表

名　称	说　明
BOOL WINAPI SetConsoleActiveScreenBuffer(　_In_ HANDLE hConsoleOutput);	控制台可以有多个屏幕缓冲区。 SetConsole ActiveScreenBuffer 函数将确定哪一个缓冲区被显示。可以在非活动屏幕缓冲区中进行写入操作，然后使用 SetConsoleActiveScreenBuffer 函数显示该缓冲区的内容
BOOL WINAPI WriteConsoleOutputAttribute(　_In_ HANDLE hConsoleOutput, 　_In_ const WORD *lpAttribute, 　_In_ DWORD nLength, 　_In_ COORD dwWriteCoord, 　_Out_ LPDWORD lp NumberOfCharsWritten);	向显示缓冲写入字符的字体属性。 lpAttribute：指向属性数组，其中每个字节的低字节都包含了颜色值； nLength：数组长度； dwWriteCoord：接收属性的开始屏幕单元格； lpNumberOfAttrsWritten：指向一个变量，其中保存的是已写单元格的数量
BOOL WINAPI WriteConsoleOutputCharacterA(　_In_ HANDLE hConsoleOutput, 　_In_ LPCTSTR lpCharacter, 　_In_ DWORD nLength, 　_In_ COORD dwWriteCoord, 　_Out_ LPDWORD lpNumberOfCharsWritten);	从指定位置开始，将许多字符属性复制到控制台屏幕缓冲区的连续单元中。 lpCharacter：要输出的字符串； nLength：输出长度； dwWriteCoord：起始位置； lpNumberOfCharsWritten：已写个数，通常置为 NULL

4.1.3　创建双缓冲区

以第 3 章贪吃蛇游戏案例为基础，演示双缓冲技术的使用。首先，新增两个用于双缓冲的句柄变量及其他需要用到的缓冲区描述变量。代码如下：

```
4.  using namespace std;
5.
6.  HANDLE hOutput, hOutBuf;
7.  COORD coord = { 0, 0 };
8.  DWORD bytes = 0;
9.  bool BufferSwapFlag = false;
```

在 Initial()函数里，创建新的缓冲区。代码如下：

```
23. void Initial()
24. {
25.   hOutBuf = CreateConsoleScreenBuffer(
26.        GENERIC_WRITE,//定义进程可以往缓冲区写数据
```

```
27.         FILE_SHARE_WRITE,//定义缓冲区可以共享写权限
28.         NULL,
29.         CONSOLE_TEXTMODE_BUFFER,
30.         NULL
31.     );
32.     hOutput = CreateConsoleScreenBuffer(
33.         GENERIC_WRITE,
34.         FILE_SHARE_WRITE,
35.         NULL,
36.         CONSOLE_TEXTMODE_BUFFER,
37.         NULL
38.     );
```

对两个缓冲区进行初始化，隐藏两个缓冲区里的光标。代码如下：

```
38. //隐藏两个缓冲区的光标
39.        CONSOLE_CURSOR_INFO cci;
40.         cci.bVisible = 0;
41.         cci.dwSize = 1;
42.         SetConsoleCursorInfo(hOutput. &cci);
43.          SetConsoleCursorInfo(hOutBuf, &cci);
```

4.1.4　缓冲数据数组

从表 4-1 中 WriteConsoleOutputCharacterA()函数的参数可以看出，数据写入缓冲区时可以按指定字符串长度的方式写入显示字符。为提升写入的效率，通常创建缓冲区对应的二维数组，即先把显示字符以赋值的形式赋值给数组，再通过 WriteConsoleOutputCharacterA()函数一次性写入缓冲区。因此，这里需要先声明一个与缓冲区相对应的用于存储显示字符的二维数组 ScreenData[]。通常舞台边缘的墙壁是有厚度的，在案例中我们把二维数组尺寸稍微设置得大一点，以免后面出现数据溢出的情况。代码如下：

```
14. Char ScreenData[width + 5][height + 5];
```

为不破坏原来的 Draw()函数，我们建议对原绘制函数进行复制，并命名为 Draw2()函数。代码如下：

```
112. void Draw2()
113. {
114.         System("cls");
115.         HANDLE h = GetStdHandle(STD_OUTPUT_HANDLE);
116.         int textColor = 0x06;
117.        SetConsoleTexeAttribute(h, textColor);
118.
119.         for(int i = 0; i < width + 2;  i++)
```

把原来在 Draw()函数中直接输出显示的字符，在新的 Draw2()函数中先转存到二维数组 ScreenData[]中，为后续一次性写入屏幕缓冲区做准备。Draw2()函数的具体内容如下：

```
112. void Draw2()
113. {
114.     int i, j;
115.     int currentLine = 0;
116. 
117.     for (j = 0; j < width + 2; j++)
118.         ScreenData[currentLine][j] = '#';
119.     currentLine++;
120. 
121.     for (i = 0; i < height; i++)
122.     {
123.         for (j = 0; j < width; j++)
124.         {
125.             if (j == 0)
126.                 ScreenData[currentLine + i][j] = '#';
127.             else if (i == fruitY && j == fruitX)
128.             {
129.                 ScreenData[currentLine + i][j] = 'F';
130.             }
131.             else if (i == y && j == x)
132.             {
133.                 ScreenData[currentLine + i][j] = 'O';
134.             }
135.             else
136.             {
137.                 bool flagPrint = false;
138.                 for (int k = 0; k < nTail; k++)
139.                 {
140.                     if (tailX[k] == j && tailY[k] == i)
141.                     {
142.                         ScreenData[currentLine + i][j] = 'o';
143.                         flagPrint = true;
144.                     }
145.                 }
146. 
147.                 if (!flagPrint)
```

```
148.                    ScreenData[currentLine + i][j] = ' ';;
149.                }
150.
151.                if (j == width - 1)
152.                    ScreenData[currentLine + i][j] = '#';
153.            }
154.        }
155.        for (j = 0; j < width + 2; j++)
156.            ScreenData[currentLine + i][j] = '#';
157.        currentLine++;
158.        sprintf(ScreenData[currentLine + i], "游戏得分: %d", score);
159. }
```

其中，第 158 行代码 sprintf()函数的使用，是为了将游戏得分的数值信息以字符串的形式存入字符数组 ScreenData[]。如果在编译该代码时，发生关于 sprintf()函数的报错，则可以根据错误的提示用 sprintf_s()函数进行替代，或者在代码的起始位置增加如下代码：

```
1.  #define _CRT_SECURE_NO_DEPRECATE
```

4.1.5　双缓冲显示

显示字符转存到缓冲区数组后，需要通过写入函数一次性写入在后台的缓冲区。为此添加双缓冲显示函数 Show_doubleBuffer()，如下方代码所示。首先调用先前的 Draw2()函数将准备输出的字符信息迁移到 ScreenData 数组中，然后通过 BufferSwapFlag 变量的乒乓设置，将信息拷贝到两个缓冲区的其中一个。向缓冲区写入数据需要用到底层函数 WriteConsoleOutputCharacterA()。示例代码通过 for 循环采用逐行写入的方式将显示字符由缓冲数组 ScreenData[]写入到屏幕缓冲区。当显示字符写入缓冲区之后，再通过 SetConsoleActiveScreenBuffer()函数激活已经绘制完毕的缓冲区。与此同时，先前处于前台的缓冲区转入后台等待下一次的缓冲写入。BufferSwapFlag 变量的乒乓设置，使前后台两个缓冲区能够交替运行。由于每次被激活的缓冲区里显示的画面是完整的，且其中各显示字符在屏幕上的停留时长是一致的，因此可以很好地解决先前的屏幕闪烁问题。

```
162. void Show_DoubleBuffer()
163. {
164.        int i;
165.        Draw2();
166.
167.        if (BufferSwapFlag == false)
168.        {
```

```
169.            BufferSwapFlag = true;
170.            for (i = 0; i < height + 5; i++)
171.            {
172.                coord.Y = i;
173.                WriteConsoleOutputCharacterA(hOutBuf, ScreenData[i],
                      width, coord, &bytes);
174.            }
175.            SetConsoleActiveScreenBuffer(hOutBuf);
176.        }
177.        else
178.        {
179.            BufferSwapFlag = false;
180.            for (i = 0; i < height + 5; i++)
181.            {
182.                coord.Y = i;
183.                WriteConsoleOutputCharacterA(hOutput, ScreenData[i],
                      width, coord, &bytes);
184.            }
185.            SetConsoleActiveScreenBuffer(hOutput);
186.        }
187. }
```

若在main()函数里对显示模块函数进行如下代码的替换，则可以将贪吃蛇游戏的绘制模式切换为本节的双缓冲显示。

```
270. int main()
271. {
272.        Initial();
273.        while (!gameOver)
274.        {
275.            //Draw();
276.            Show_DoubleBuffer();
277.            Input();
278.            Logic();
279.        }
280.        //system("pause");
281.        return 0;
282. }
```

程序运行后，如果发现游戏运行速度很快，则建议先在main()函数中将显示模块函数切换回之前的 Draw()函数。观察两者在运行速度上的差异，对比这两种显示方式，我们会发现双缓冲模式的游戏循环明显会快一点。基于 OpenGL 开发的游戏，通常采用双缓冲的显示模式。

如何解决双缓冲模式下游戏速度运行过快的问题呢？这里我们建议在 main()函数中增加 sleep()函数调用，让游戏的节奏慢下来。代码如下：

```
270. int main()
271. {
272.         Initial();
273.         while (!gameOver)
274.         {
275.             //Draw();
276.             Show_DoubleBuffer();
277.             Input();
278.             Logic();
279.             Sleep(100);
280.         }
281.         //system("pause");
282.         return 0;
283. }
```

由于目前为止未涉及字符颜色的设置，双缓冲代码运行后得到的游戏画面是如图 4-1 所示的黑底白字配色。

图 4-1　贪吃蛇游戏双缓冲显示的黑白界面

4.1.6 双缓冲的彩色显示

双缓冲显示的字符是先写入屏幕缓冲区，再通过激活缓冲区显示在窗口上，并不是直接对窗口进行显示字符的输出。因此，第 2 章所介绍的 SetConsoleTextAttribute()函数不适用于对该缓冲区中的字符进行颜色设置。

屏幕缓冲区是用于存放在控制台窗口中输出的字符和颜色数据的一段存储区域。每个屏幕缓冲区字符单元的 CHAR_INFO 结构的 Attributes 成员用于存储字符的前景和背景颜色。查阅控制台编程的 API 函数，发现 WriteConsoleOutputAttribute()函数可对缓冲区中字符颜色进行设置。

上色的方案有多种，此处给出一种方案供大家参考。贪吃蛇游戏画面中不同的字符有不同的配色。两个缓冲区若进行两次字符配色，则代码会显得冗余。为此，我们先对前小节的 Show_doubleBuffer()函数进行重写，让 BufferSwapFlag 的乒乓设置决定后续需要进行写入的缓冲区的句柄，然后对指定句柄的缓冲区进行写入操作。在进行具体缓冲区写入之前，根据字符的筛选比对，确定各个字符的字体颜色，并由 WriteConsoleOutputAttribute()函数将字符颜色信息写入各字符 CHAR_INFO 结构的 Attributes 中。具体代码如下：

```
1.  void Show_doubelBuffer()
2.  {
3.      HANDLE hBuf;
4.      WORD textColor;
5.      int i,j;
6.      Draw2();//在缓冲区画当前游戏区
7.      if (BufferSwapFlag == false)
8.      {
9.          BufferSwapFlag = true;
10.         hBuf = hOutBuf;
11.     }
12.     else
13.     {
14.         BufferSwapFlag = false;
15.         hBuf = hOutput;
16.     }
17.     //对 ScreenData 数组的内容进行上色，并将属性传到输出缓冲区 hBuf
18.     for (i = 0; i < height + 5; i++)
19.     {
20.         coord.Y = i;
21.         for (j = 0; j < width + 5; j++)
22.         {
23.             coord.X = j;
```

```
24.             if (ScreenData[i][j] == 'O')
25.                 textColor = 0x03;
26.             else if (ScreenData[i][j] == 'F')
27.                 textColor = 0x04;
28.             else if (ScreenData[i][j] == 'o')
29.                 textColor = 0x0a;
30.             else
31.                 textColor = 0x06;
32.             WriteConsoleOutputAttribute(hBuf, &textColor, 1, coord, &bytes);
33.         }
34.         coord.X = 0;
35.     WriteConsoleOutputCharacterA(hBuf, ScreenData[i], width, coord, &bytes);
36.     }
37.     SetConsoleActiveScreenBuffer(hBuf);
38. }
```

因受篇幅限制，本节不深入挖掘 console 下的双缓冲技术。感兴趣的同学可以自行查阅相关知识。

习 题

1. 贪吃蛇游戏窗口画面为什么会闪屏？

2. 一个窗口可以有(　　)个屏幕缓冲区。

A. 1 个　　B. 2 个　　C. 3 个　　D. 多个

3. 如何将变量的数值写入到屏幕缓冲区的显示字符数组中？其中，sprintf()函数的作用是什么？

4. 请简述什么是双缓冲显示。

5. 双缓冲显示与单缓冲显示进行比较，游戏的刷新速度是变快了？还是变慢了？可能的原因是什么？

6. 双缓冲显示通常是先将被显示的字符存入缓冲区对应的二维数组中，然后再由二维数组转存到屏幕缓冲区。在这种由显示字符数组直接转存缓冲区的双缓冲显示的模式下，如何实现多种字体颜色的显示？

4.2　局部更新

4.2.1　舞台局部更新

在 4.1 节的案例中，我们发现双缓冲显示的窗口的绘制速度比单缓冲显示的窗口的绘制速度快。但我们仔细思考会发现，其实前面单缓冲显示的窗口的绘制速度慢的根源在于system("cls")的执行效率低。如果单缓冲显示不采用这种画面更新模式(比如直接用舞台背景对窗口进行覆盖)，则其画面绘制效率不比双缓冲显示差。鉴于控制台窗口显示的特殊性，本节介绍一种游戏窗口局部更新的单缓冲显示方式。

局部更新，即对画面的局部内容进行擦除和重绘。因此，在实现的时候要先明确全局的场景和局部的对象，并分别绘制。以贪吃蛇游戏为例，我们定义 DrawMap()函数用于游戏场景绘制，定义 eraseSnake()函数用于对蛇身进行擦除，定义 DrawLocally()函数用于舞台局部内容的重绘。

因此，用于游戏场景绘制的 DrawMap()函数可以归于 Initial()初始化模块。为了便于理解局部更新的思路，我们在下方代码中将 DrawMap()函数附在 Initial()模块函数的后面。游戏循环中原先的绘图模块则由局部擦除和局部重绘函数 eraseSnake()和 DrawLocally()替代。由于局部擦除的内容是上一帧中的游戏对象，而局部重绘的内容是当前帧的游戏对象，所以下方代码之中 eraseSnake()需要放置在 Logic()函数之前，而 DrawLocally()需要放置在 Logic()函数之后。

```
190. int main()
191. {
192.         Initial();
193.         DrawMap();
194.
195.     while (!gameOver)
196.     {
197.         Input();
198.         eraseSnake();
199.         Logic();
200.         DrawLocally();
201.         Sleep(100);
202.     }
203.         system("pause");
204.         return 0;
205. }
```

4.2.2 光标位置

局部重绘需要根据局部的位置坐标在窗口的舞台上进行精确定位。控制台窗口的光标位置的设置有专门的 API 函数 SetConsoleCursorPosition()，通过它能够改变光标在游戏界面上的位置。该函数的详细介绍如表 4-2 所示。

表 4-2 函数 SetConsoleCursorPosition()参数说明

名 称	说 明
BOOL SetConsoleCursorPosition(_In_ HANDLE hConsoleOutput, _In_ COORD dwCursorPosition);	用于设置控制台的光标位置。其中，hConsoleOutput 为控制台输出设备句柄；dwCursorPosition 为光标位置

通常所说的光标位置指的是光标在控制台窗口上的坐标，但我们在游戏开发的过程中习惯使用游戏舞台的坐标。也就是说，存在两个坐标系：一个是控制台窗口的坐标系，另一个是游戏场景的坐标系。为了在开发过程中方便描述光标坐标，我们设计 setPos()函数对 SetConsoleCursorPosition()函数进行二次封装，用于实现窗口坐标和游戏舞台坐标的转换。这样开发人员可以用游戏舞台场景的坐标对游戏对象进行描述，且程序代码可自动将坐标值转换为控制台窗口的坐标值。

函数 SetConsoleCursorPosition()的第一个参数是目标窗口的句柄，因此需要有个句柄变量用来存储控制台的句柄。代码如下：

```
15. HANDLE h = GetStdHandle(STD_OUTPUT_HANDLE);
```

在如下所示代码的开头预定义几个宏 DETA_X、DETA_Y、EDGE_THICKNESS，分别描述游戏舞台原点坐标与窗口原点坐标在 x、y 轴上的偏移量，以及舞台边缘的厚度值。

```
5.  #define DETA_X 1
6.  #define DETA_Y 1
7.  #define EDGE_THICKNESS 1
```

setPos()函数的具体内容如下所示。其中，X、Y 变量对应游戏舞台场景上的坐标变量；COORD 变量 pos 指的是在游戏窗口上的光标坐标。

```
39. void setPos(int X, int Y)
40. {
41.     COORD pos;
42.     pos.X = X + DETA_X;
43.     pos.Y = Y + DETA_Y;
44.     SetConsoleCursorPosition(h, pos);
45. }
```

4.2.3 局部绘制

1. 游戏场景的绘制

局部绘制是基于游戏场景整体的局部内容更新。因此在局部绘制之前，需要先绘制全局的游戏场景。贪吃蛇游戏的游戏场景主要是由 4 道闭合的墙及适当的文字输出构成的。这部分场景绘制的工作，我们封装在 DrawMap()函数中完成。具体代码如下所示。其中，调用 setPos()函数用来告知程序 4 道墙在窗口上的坐标。这里 setPos()函数为什么传进去-1 的参数呢？本例中墙体厚度设置为 1，舞台的坐标原点设在墙体内沿的左上角。setPos()函数中实际已经对坐标进行了偏置。当传参为-1 的时候，在屏幕上的真实位置是 0。

```
28. void DrawMap()
29. {
30.  system("cls");
31. HANDLE h = GetStdHandle(STD_OUTPUT_HANDLE);
32.  int textColor = 0x06;
33.  SetConsoleTextAttribute(h, textColor);
34.
35.  setPos(-1, -1);//绘制顶上的墙
36.  for (int i = 0; i < width + 2; i++)
37.      cout << "#";
38.
39.  for (int i = 0; i < height; i++)
40.  {
41.      setPos(-1, i);//绘制左右的墙
42.      for (int j = 0; j < width+2; j++)
43.      {
44.          if (j == 0)
45.              cout << "#";
46.          else if (j == width + 1)
47.              cout << "#";
48.          else
49.              cout << " ";
50.      }
51.      cout << endl;
52.  }
53.  setPos(-1, height);//绘制下方的墙
54.  for (int i = 0; i < width + 2; i++)
55.      cout << "#";
56.  cout << endl;
57.  cout << "游戏得分:" << score << endl;
58. }
```

2. 局部擦除

局部绘制是相对于全局绘制来讲的，但最终取得的画面效果需要一致，不然局部绘制的意义不大。局部绘制的难点在于如何将后面局部绘制的内容与原先周边的内容相融合。通常采用的解决方案是在局部绘制之前进行局部擦除。在此，可采用背景内容对局部的游戏对象进行擦除，以免游戏前后帧中游戏对象画面出现干涉和冲突。

在本案例中，游戏对象是蛇，局部擦除主要是针对蛇身的擦除。由于蛇身本来就是前

一帧根据蛇身链表的数据绘制在舞台场景上的，因此在擦除蛇身时，只需再根据蛇身链表的数据用背景图案进行一次绘制就行了。如果游戏场景的背景是基于图案内容的，则可以根据蛇身链表给出的坐标在背景图案上寻找可以用来覆盖蛇身的背景内容。本例中，之前场景的背景是用输出空格的方式表示的，因此这里可以用空格符来覆盖蛇身符号，实现蛇身的擦除。据此思路，我们设计了 eraseSnake()函数，其代码如下：

```
69. void eraseSnake()
70. {
71.     for (int i = 0; i < nTail; i++)
72.     {
73.         setPos(tailX[i], tailY[i]);
74.         cout << " ";
75.     }
76. }
```

注意：局部擦除的是前一帧的游戏对象，依据的是前一帧的游戏逻辑数值。所以，eraseSnake()函数的调用建议发生在本轮游戏循环的逻辑数值更新之前，否则需要有专门的变量或对象用于保存前一帧游戏对象的信息。

3. 局部绘制

局部绘制主要是单纯地把游戏逻辑模块中游戏对象的当前信息绘制在舞台场景上。在本例中，舞台局部重绘的函数 DrawLocally()主要完成 3 个功能：① 水果的重绘；② 蛇的重绘；③ 游戏分值的重绘。其中，水果的重绘使用了闪烁的效果。具体代码如下：

```
79. void DrawLocally()
80. {
81.     if(!fruitFlash)
82.     {
83.         setPos(fruitX, fruitY);
84.         SetConsoleTextAttribute(h, 0x04);
85.         cout << "F";
86.         fruitFlash = true;
87.     }
88.     else
89.     {
90.         setPos(fruitX, fruitY);
91.         SetConsoleTextAttribute(h, 0x04);
92.         cout << " ";
93.         fruitFlash = false;
```

```
94.     }
95.
96.     for (int i = 0; i < nTail; i++)
97.     {
98.         setPos(tailX[i], tailY[i]);
99.         if (i == 0)
100.        {
101.            SetConsoleTextAttribute(h, 0x09);
102.            cout << "O";
103.        }
104.        else
105.        {
106.            SetConsoleTextAttribute(h, 0x0a);
107.            cout << "o";
108.        }
109.    }
110.
111.    setPos(0, height + 1);
112.    SetConsoleTextAttribute(h, 0x06);
113.    cout << "游戏得分" << score;
114. }
```

习 题

1. 局部绘制的操作思路是什么？

2. 局部重绘需要先擦除原来的游戏对象，再绘制新的游戏对象。但从游戏循环的角度观察，新绘制的对象在下次循环时，其实也是很快就被擦除的。为什么采用局部重绘的方式可以解决游戏画面闪烁的问题？

3. 第 3 章贪吃蛇游戏绘制模块的 cout 输出，多输出一个空格符或少输出一个空格符都会影响到舞台右墙的排列。同样是 cout 输出，为什么局部绘制方案中的 cout 输出空格符是覆盖舞台原位置的字符？

4. 在贪吃蛇游戏中，如何实现水果的闪烁，并使得闪烁的频率是亮 4 下、灭 1 下？

5. 在进行游戏开发框架搭建的时候，一般不轻易变更未涉及的模块的内容。当进行贪吃蛇的局部重绘时，如果遇到新增的蛇身图形，则蛇头先出现在游戏场景的左上角，之后下一帧才会跟随在蛇身之后。出现该情况的原因是什么？应该如何更改？

4.3 游戏界面

4.3.1 游戏界面的显示

游戏的显示离不开游戏的界面内容。我们可以尝试对游戏窗口进行美化。例如，在Initial()函数中初始化窗口的标题，并隐藏控制台光标。代码如下：

```
17. void Initial()
18. {
19.       SetConsoleTitleA("Console_贪吃蛇");
20.       COORD dSize = { 80, 25 };
21.       SetConsoleScreenBufferSize(h, dSize); //设置窗口的缓冲区大小
22.       CONSOLE_CURSOR_INFO _cursor = { 1, false }; //设置光标大小，隐藏光标
23.       SetConsoleCursorInfo(h, &_cursor);
24.
25.       gameOver = false;
```

下面我们来简单美化一下游戏的界面。一个游戏有必要为用户提供游戏提示信息。为此我们设计了 3 个函数：① Prompt_info()用于提示信息；② showScore()用于显示得分；③ gameover_info()用于显示游戏结束界面。其中，前两个函数对应的显示位置可以通过位置参数传递来实现。这 3 个函数的使用代码如下：

```
248. int main()
249. {
250.           Initial();
251.           DrawMap();
252.           Prompt_info(3,1);
253.
254.       while (!gameOver)
255.       {
256.           Input();
257.           eraseSnake();
258.           Logic();
259.           DrawLocally();
260.
261.           showScore(3,1);
262.           Sleep(100);
263.       }
264.
```

```
265.        gameOver_info();
266.        setPos(0, 23);
267.        system("pause");
268.        return 0;
269. }
```

其中，得分显示函数 showScore()比较简单，其功能是在指定的舞台坐标处根据指定的字体样式输出得分信息。该函数的具体内容如下：

```
232. void showScore(int _x, int _y)
233. {
234.        setPos(_x + 20, _y + 17);
235.        SetConsoleTextAttribute(h, 0x0F);
236.        cout << "● 当前积分: ";
237.        SetConsoleTextAttribute(h, 0x0c);
238.        cout << score;
239. }
```

由于信息提示涉及文字排版，所以在 Prompt_info()函数中做了 3 项设计：① 由函数参数接收文字板块在舞台上的原点坐标；② 通过变量 initialX 控制各行文字相对于原点 x 坐标的缩进，提升代码的排版弹性；③ 通过变量 initialY 的++自加操作，实现各行文字的换行，便于纵向排版维护。代码如下：

```
192. void Prompt_info(int _x, int _y)
193. {
194.        int initialX = 20, initialY =0;
195.
196.        SetConsoleTextAttribute(h, 0x0F);
197.        setPos(_x + initialX, _y + initialY);
198.        cout << "■ 游戏说明: ";
199.        initialY++;
200.        setPos(_x + initialX, _y + initialY);
201.        cout << "    A.蛇身自撞，游戏结束";
202.        initialY++;
203.        setPos(_x + initialX, _y + initialY);
204.        cout << "    B.蛇可穿墙";
205.        initialY++;
206.        initialY++;
207.        setPos(_x + initialX, _y + initialY);
208.        cout << "■ 操作说明: ";
209.        initialY++;
210.        setPos(_x + initialX, _y + initialY);
211.        cout << "    □ 向左移动: ←A";
```

```
212.        initialY++;
213.        setPos(_x + initialX, _y + initialY);
214.        cout << "     □ 向右移动：→D";
215.        initialY++;
216.        setPos(_x + initialX, _y + initialY);
217.        cout << "     □ 向下移动：↓S";
218.        initialY++;
219.        setPos(_x + initialX, _y + initialY);
220.        cout << "     □ 向上移动：↑W";
221.        initialY++;
222.        setPos(_x + initialX, _y + initialY);
223.        cout << "     □ 开始游戏：任意方向键";
224.        initialY++;
225.        setPos(_x + initialX, _y + initialY);
226.        cout << "     □ 退出游戏：x 键退出";
227.        initialY++;
228.        initialY++;
229.        setPos(_x + initialX, _y + initialY);
230.        cout << "■ 作者：杭电数媒 李仕";
231. }
```

游戏结束界面显示函数 gameover_info()的示例代码如下所示。大家可以根据自己的喜好自行修改。

```
240. void gameOver_info()
241. {
242.        setPos(5, 8);
243.        SetConsoleTextAttribute(h, 0xec);
244.        cout << "游戏结束!!";
245.        setPos(3, 9);
246.        cout << "Y 重新开始/N 退出";
247. }
```

4.3.2 特殊字符

在使用特殊字符绘制文字信息时，经常会遇到两个问题：① 哪里找？② 为什么显示乱码？

关于第一个问题，如果想挑选一些有意思的字符图案，可以这样操作：在“开始”菜单输入 charmap(如图 4-2 所示)，确认后会弹出“字符映射表”(如图 4-3 所示)，然后可根据自己的喜好选择上面的字符，并进行拷贝。

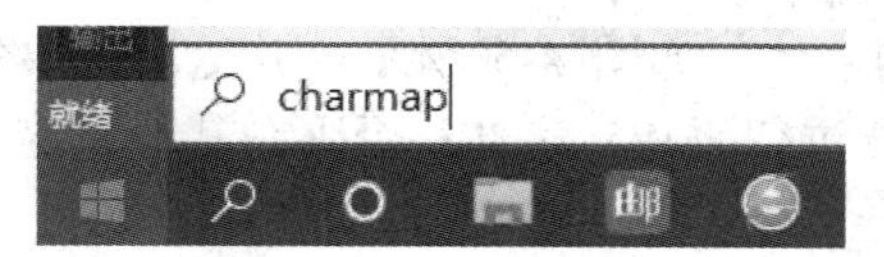

图 4-2　在“开始”菜单输入 charmap

图 4-3　字符映射表

注意：不同平台对不同字符集的支持程度会有差异(实际上是程序工程项目的参数设置问题，比如是否支持双字节、多字节等)。在当前字符集里检索不到对应字符的时候，该字符的输出则可能会是乱码。

因此，对于第二个问题，我们通常这样操作：

(1) 首先确认自己控制台界面的默认字体，如图 4-4 所示，用鼠标右键点击控制台窗口，然后选择“属性”选项。

图 4-4　用鼠标右键点击控制台窗口

(2) 查看控制台默认的字体，如图 4-5 所示，并尽量不要变更默认字体，除非开发者自己知道怎么在控制台下通过代码指定字体；否则在其他电脑上，会因默认字体和开发环境的默认字体不一致，而导致字符显示错误。

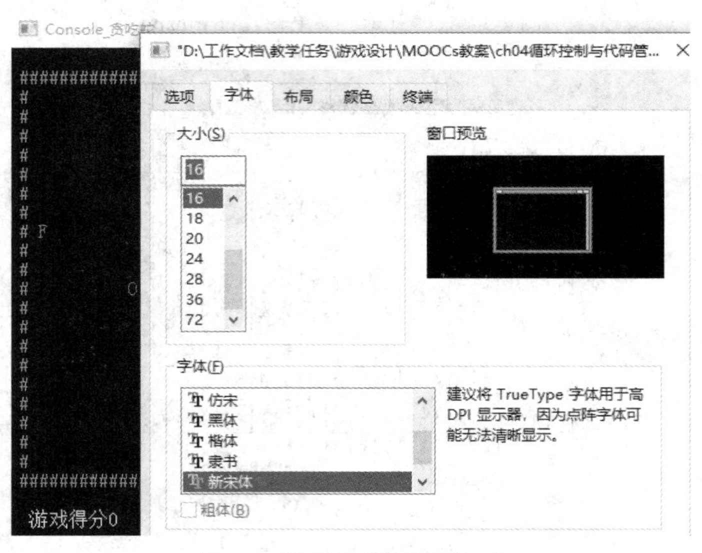

图 4-5　控制台字体设置界面

(3) 到“字符映射表”中寻找对应的字体(如图 4-5 中的新宋体)，这样就能最大限度地确保你所选中的字体能够在 console 界面上正常显示。例如，当图 4-6 中的☆符号被选中并复制到代码中做字符输出时，它是能够正常显示在控制台界面的。

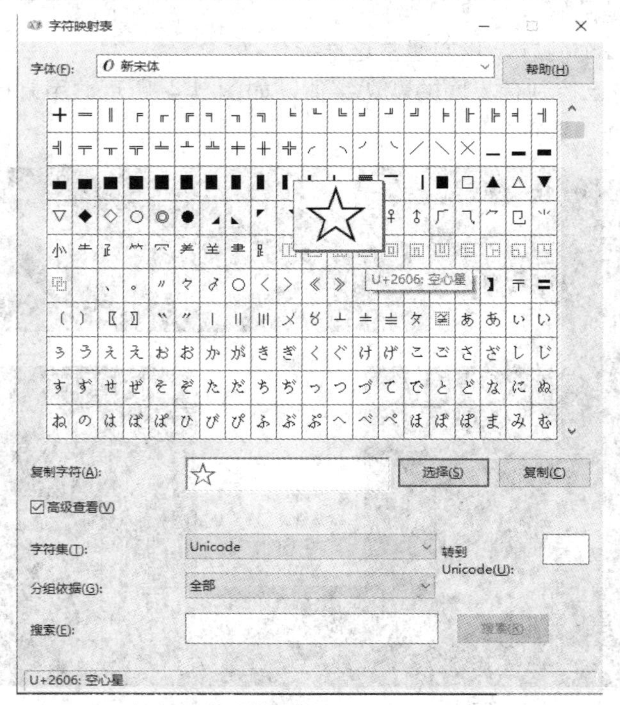

图 4-6　“字符映射表”中的特殊字符

控制台下特殊字符显示的效果图如图 4-7 所示。

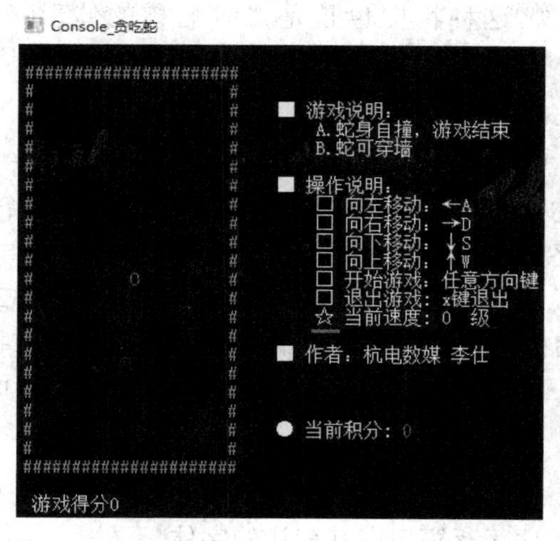

图 4-7　控制台下特殊字符显示的效果图

习 题

1. 如何更换字符图案？有哪些注意事项？

2. console 界面的游戏，当将游戏舞台的宽高比设置为 1∶1 时，为什么实际画面的宽高比并不是 1∶1，而是呈现为长方形呢？可能的原因是(　　)。

A. 因屏幕的宽高比是 16∶9，故当界面被渲染时游戏画面就被拉伸了

B. console 界面下单字节字符尺寸的宽高比是 1∶2

C. console 界面下字符的行间距大于字间距

D. 观察者自己的视觉误差

4.4　全角字符显示

4.4.1　字符种类

常见的字符有以下 3 种。

1. 半角字符

一个半角字符占用一个标准字符的位置，如 ASCII 码字符。通常英文输入法输出的字母、数字和字符都是半角的，且每个半角字符占 1 个字节(8 位)。

2. 全角字符

一个全角字符占用两个标准字符(或两个半角字符)的位置，则每个全角字符占两个字节(16 位)。汉字字符规定了全角的英文字符、国标 GB2312—80 中的图形符号和特殊字符都是全角字符。

在全角中，字母和数字等与汉字一样占据着等宽的位置。相应地，半角英文字符则与半个中文字符宽度相同。这种特性也正是二者名称的体现：全角(Full-width)、半角(Half-width)。

3. Unicode 字符

Unicode 标准定义了当今所有主流的书写语言中用到的字符。Unicode 标准 9.0 版总共提供了 128172 个字符的代码，其中包括了全世界的字符、标点符号、声调符号、数学符号、科技符号、箭头、各种图形符号、表情符号，等等。

Unicode 标准定义了三种编码方案(UTF-8、UTF-16 和 UTF-32)，允许同一个数据以一字节、两字节或四字节的格式来传输(即每个代码单元可以是 8 比特、16 比特或 32 比特)。同一个字符集可以使用三种编码形式，它们之间可以互相转换，而不会丢失数据。

4.4.2　字符与字体

上一节内容中提到程序运行窗口有其默认的字体。已知，字体描述的是字符所具备的外形，编码(如 Unicode 编码)则约定了某个编号代表哪个字符。虽然字体会以某种编码排列，但是编码和具体的某字体之间没有必然联系。例如，在英文字体中就找不到中文编码所对应的字符图案。尽管 Unicode 编码涵盖了全世界绝大部分的字符，但同一个编码不一定在所有的字体中都能找到字符图案；另外，就算两个字体中都存在一个相同的编码，他们的字符图案也未必就是一样的。

4.4.3　全角字符显示

贪吃蛇游戏案例中，我们将游戏舞台的宽高比设置为 1∶1，但实际得到的舞台尺寸中宽度约为高度的一半，即宽高比约为 1∶2。基于字符全角和半角的定义表述，我们知道由于先前使用的 ASCII 码字符是半角字符，所以宽高比约为 1∶2，而全角字符(如中文字符)的宽高比约为 1∶1。如果将半角的 ASCII 码字符替换为全角的相应字符，就能解决游戏舞台的宽高比不为 1∶1 的问题了。

在进行全角字符游戏画面开发之前，我们设定一个 bool 变量 isFullWidth，以便同时兼容原先的半角字符游戏画面。在 Initial()函数中对之进行初始化。具体函数代码如下：

```
1.  void Initial()
2.  {
3.      SetConsoleTitleA("Console_贪吃蛇*全角字符版*");
4.      COORD dSize = { 80, 25 };
5.      SetConsoleScreenBufferSize(h, dSize); //设置窗口缓冲区大小
6.      CONSOLE_CURSOR_INFO _cursor = { 1, false }; //设置光标大小，隐藏光标
7.      SetConsoleCursorInfo(h, &_cursor);
8.
9.      gameOver = false;
10.     fruitFlash = false;
```

```
11.     isFullWidth = true;
12.     dir = STOP;
13.     x = width / 2;
14.     y = height / 2;
15.     fruitX = rand() % width;
16.     fruitY = rand() % height;
17.     score = 0;
18.
19.     nTail = 1;
20.     tailX[0] = x;
21.     tailY[0] = y;
22.     for (int i = 1; i < 100; i++)
23.     {
24.         tailX[i] = 0;
25.         tailY[i] = 0;
26.     }
27. }
```

全角字符占用两个半角字符的位置，因此需对 setPos()函数代码做如下修正：

```
1. void setPos(int X, int Y)
2. {
3.     COORD pos;
4.     if(isFullWidth)
5.         pos.X = 2 * X + 2; //全角字符占用两个半角字符的位置，故步进是原先的两
倍
6.     else
7.         pos.X = X + 2;
8.     pos.Y = Y + 2;
9.     SetConsoleCursorPosition(h, pos);
10. }
```

本例绘制模块中我们采用局部绘制方式。其中，DrawMap()函数代码的修正如下：

```
1. void DrawMap()
2. {
3.     system("cls");
4.
5.     int textColor = 0x06;
6.     SetConsoleTextAttribute(h, textColor);
7.
8.     setPos(-1, -1);//绘制顶上的墙
9.     for (int i = 0; i < width + 2; i++)
```

```
10.         if (isFullWidth)    cout << "□";//输出双字节符号
11.         else                cout << "#";
12.
13.     for (int i = 0; i < height; i++)
14.     {
15.         setPos(-1, i);//绘制左右的墙
16.         for (int j = 0; j < width+2; j++)
17.         {
18.             if (j == 0)
19.                 if (isFullWidth)    cout << "□";//输出双字节符号
20.                 else                cout << "#";
21.             else if (j == width + 1)
22.                 if (isFullWidth)    cout << "□";//输出双字节符号
23.                 else                cout << "#";
24.             else
25.                 if (isFullWidth)    cout << "  ";////此处是两个空格
26.                 else                cout << " ";
27.         }
28.         cout << endl;
29.     }
30.     setPos(-1, height);//绘制下方的墙
31.     for (int i = 0; i < width + 2; i++)
32.         if (isFullWidth)            cout << "□";//输出双字节符号
33.         else                        cout << "#";
34. }
```

在 eraseSnake()函数中全角字符的蛇身擦除时，我们需要注意，全角字符的擦除需要占两个空格符号。代码如下：

```
1.  void eraseSnake()
2.  {
3.      for (int i = 0; i < nTail; i++)
4.      {
5.          setPos(tailX[i], tailY[i]);
6.          if (isFullWidth)
7.              cout << "  ";////此处是两个空格
8.          else
9.              cout << " ";
10.     }
11. }
```

在 DrawLocally()函数中，相应半角字符的更改代码如下：

```
1.  if(!fruitFlash)
2.  {
3.      setPos(fruitX, fruitY);
4.      SetConsoleTextAttribute(h, 0x04);
5.      if (isFullWidth)
6.          cout << "★";////输出双字节符号
7.      else
8.          cout << "F";
9.      fruitFlash = true;
10. }
11. else
12. {
13.     setPos(fruitX, fruitY);
14.     SetConsoleTextAttribute(h, 0x04);
15.     if (isFullWidth)
16.         cout << "  ";////此处是两个空格
17.     else
18.         cout << " ";
19.     fruitFlash = false;
20. }
21. for (int i = 0; i < nTail; i++)
22. {
23.     setPos(tailX[i], tailY[i]);
24.     if (i == 0)
25.     {
26.         SetConsoleTextAttribute(h, 0x09);
27.         if (isFullWidth)
28.             cout << "●";////输出双字节符号
29.         else
30.             cout << "O";
31.     }
32.     else
33.     {
34.         SetConsoleTextAttribute(h, 0x0a);
35.         if (isFullWidth)
36.             cout << "ｏ";////输出双字节符号
37.         else
38.             cout << "o";
39.     }
40. }
```

以上代码修订后，我们将得到如图 4-8 所示的全角字符显示的游戏场景。

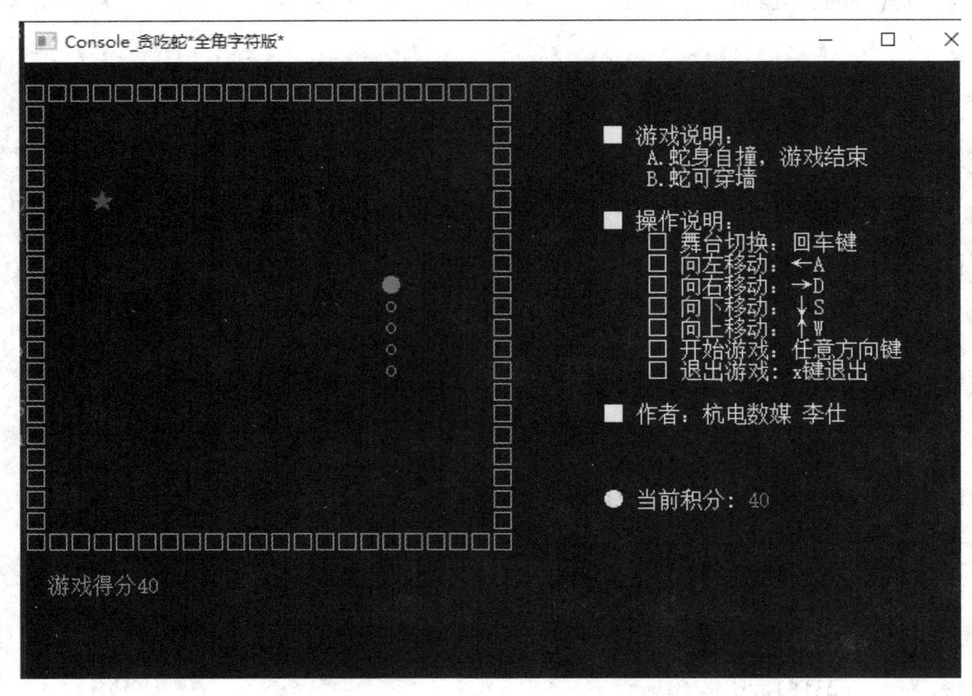

图 4-8　全角字符显示的贪吃蛇游戏场景

4.4.4　画面模式切换

游戏的舞台画面若想在全角字符模式和半角字符模式之间进行自由切换，则只需想办法改变其中 bool 变量 isFullWidth 的赋值。我们若想通过键盘按键操作来实现该切换功能，则在 Input()函数代码中做如下的修订：

```
1.  void Input()
2.  {
3.      if (_kbhit())
4.      {
5.          switch (_getch())
6.          {
7.          case 'a':
8.              dir = LEFT;
9.              break;
10.         case 'd':
11.             dir = RIGHT;
12.             break;
13.         case 'w':
14.             dir = UP;
```

```
15.                 break;
16.             case 's':
17.                 dir = DOWN;
18.                 break;
19.             case 'x':
20.                 gameOver = true;
21.                 break;
22.             case 0x0D:        //回车键
23.                 if (isFullWidth)    isFullWidth = false;
24.                 else                isFullWidth = true;
25.                 DrawMap();
26.                 Prompt_info(5, 1);
27.                 break;
28.             default:
29.                 break;
30.             }
31.     }
32. }
```

在游戏的运行过程中，通过敲击回车键，可以将游戏的舞台场景切换回原先的状态，如图 4-9 所示。

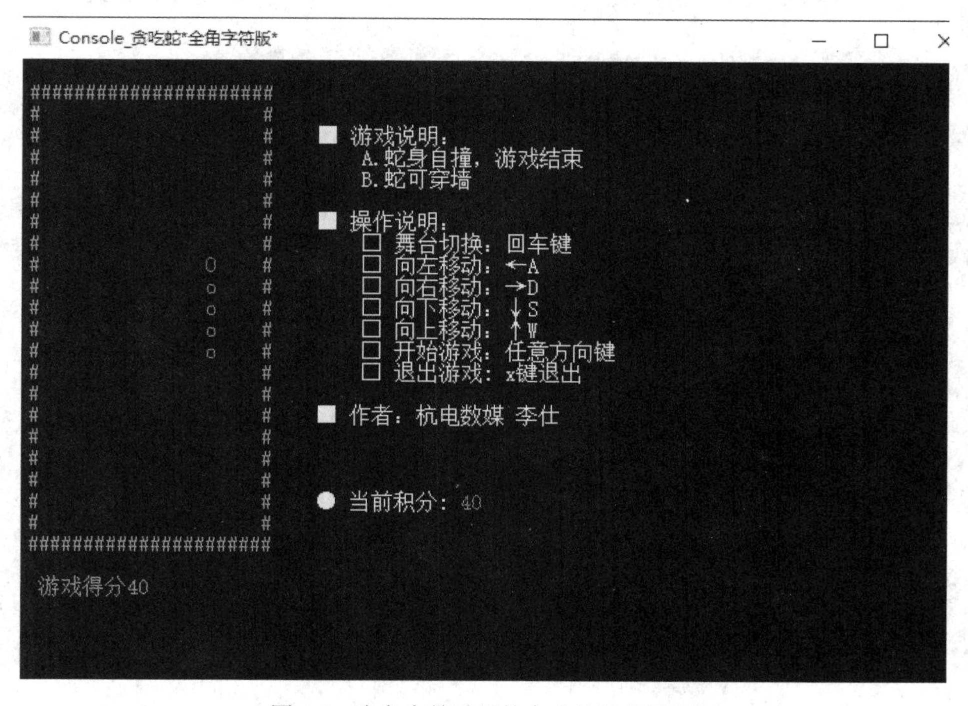

图 4-9　半角字符显示的贪吃蛇游戏场景

习 题

1. 判断：程序的源代码要使用半角标点进行书写，但字符串内部的数据可以使用全角字符或者全角标点。(　　)

2. 当目标计算机不支持中文等语言时，目标计算机上只能使用半角字符。若在该计算机上运行界面中含有全角字符的游戏，则会出现什么样的情况？请给出一个可行的解决方案。

3. 在游戏代码的输入函数中直接加入图形绘制代码，似乎代码开发的时候很高效。这其实已严重破坏程序代码的模块结构，会给后续的代码更新、维护工作带来很多隐患。本节输入函数中的第 25、26 行代码，能不能将之移到绘图函数 Draw()中进行实现？请论述你的观点，并给出你的解决方案。

第5章 循环控制与代码管控

5.1 游戏循环控制

5.1.1 游戏循环

程序代码都是逐行执行的，当最后一行代码被执行完时，程序结束退出。游戏作为一种特殊的程序，它能根据需要一直停留在游戏界面，并实现良好的人机交互。其中，游戏循环模块起到了很大的作用。简单来说，因为循环没有结束，所以程序还在运行。

游戏循环过程中经常会遇到这 3 种情况：① 游戏暂停；② 游戏结束；③ 游戏重新开始。其中，游戏结束比较好理解，就是让游戏循环继续下去的条件不成立。例如，之前的贪吃蛇游戏案例中，若游戏主循环 while 循环的条件为非，则游戏循环结束，进而游戏结束，程序退出。

5.1.2 游戏暂停

游戏暂停就是游戏进程临时中断，但有可能会再继续游戏进程。因此，游戏处于暂停状态时，游戏循环还是在正常进行，只是游戏画面不更新了。游戏的绘制依据的是游戏的数值，而游戏的数值是由游戏的逻辑进行判断和计算的。若想让游戏暂停(画面不更新)，我们只需在游戏循环中使得 Logic()函数不被执行就可以了。

因此，我们定义 bool 变量 isPause 来控制 Logic()函数是否被执行。具体代码如下：

```
1.  bool isPause = false;
2.  void Input()
3.  {
4.      isPause = false;
5.      if (_kbhit())
6.      {
7.          switch (_getch())
8.          {
9.                  …略…
10.         case ' ':
```

```
11.             isPause = true;
12.             break;
13.                 …略…
14.           }
15.       }
16. }
17. int main()
18. {
19.       Initial();
20.       DrawMap();
21.       Prompt_info(5,1);
22.
23.       while (!gameOver)
24.       {
25.           Input();
26.           eraseSnake();
27.           if(!isPause)
28.               Logic();
29.           DrawLocally();
30.
31.           showScore(5,1);
32.           Sleep(100);
33.       }
34.           …略…
35. }
```

上述代码中，首先对isPause赋初值false，然后在Input模块中通过空格按键改变isPause的取值。在游戏循环体(见第 27～28 行代码)中，当 isPause 值为 false 时 Logic()函数被正常调用，反之 Logic()函数不被执行。当 Logic()函数不被执行时，游戏数值不会更新，游戏画面不产生变化，游戏就处于一种暂停状态。

当然，代码中暂停的交互是通过空格按键实现的，即按下空格键则游戏暂停，松开空格键则游戏继续。

5.1.3　游戏重新开始

游戏重新开始的意思是当上一局游戏结束(即上一轮游戏的游戏循环结束)时，想让游戏能够重新开始，进行新的一轮游戏的初始化和游戏循环。在一个循环已经结束的情况下要想让它重新开始循环，通常是在原来循环的外部再套一个外循环，通过外部的外循环促使内部的原循环再运行。

游戏是否要重新开始，选择权在于玩家。如果仅仅是在原来游戏循环的外部再套一个外循环，则可能会影响到游戏的正常退出。在游戏结束的时候，通常需要给玩家一个是否退出游戏的选择权。因此，在前一轮游戏循环结束时不能马上进入外循环，需先进入一个消息等待循环，等待玩家的游戏选择。只有玩家做出预设的选择之后，程序才会结束外循环的本次执行。进入外循环的条件判断决定程序是进入下一轮外循环重启游戏循环(游戏重新开始)，还是结束外循环，然后程序退出(游戏退出)。

因此，游戏重新开始功能的实现涉及 3 个循环体，分别是：① 正常的游戏循环；② 紧随的消息等待循环；③ 包含前两个循环的外循环。3 个循环之间的关系参见图 5-1 所示代码中的标注。在此代码段中，程序首先进入外循环③，由于采用 do-while 循环，因此循环体会无条件地先执行一次。在外循环体③中，顺序执行代码，然后驻留在游戏循环①。若游戏循环①结束，则进入消息等待循环②。若消息等待循环②遇到预设的按键信息，则退出循环。之后程序进入外循环③的条件判断。如果条件成立，则继续执行游戏循环①；否则外循环③结束，进而程序结束。

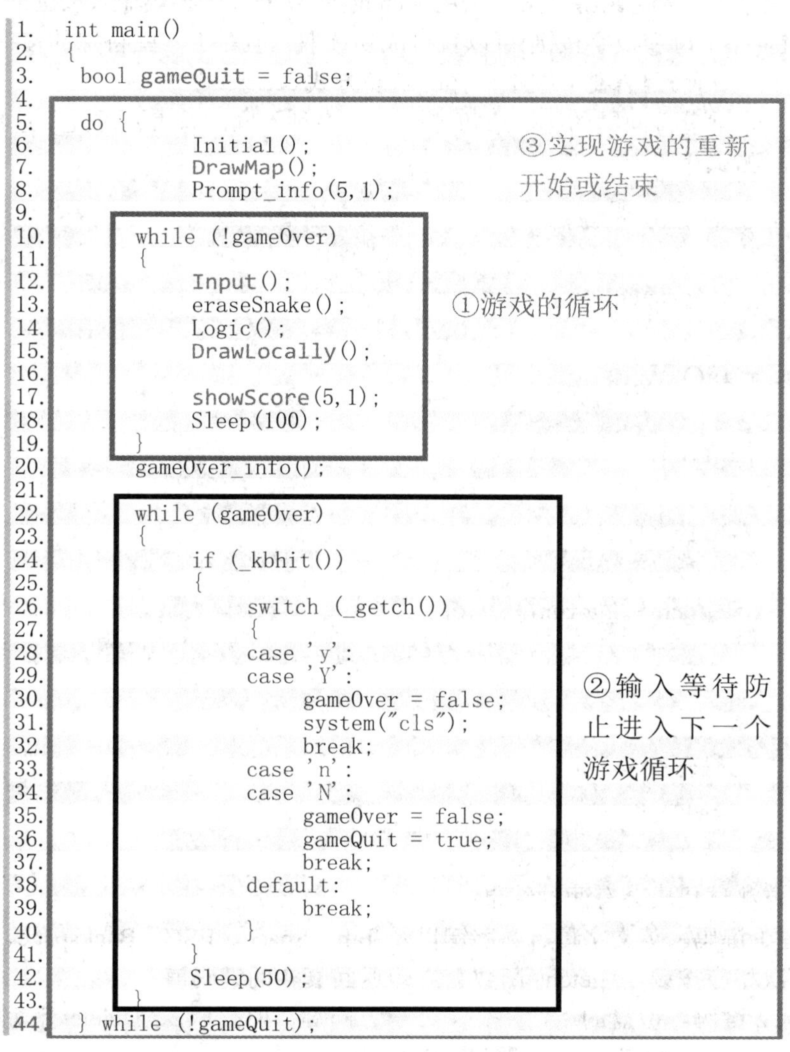

```
1.   int main()
2.   {
3.    bool gameQuit = false;
4.
5.    do {
6.          Initial();
7.          DrawMap();
8.          Prompt_info(5,1);
9.
10.       while (!gameOver)
11.       {
12.           Input();
13.           eraseSnake();
14.           Logic();
15.           DrawLocally();
16.
17.           showScore(5,1);
18.           Sleep(100);
19.       }
20.       gameOver_info();
21.
22.       while (gameOver)
23.       {
24.           if (_kbhit())
25.           {
26.               switch (_getch())
27.               {
28.               case 'y':
29.               case 'Y':
30.                   gameOver = false;
31.                   system("cls");
32.                   break;
33.               case 'n':
34.               case 'N':
35.                   gameOver = false;
36.                   gameQuit = true;
37.                   break;
38.               default:
39.                   break;
40.               }
41.           }
42.           Sleep(50);
43.       }
44.   } while (!gameQuit);
```


图 5-1　游戏的循环模块结构

贪吃蛇游戏是一个单场景、单关卡的简单游戏，内外两层的循环体结构设计可以实现该游戏的重新开始。若将来需要开发多场景、多关卡的复杂游戏，当前循环体结构设计是否还能够胜任游戏重新开始的任务呢？我们的回复是肯定的。因为在任意时刻，游戏舞台上只会出现一个场景中的一个关卡任务。当游戏的场景数和关卡数增多时，首先会发生变化的是 Initial()、Input()、Logic()、Draw()等模块。它们各自会根据不同场景延伸出各自的子模块。例如，第 i 场景第 j 关卡的 Initial()子模块可能会被命名为 Initial_i_j_()。从游戏循环的层面来看，还是直接在调用 Initial()、Input()、Logic()、Draw()等模块。但各模块里面可以通过 switch 语句去控制各场景关卡对应的子模块。因此，本节所介绍的框架结构并不会因为游戏的场景数发生变化而出现较大的变动。

5.1.4　方向控制

控制台程序中，贪吃蛇游戏案例采用_getch()函数来进行游戏输入按键的读取。该方案对于普通按键(如字母和数字按键)可以直接成功读取，但对于一些特殊的按键(如键盘方向键↑、←、↓、→)，则需要一些不一样的处理方式。

在网上检索键盘方向键的键码值可能会得到多种不同的答案。因此，这里设计一段读取按键键码的测试代码：

```
1.  #include <iostream>
2.  #include <conio.h>
3.  using namespace std;
4.
5.  int main()
6.  {
7.       int ch;
8.
9.       while (true)
10.      {
11.          ch = _getch();
12.          cout << "ch = " << ch << endl;    //测试每键入一次，打印几次
13.      }
14.
15.      system("pause");
16.      return 0;
17. }
```

运行上方测试代码会有两种结果：

(1) 1 键 1 键码。英文字母、数字键以及 Tab、Space、ESC、Backspace、Enter 等常用键，每按一次相应按键，_getch()函数会立即返回真实的键码值。

(2) 1 键 2 键码。键盘的↑、←、↓、→方向键，F1～F12、Delete 等功能键，每按一次相应按键，_getch()函数会返回两个键码值。

上方测试代码的第 7 行代码中，ch 变量声明的类型是 int，而不是 char，这是因为 char 可接受的值的区间为[−128, 127]。方向键(如↑)返回的第一个键码值(十进制)为 224，对应的十六进制值为 0xE0，超出了 char 的取值范围。

实际上，输出 1 键 2 键码的功能键，其第一个键码值为 0 或 224。在知道这个特征之后，就很容易区分键盘按键对应 1 键码还是 2 键码。

以键盘上的方向键为例，它们的键码是：

↑键：224，72；

←键：224，75；

↓键：224，80；

→键：224，77。

在贪吃蛇游戏的 Input()函数中可以做如下所示代码的修改。其中，第 13 行代码表示当遇到键值为 224 时，触发的按键为 2 键码的功能键。为了进一步鉴别该键，需要再次调用_getch()函数去读取第 2 个键码值，并依据第 2 个键码值去确定具体的功能键。

```
1.  void Input()
2.  {
3.      if (_kbhit())
4.      {
5.          switch (_getch())
6.          {
7.          case 'a':
8.          case 'A':
9.              if (dir != RIGHT)
10.                 dir = LEFT;
11.             break;
12.                         …略…
13.         case 224:                       //方向键区的ASCII码
14.             switch (_getch()) {
15.                 case 72:                    //上
16.                     if (dir != DOWN)
17.                         dir = UP;
18.                     break;
19.                 case 80:                    //下
20.                     if (dir != UP)
21.                         dir = DOWN;
22.                     break;
23.                 case 75:                    //左
24.                     if (dir != RIGHT)
25.                         dir = LEFT;
26.                         break;
27.                 case 77:                    //右
```

```
28.                 if (dir != LEFT)
29.                     dir = RIGHT;
30.                 break;
31.             }
32.         default:
33.             break;
34.         }
35.     }
36. }
```

如果采用虚拟键码读取按键信息，可能也会遇到多个键码版本的问题。这时需要知道虚拟键码本质上就是一个宏定义，可以到相应的头文件中去确认一下各按键的虚拟键码值，并以头文件中的定义为准。

习 题

1. 请设计一种在游戏进行过程中暂停游戏的方法，并设计方案，使得在游戏运行时，若按下空格键，则游戏暂停，再按任意键，则游戏继续。

2. 图 5-1 的循环体②中，case 'y': case 'Y':和 case 'n': case 'N':的设计目的是什么？

3. 在贪吃蛇游戏中，当蛇头与蛇身相撞时，游戏即结束。但当蛇头向后退时也会触发该条件。如何修改代码来避免该问题(即避免出现因蛇头后退而导致游戏结束的情况)？

4. 以下按键的键码是双字节的是(　　)。

A. Esc 键　　B. Delete 键　　C. Backspace 键　　D. Enter 键

5. 请设计一段代码用于检测键盘按键的键码值。

5.2　游戏帧频管理

5.2.1　游戏帧频

从第 4 章开始，游戏主循环体里面多了 void Sleep(_In_ DWORD dwMilliseconds)函数。这是因为，当绘图模块采用双缓冲机制或局部绘制机制之后，游戏的运行速度比之前采用 system(“cls”)清屏机制快，准确地说是游戏的 FPS(Frames Per Second，每秒帧频数)变大了。所以为了让游戏慢下来，使用 Sleep()函数让线程休眠。例如，Sleep(100)能让线程休眠 100 ms。因此，游戏主循环体中多了 Sleep()函数就可以让游戏循环的周期变长，帧频变小，游戏刷新变慢。

实际上 Sleep()函数的休眠时间是无法精准的。Sleep()函数是告诉系统，此线程将放弃它剩余的时间片，系统便会将其终止并挂起进入等待队列，等待 dwMilliseconds 毫秒时间后再进入就绪队列，直到获得时间片运行。也就是说，Sleep(100)将导致这个线程休眠时间大于等于 100 ms。

在 Sleep()函数自身精准度存在问题的情况下，如果希望能获取一个相对可控的游戏帧频，我们需要借助计时函数(如 GetTickCount()函数)来进行实现。GetTickCount()函数用于获取从操作系统启动到当前时刻所经过的毫秒数。具体的实现代码如下：

```
1.  const int FRAMES_PER_SECOND = 25;    //恒定的帧数
2.  const int SKIP_TICKS = 1000 / FRAMES_PER_SECOND;
3.
4.  DWORD next_Game_Tick = GetTickCount();
5.
6.   int sleep_Time = 0;
7.
8.   while(!gameOver)
9.  {
10.       Input();
11.       eraseSnake();
12.       Logic();
13.       DrawLocally();
14.
15.       next_Game_Tick += SKIP_TICKS;
16.       sleep_Time = next_Game_Tick - GetTickCount();
17.       if( sleep_Time >= 0 )
18.           Sleep( sleep_Time );
19.   }
```

其中：

(1) 第 1 行代码指定游戏的帧频。

(2) 第 2 行代码获取游戏循环周期的时长。

(3) 第 15 行代码中 next_Game_Tick 表示当前帧结束的理论时间点。

(4) 第 16 行代码中 sleep_Time 表示目前时间没到完成这一帧结束的时间间隔。这样设置后，操作系统在运行程序过程中产生的时间波动，就可以由 sleep_Time 的变量值进行动态调节。

(5) 第 17～18 行代码表示：如果 sleep_Time 大于等于 0，则调用 Sleep()等待结束时间点的到达；如果 sleep_Time 小于 0，则表示硬件性能低，在指定时间周期内无法完成相应工作，不需要调用 Sleep()函数。

5.2.2 节奏与难度

非恒定的游戏帧频也不是一无是处。例如，贪吃蛇游戏当帧频变快时，蛇移动的速度也变快，相应的游戏难度也会增加。若想让游戏具有更多变化，则可以考虑在游戏进行中适当增加蛇身移动的速度。让蛇身移动速度变快的方案其实有多种，如增加移动的步长、缩短游戏循环的时间周期、单方面提升逻辑模块的执行频率等。其中，相对简单的方案是改变游戏循环的时间周期。

先前代码中，蛇身的移动速度是通过游戏循环中的 Sleep(_In_ DWORD dwMilliseconds) 函数的 dwMilliseconds 参数值来进行调整的。若想让蛇身移动速度出现变化，dwMilliseconds 参数值则应作为变量参数与游戏计分变量 score 关联起来。例如：

```
1.  #define DIFFICULTY_FACTOR  50
2.  while (!gameOver)
3.  {
4.      //Draw();
5.      Input();
6.      eraseSnake();
7.      Logic();
8.      DrawLocally();
9.
10.     showScore(5,1);
11.     int sleep_Time = 200 / (score / DIFFICULTY_FACTOR + 1);
12.     Sleep(sleep_Time);
13. }
```

其中，第 11 行代码表示随着游戏分数 score 数值的增加，睡眠时间 sleep_Time 数值将减少；若游戏循环周期中 Sleep 的时间减少，则游戏帧频将提升，蛇身移动速度会变快，游戏整体的节奏会变快，游戏的难度则会相应地增加。

习 题

1. 你能如图 5-2 一样将游戏当前难度实时显示在游戏界面上吗？请试一试。

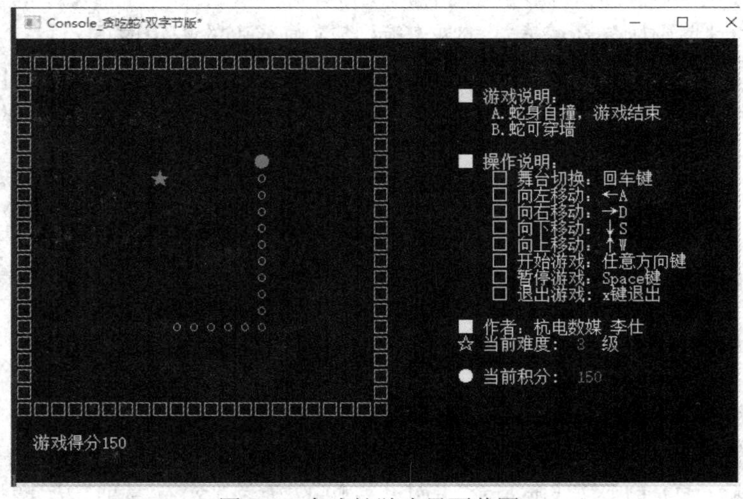

图 5-2　贪吃蛇游戏界面截图

2. 本节案例中，因为在一次游戏循环周期中游戏逻辑和图形绘制各执行一次，所以改变游戏循环周期的时长，会使游戏逻辑和图形绘制的频率均发生变化。能否在保持游戏绘制频率恒定的情况下，单方面地改变游戏逻辑的执行频率，使游戏的节奏发生变化？请给出你的理由或方案。

3. 对于游戏框架的模块大家应该已有初步认识。在贪吃蛇 console 版的开发过程中，我们前前后后添加了不少功能。我们前后添加的各个功能代码是否有破坏原先的模块框架的情况呢？

5.3 代码维护与管控

5.3.1 宏定义

本节介绍如何在开发的中后期对游戏代码进行维护或调整。在实践中，经常希望游戏的整体界面往屏幕的右下方向偏移若干位置，或者调整游戏窗口的大小。对这些调整，如果逐行阅读代码，然后进行修改，则工作量太大。为了后续工作的便利，需要对代码中的参数进行规范处理。

通常在编写 C/C++代码时，都会强调尽量在代码中减少常量。这是因为当代码的体量提高到一定量级之后，对于常量的维护会变得很麻烦，容易出现混淆、遗漏等问题。本节采用宏定义的方式，把我们觉得在后期可能会进行修改的数值进行宏定义。这样做的好处是：如果要修改游戏参数，直接在代码文件的头部修改就行，不用去代码堆中寻找具体数值进行修改。另外，宏定义通常具备语义信息，以提升代码的可读性。例如：

```
1.  #include<iostream>
2.  #include<windows.h>
3.  #include<conio.h>
4.  #define STAGE_WIDTH 20
5.  #define STAGE_HEIGHT 20
6.  #define WINDOW_WIDTH 80
7.  #define WINDOW_HEIGHT 25
8.  #define CORNER_X 1
9.  #define CORNER_Y 1
10. #define THICKNESS 1
11. #define MAXLENGTH 100
12. #define COLOR_WALL 0x06
13. #define COLOR_TEXT 0x0F
14. #define COLOR_TEXT2 0xec
15. #define COLOR_SCORE 0x0C
16. #define COLOR_FRUIT 0x04
17. #define COLOR_SNAKE_HEAD ox09
```

```
18. #define COLOR_SNAKE_BODY 0x0a
19.
20. using namespace std;
```

5.3.2 代码的可维护性

在程序开发过程中，提升代码的可维护性是一件很重要的事情。因为我们不知道间隔多长时间后，我们会再次面对原来的代码，并对之进行维护。因此，大家要尽量遵守必要的编码规范、命名规范，并给代码做必要的注释。本节的重点在于如何尽可能地减少代码段中常量的出现。具体的办法是对可能比较重要或关键的常量进行宏定义，根据宏定义，将程序代码中所有涉及的常量全部替换为宏。例如：

```
23. const int width = STAGE_WIDTH;
24. const int height = STAGE_HEIGHT;
25. int x, y, fruitX, fruitY, score;
26. int tailX[MAXLENGTH], tailY[MAXLENGTH];
27. int nTail;
28. enum eDirection { STOP = 0, LEFT, RIGHT, UP, DOWN};
29. eDirection dir;
30.
31. HANDLE h = GetStdHandle(STD_OUTPUT_HANDLE);
32. int textColor = COLOR_WALL;
```

```
37. void Initial()
38. {
39.        SetConsoleTitleA("Console_贪吃蛇");
40.       COORD dSize = { WINDOW_WIDTH, WINDOW_HEIGHT };
41.       SetConsoleScreenBufferSize(h, dSize); //设置窗口缓冲区大小
```

```
76. void DrawMap()
77. {
78.   system("cls")
79.
80.   int textColor = COLOR_WALL;
81.   SetConsoleTextAttribute(h, textColor);
82.
83.   setPos(-THICHKNESS, -THICHKNESS);//绘制顶上的墙
84.   for (int i = 0; i < width + THICHKNESS*2; i++)
85.       if (isFullWidth)
86.            cout << "□";//输出双字节符号
87.       else
88.            cout << "#";
```

```
89.
90.  for (int i = 0; i < height; i++)
91.  {
92.       setPos(-THICHKNESS, i);//绘制左右的墙
93.       for (int j = 0; j < width+THICHKNESS*2; j++)
94.       {
95.            if (j == 0)
96.                 if (isFullWidth)
97.                      cout << "□";//输出双字节符号
98.                 else
99.                      cout << "#";
```

```
154. for (int i = 0; i < nTail; i++)
155.      {
156.           setPos(tailX[i], tailY[i]);
157.           if (i == 0)
158.           {
159.                SetConsoleTextAttribute(h, COLOR_SNAKE_HEAD);
160.                if (isFullWidth)
161.                     cout << "●";////输出双字节符号
162.                else
163.                     cout << "O";
164.           }
165.           else
166.           {
167.                SetConsoleTextAttribute(h, COLOR_SNKAE_BODY);
168.                if (isFullWidth)
169.                     cout << "ｏ";////输出双字节符号
170.                else
171.                     cout << "o";
172.           }
173.      }
174.
175.        setPos(0, STAGE_HEIGHT + THICHKNESS * 2);
176.        SetConsoleTextAttribute(h, COLOR_TEXT);
177.        cout << "游戏得分" << score;
```

代码维护举例：若改变宏定义中 corner 的坐标值、蛇头和果子的颜色值，则游戏画面会产生相应的变化，如图 5-3 所示。

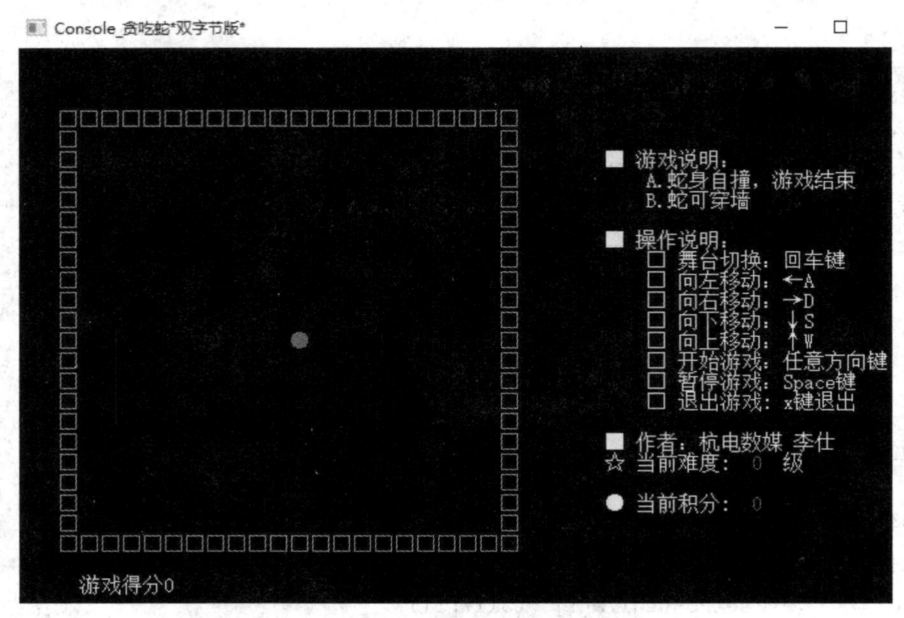

图 5-3　舞台顶点坐标偏移效果图

这里仅仅是向大家传递一个参数规范管理的思路，代码的具体管理和维护还有不少工作要做。这部分工作做好之后，游戏的存档、读档模块就会逐渐成型。大家如果有兴趣可以自行琢磨下游戏存取档功能的开发。

习　题

1. 已知程序窗口尺寸、游戏舞台尺寸、提示信息窗的位置坐标等变量。其中，窗口、舞台和信息窗可以分别用 Window、Stage、Info 表示；舞台的宽度和顶点坐标可以分别用 StageWidth、StagePos.x、StagePos.y 表示；如此类推。请设计一段伪代码，当游戏舞台尺寸变化时，提示信息窗的位置坐标能动态变化。

2. 本章的贪吃蛇游戏代码与第一版的代码相比，差异在哪里？最早建立的几个函数 Initial()、Input()、Logic()、Draw ()中，哪些一直没被更改过？哪些中间被更改了？更改的原因是什么？

第二篇

SFML 游戏开发

第 6 章　SFML 多媒体库

6.1　SFML 简　介

6.1.1　SFML 简介

SFML(Simple and Fast Multimedia Library)是用 C ++编写，基于 OpenGL 开发的跨平台并支持多语言的简单快速媒体库，也是一个大众化的开源库。用过 OpenGL 的人基本都用过 GLUT 库。GLUT 主要用于窗口管理、输入输出处理，以及绘制一些简单的三维形体。由于 GLUT 不开源，现在有很多 GLUT 的替代库。在 https://open.gl/context 这个教程中，作者提到了三个用于取代 GLUT 的第三方库：SFML、SDL、GFLW。SFML 库更受欢迎的原因是：该库遵守 zlib/libpng 许可，除了不允许将他人的源码标榜为自己的源码外，在使用上没有其他限制。

SFML 库的简单体现在它未尝试解决所有可能存在的问题，却尝试提供对许多用户有用的媒体功能。它是一个简单的媒体库，不支持 3D，未提供物理引擎等高级应用。SFML 库的“快速”体现在它的接口函数简练、易用，源代码结构良好，模块化、易读。SFML 库是具有齐全功能的完整多媒体库，可用于多媒体程序和游戏开发的底层。它包含 5 个模块，分别是系统(system)、窗口(window)、图形(graphics)、音频(audio)和网络(network)。

6.1.2　SFML 版本

SFML 的官方下载地址是 https://www.sfml-dev.org/download.php。每个版本的 SFML 的教程都可以在这里找到。这些教程的第一部分旨在入门，包括使用 CMake 和编译器重新编译的 SFML，以及集成开发环境 IDE 的设置说明。SFML 官方网站如图 6-1 所示。

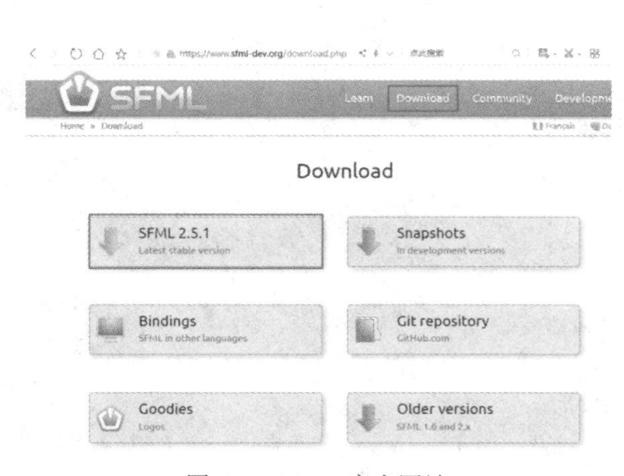

图 6-1　SFML 官方网站

当前，最新版本 SFML 的全部功能可用在被广泛应用的 Windows、Linux 和 macOS 上。SFML 在 32 位和 64 位系统上均可工作。自 SFML 2.2 以来，还对 iOS

和 Android 进行了实验性支持，并且可以稳定运行。读者可以根据需要下载对应的 SFML 发行版，具体明细如图 6-2 所示。

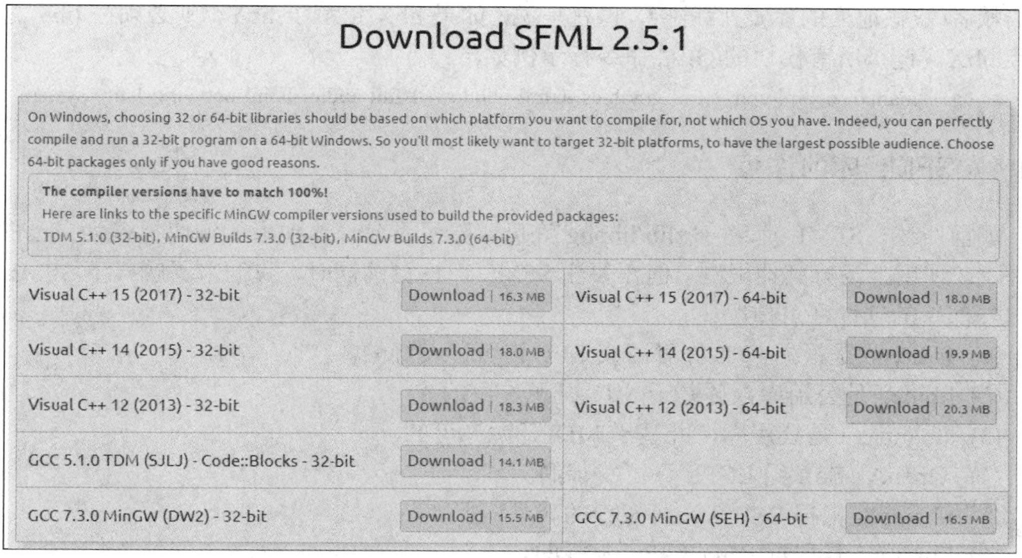

Download SFML 2.5.1

On Windows, choosing 32 or 64-bit libraries should be based on which platform you want to compile for, not which OS you have. Indeed, you can perfectly compile and run a 32-bit program on a 64-bit Windows. So you'll most likely want to target 32-bit platforms, to have the largest possible audience. Choose 64-bit packages only if you have good reasons.

The compiler versions have to match 100%!
Here are links to the specific MinGW compiler versions used to build the provided packages:
TDM 5.1.0 (32-bit), MinGW Builds 7.3.0 (32-bit), MinGW Builds 7.3.0 (64-bit)

Visual C++ 15 (2017) - 32-bit	Download | 16.3 MB	Visual C++ 15 (2017) - 64-bit	Download | 18.0 MB
Visual C++ 14 (2015) - 32-bit	Download | 18.0 MB	Visual C++ 14 (2015) - 64-bit	Download | 19.9 MB
Visual C++ 12 (2013) - 32-bit	Download | 18.3 MB	Visual C++ 12 (2013) - 64-bit	Download | 20.3 MB
GCC 5.1.0 TDM (SJLJ) - Code::Blocks - 32-bit	Download | 14.1 MB		
GCC 7.3.0 MinGW (DW2) - 32-bit	Download | 15.5 MB	GCC 7.3.0 MinGW (SEH) - 64-bit	Download | 16.5 MB

图 6-2　SFML 各种发行版的明细

如果读者用的 SFML 库不是从官网上直接下载的，需留意下对应的平台和编译版本。为了防止版本号的混淆，VC 版本号和 VS 版本的对应关系，请参见表 6-1。

表 6-1　VC 版本号和 VS 版本的对应关系

VC 版本号	对应的 VS 版本
vc12	VS2013
vc13	VS2014
vc14	VS2015
vc15	VS2017
vc16	VS2019

6.1.3　SFML 的依赖项

SFML 依赖于其他一些外部库。对应 Windows 和 macOS 系统的 SFML 版本，不但直接提供了所有必需的外部库，无需下载、安装额外的其他类库，而且可以直接被编译使用(Windows 下的所有依赖库可以在 SFML 源代码的 extlibs 目录中找到)。但是，Linux 对应的 SFML 版本没有提供外部库，在编译 SFML 之前需要安装以下类库：pthread、opengl、xlib、xrandr、udev、freetype、openal、flac、vorbis 等。

SFML 各模块之间还具有依赖性。例如，音频模块(audio)、网络模块(network)和窗口模块(window)依赖于系统模块(system)；而图形模块(graphics)依赖于系统模块(system)和窗口模块(window)。system 模块不依赖其他模块，可以单独使用。但使用其他模块时必须链接 sfml-system。

某些链接程序对要链接的库的顺序较敏感。例如，GCC 要求被依赖者(他人依赖的库)在依赖者(依赖他人的库)之后链接。也就是说，如果 libX 依赖于 libY，则必须在 libY 之前链接 libX。链接所有模块的 GCC 命令行示例如下：

```
g++ main.o -o sfml-app -lsfml-graphics -lsfml-window -lsfml-audio -lsfml-network -lsfml-system
```

6.1.4　SFML 库的许可

如前所述，SFML 库遵守 zlib/libpng 许可，除了不允许将他人的源码标榜为自己的源码外，在使用上没有其他限制。但在关注 SFML 库许可的同时，我们来了解一下 SFML 使用的外部库的软件许可情况：

(1) freetype 是根据 FTL 许可证或 GPL 许可证发行的。

(2) libjpeg 是公用库，并基于 MIT 开源许可的。

(3) stb_image 是公用库，并基于 MIT 开源许可的。

(4) OpenAL Soft 经 LGPL 许可发行的。

(5) libogg 是根据 BSD 3 许可发行的。

(6) libvorbis 是根据 BSD 3 许可发行的。

(7) libflac 是根据 BSD 3 许可发行的。

习　题

1. SFML 的 5 个模块分别是什么？

2. 以下关于 SFML 库的说法错误的是(　　)。

A. SFML 是基于 OpenGL 开发的

B. SFML 是用 C/C++编写的

C. SFML 的使用没有其他限制，除了不能把 SFML 的源码说成是自己开发的源码

D. SFML 库有依赖外部的类库，但自己内部模块没有相互依赖性

6.2　开发环境配置

6.2.1　SFML 开发包

配置 SFML 开发环境，首先需要从 SFML 官网下载与自己的 IDE 环境匹配的 SFML 的 SDK 开发包。如果没有现成的针对自己的 IDE 版本的 SFML 包，则需自行对 SFML 源码进行编译来获得。SFML 的开发包理论上可以解压存放在硬盘的任何路径下。但通常不建议将头文件和库复制到 Visual Studio 等 IDE 的安装路径中，最好新建一个单独的文件夹，尤其是在打算使用同一个库的多个版本的情况下。SDK 解压后的内容如图 6-3 所示。

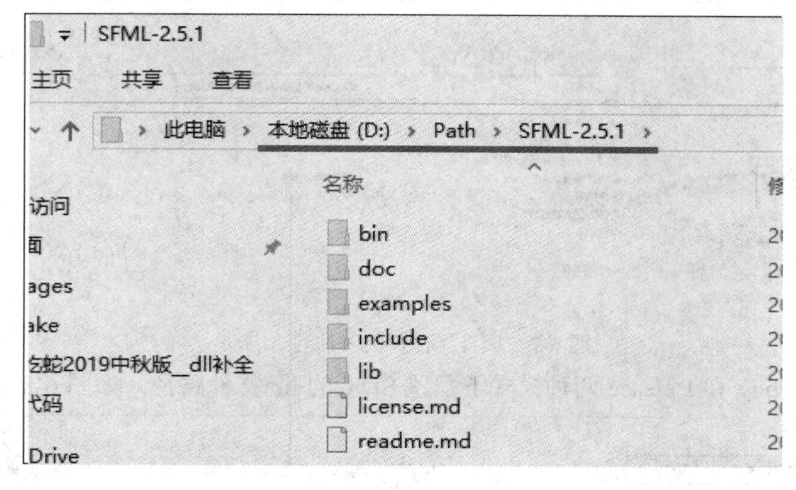

图 6-3　SDK 解压后的内容

6.2.2　环境配置

使用 SFML 库需告知集成开发环境 IDE 所使用的 SDK 的 H 头文件、lib 库和 DLL 链接库的路径。以 VS2015 环境的配置为例，首先要选择要创建的项目类型，建议选择“空项目”。进入项目开发界面，检查 IDE 中的选项(见图 6-4)与 SDK 的版本(见图 6-5)是否保持一致。

图 6-4　VS 中的项目类型选项

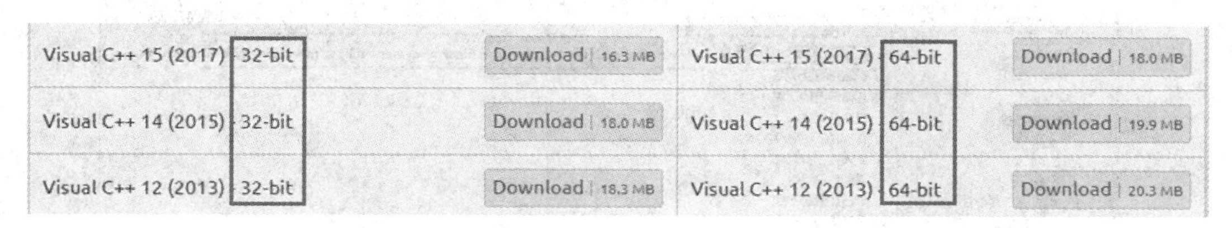

图 6-5　SFML 发行版的编译类型

(1) 在“类视图”或“解决方案资源管理器”中用鼠标右键点击项目，弹出项目的属性页，再选择目标平台，如图 6-6 所示。

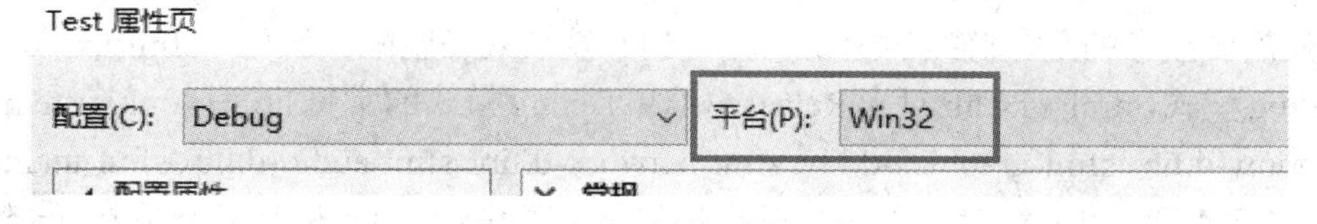

图 6-6　项目属性页的平台

(2) 在 Debug 和 Release 两种模式下配置 SDK 的 H 头文件路径，如图 6-7 所示。

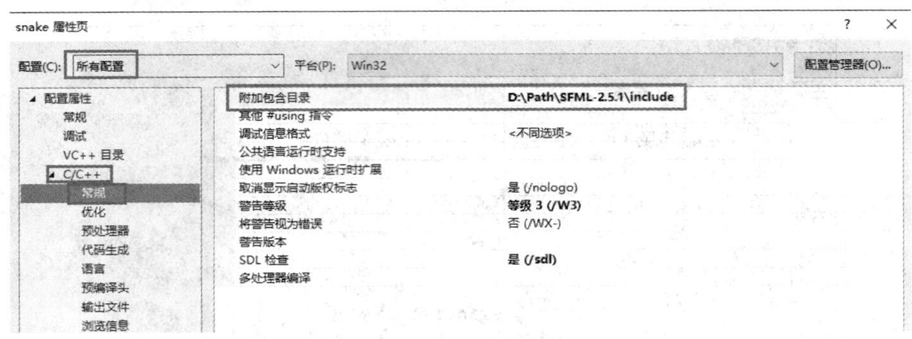

图 6-7　项目属性页的附加包含目录

(3) 在 Debug 和 Release 两种模式下配置 SDK 的 lib 文件路径，如图 6-8 所示。

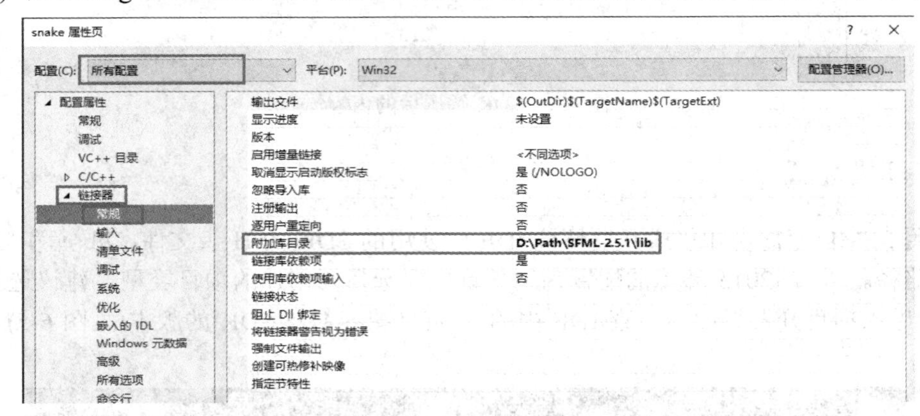

图 6-8　项目属性页的附加库目录

(4) 在 Debug 和 Release 两种模式下配置项目所需的链接库文件，如图 6-9 所示。SFML 一共有 5 个库，分别是 system、window、graphics、audio 和 network。

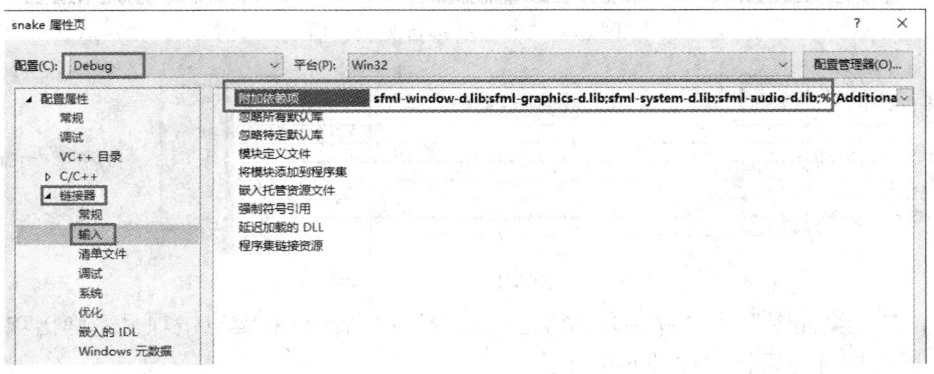

图 6-9　项目属性页的附加依赖项

此处需要注意的是，链接的库要和环境的开发模式相匹配。例如，sfml-xxx-d.lib 对应的是 Debug 模式，sfml-xxx.lib 对应 Release 模式。Debug 模式的常见 lib 为 sfml-system-d.lib、sfml-window-d.lib、sfml-graphics-d.lib、sfml-network-d.lib、sfml-audio-d.lib、sfml-main-d.lib。

要使 SFML 的 DLL 链接库直接集成到可执行文件中，必须链接到静态版本。静态 SFML 库具有“-s”后缀，如 sfml-xxx-sd.lib 用于 Debug，sfml-xxx-s.lib 用于 Release。在这种情况下，还需要在项目的预处理器选项中定义 SFML_STATIC 宏，如图 6-10 所示。

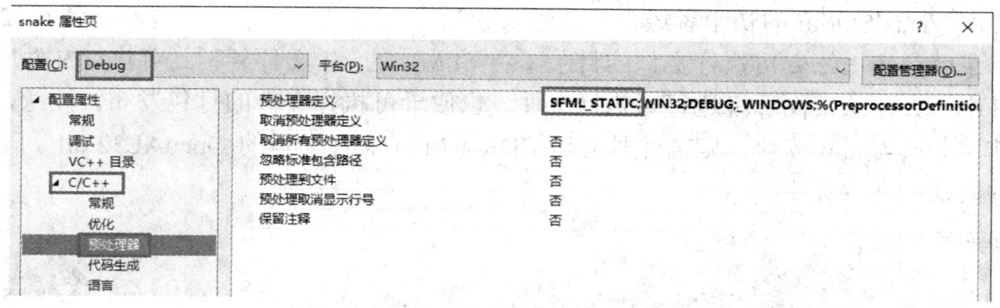

图 6-10　项目属性页的预处理器定义

(5) DLL 配置的方式可以在以下两种方式中任选一种。建议初学者两种都试一试。

① 添加系统环境变量，如图 6-11 所示。

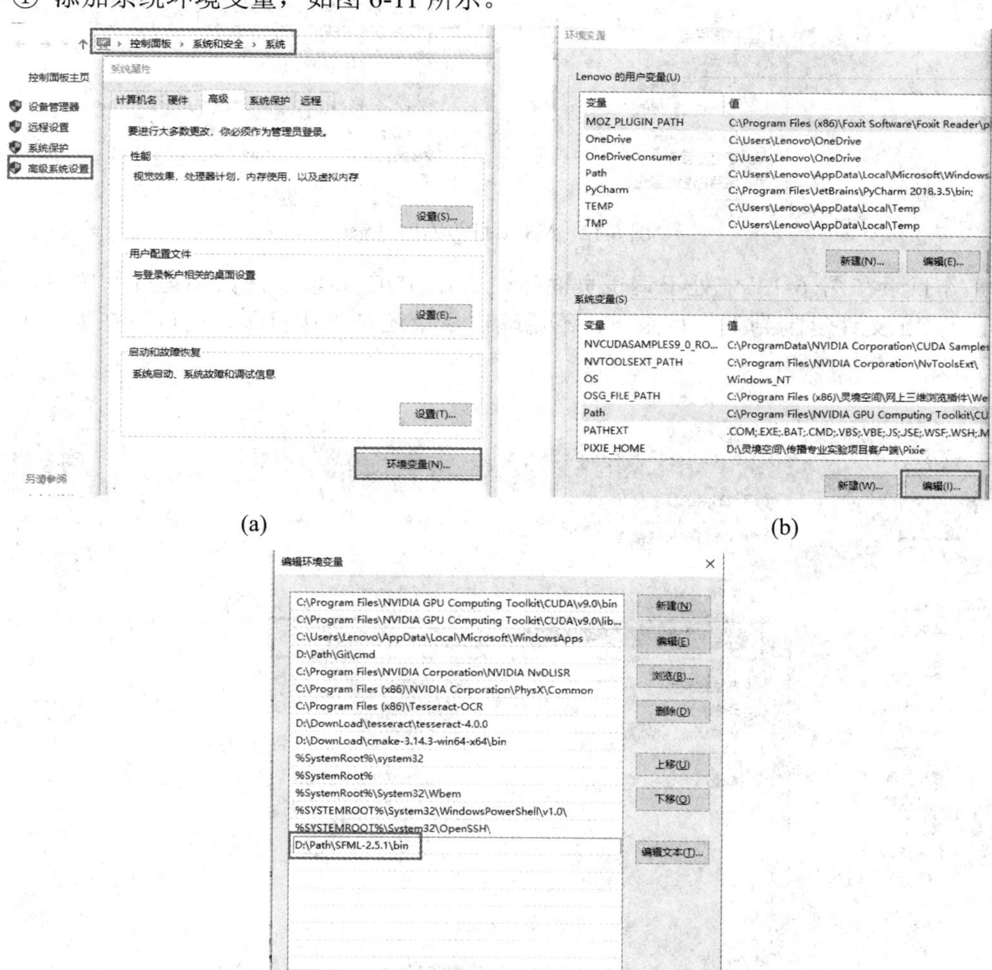

图 6-11　系统环境变量

② 复制 SFML dll 文件到可执行文件的目录中。

使用 VisualStudio 的初学者经常将属性页中的输出目录与工作目录弄混。图 6-12 中的输出目录就是输出 exe 可执行文件的目录。将 SFML 的 dll 文件复制到可执行文件所在的文件夹中，方便从桌面环境运行可执行文件，也便于可执行文件的打包发布。注意，如果项目使用 sfml-audio 模块，则需额外复制 SDK 的 bin 文件夹里的 OpenAL32.dll 到可行执行文件所在的文件夹中。

图 6-12　VS 项目的输出目录

工作目录在图 6-13 中处于调试页面下。当在 IDE 环境下调试和运行程序时，需将 SFML 的 dll 文件复制到工作目录下。不论输出目录还是工作目录，均可以在属性页面下手动更改。

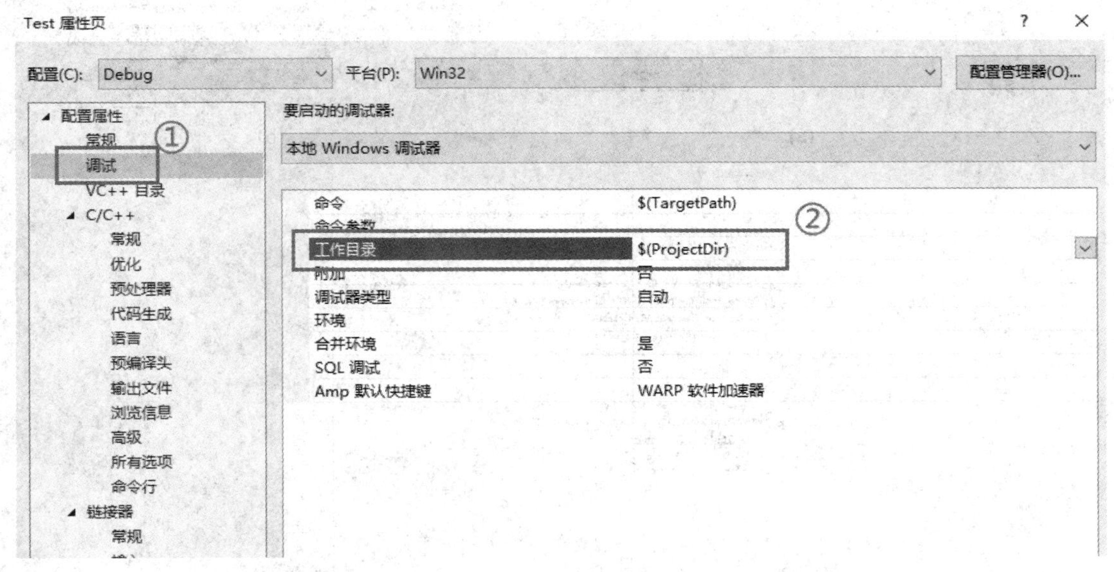

图 6-13　VS 项目的工作目录

关于 SFML 更详细的环境配置介绍，可以查阅官方文档 https://www.sfml-dev.org/tutorials/2.5/start-vc.php。

(6) 运行测试代码，验证 SFML 配置是否成功。测试代码如下：

```
1. #include <SFML/Graphics.hpp>
2.
3. int main()
4. {
5.     sf::RenderWindow window(sf::VideoMode(200, 200), "SFML works!");
6.     sf::CircleShape shape(100.f);
7.     shape.setFillColor(sf::Color::Green);
8.
9.     while (window.isOpen())
10.     {
11.         sf::Event event;
12.         while (window.pollEvent(event))
13.         {
14.             if (event.type == sf::Event::Closed)
15.                 window.close();
16.         }
17.
18.         window.clear();
19.         window.draw(shape);
20.         window.display();
21.     }
22.
23.     return 0;
24. }
```

运行代码后，如果 SFML 环境配置成功，则会得到如图 6-14 所示的运行效果图。

图 6-14 测试代码的运行效果图

6.3　SFML 简单程序

下面我们以 SFML 版的贪吃蛇游戏开发为例，介绍 SFML 图形模块 graphics 的简单运用。

6.3.1　SFML 命名空间

一个较大型的项目往往是由多人团队协作完成的，不同的人分别完成不同的部分，最后组合成一个完整的程序。由于各个源码文件是由不同的人(或群体)设计的，就有可能在不同的头文件中用了相同的名字来命名所定义的类或函数，这样在程序中就出现了名字冲突的情况。另外，我们自己定义的名字也可能会与 C++库中的名字发生冲突。

名字冲突就是在同一个作用域中有两个或多个同名的实体。为了解决命名冲突，C++中引入了命名空间(namespace)。所谓命名空间，就是一个由用户自己定义的作用域。在不同的作用域中可以定义相同名字的变量，同名变量之间互不干扰，并且系统能够区分它们。

在引用命名空间成员时，要用命名空间名和作用域解析符(::)对命名空间成员进行限定，以区别不同的命名空间中同名标识符，命名格式如下：

命名空间名::命名空间成员名

例如，SFML 中的每个类都位于命名空间 sf 之内，该命名空间将 SFML 中的所有类与其他库中的类区分开。因此，在使用 SFML 类名(RenderWindow 和 VideoMode)时，需要声明它们的命名空间为 sf。例如：

```
5.      sf::RenderWindow window(sf::VideoMode(200, 200), "SFML works!");
```

在 C++语言中提供了 using namespace 语句来实现一次声明一个命名空间内的全部成员，以避免每次使用成员都需指明命名空间。

C++标准程序库中的所有标识符都是在一个名为 std 的命名空间中定义的，或者说标准头文件(如 iostream)中的函数、类、对象和类模板都是在命名空间 std 中定义的。前面章节中案例的代码在使用 C++标准程序库成员时，不需要每次都声明命名空间 std，这是因为使用了“usingnamespacestd;”对 std 进行全局声明。

因此，我们在使用 SFML 时，要注意 SFML 命名空间的声明。

6.3.2　SFML 窗口

SFML 中的 Windows 由 sf::Window 类定义。可以在运行时直接创建并打开一个窗口。前面章节提过，SFML 是基于 OpenGL 开发的，OpenGL 可以与 sfml-window 混合使用。但是图形模块 sfml-graphics 也是基于 OpenGL 开发的。当 OpenGL 与 SFML 图形模块混合使用时，情况会稍微复杂一点，需要去避免 SFML 和 OpenGL 的状态彼此冲突。为解决这个问题，SFML 在 sf::Window 类的基础上派生子类 sf::RenderWindow，该类继承 sf::Window 所有功能，如事件，窗口管理，OpenGL 渲染等。sf :: RenderWindow 除了能够渲染直接的 OpenGL 内容外，还可以将 OpenGL 函数调用和常规 SFML 绘制命令混合在一起。因此，本书中 SFML 窗口创建采用 sf::RenderWindow 类实现。

创建窗口时通常需要指定窗口的各种属性设定，如窗口尺寸、标题、风格等。RenderWindow()的构造函数实际上有四个参数，最后两个是可选的 Style 和 ContextSettings。构造函数的原型如下：

```
1.  sf::RenderWindow::RenderWindow(VideoMode mode,
2.                   const String & title,
3.                   Uint32 style=Style::Default,
4.                   Const ContextSettings &  settings = ContextSettings()
5.                   )
```

其中：

(1) 第一个参数 sf::VideoMode 类对象定义了窗口的大小(内部大小，不带标题栏和边框)。sf::VideoMode 类包含显示一个窗口的信息，如 width、height 和 bits per pixel。参数 bits per pixel 表示每个像素颜色的位数，它的默认值为 32。sf::VideoMode 中有静态函数可以用来获取电脑桌面分辨率，或全屏模式的有效视频模式列表。

(2) 第二个参数是要显示的窗口标题。

(3) 可选的第三个参数是窗口样式，该样式允许选择所需的窗口装饰和特征细节。具体样式可以由表 6-2 中的样式进行任意组合而得到。

表 6-2 窗口样式列表

样式名称	内　容
sf::Style::None	完全没有装饰(对于启动界面的窗口很有用)；这种风格不能与其他样式进行组合
sf::Style::Titlebar	窗口具有标题栏
sf::Style::Resize	窗口可以调整大小，并具有最大化按钮
sf::Style::Close	窗口具有关闭按钮
sf::Style::Fullscreen	该窗口以全屏模式显示；此样式不能与其他样式结合使用，并且需要有效的视频模式
sf::Style::Default	默认样式，是由 Titlebar、Resize、Close 三者组合的

(4) 可选的第四个参数，它用于指定 OpenGL 的上下文设置，如抗锯齿，深度缓冲位等。

注意： sf :: RenderWindow 中窗口的创建最终是通过 create()函数实现的。另外，窗口管理器/桌面环境中应用程序窗口的样式和表示方式取决于当前操作系统的环境。SFML 没有提供统一的接口来控制应用程序窗口的表示方式；但是 SFML 提供了 sf::Window::getSystemHandle()函数用于获取 SFML 窗口的句柄，以实现 SFML 本身不支持的功能。

6.3.3 窗口显示

目前，我们第一个成功运行起来的 SFML 代码是 6.2 节中的测试代码。在本小节中将详细解读一下该代码。它将打开一个窗口，显示一个绿色的圆形，在用户关闭它时终止。让我们看看它是如何工作的：首先，第 5 行代码创建了一个指定属性的窗口，第 6～7 行代码定义了一个半径为 100 的绿色填充的圆形；然后，在第 9～21 行代码创建了一个循环，以确保在窗口关闭之前刷新或更新窗口的内容(等同于游戏框架中的游戏循环)。

在游戏循环中做的第一件事是检查窗口的消息队列里是否有事件发生并需要处理。在测试代码的第 11～12 行代码中，sf::Event 对象 event 包含 Window、Keyboard、Mouse、Joystick 等 4 类消息。通过 bool Window :: pollEvent(sf :: Event＆event)函数从窗口消息队列中顺序询问(polled)事件。如果有一个事件等待处理，则该函数将返回 true，并且事件变量将获取到 Event 数据。如果没有事件在队列中等待，则该函数返回 false。需要注意的地方是，消息队列中可能有多个事件在等待处理，用户必须确保每个可能的事件都被提取。因此需要用 while (window.pollEvent(event))。

每当得到一个事件，首先检查其类型(例如：关闭窗口？是否按下了键？是否移动了鼠标？)，如果条件判定返回 true，则做出相应的反应。第 14 行代码判断事件类型是否是 Event::Closed 事件，该事件在用户要关闭窗口时触发。此时，窗口仍处于打开状态，必须使用 close()函数显式关闭窗口(见第 15 行代码)。该设定使开发者可以在关闭窗口之前做一些事情，如保存应用程序的当前状态或显示消息。

事件循环有两个作用：① 向用户提供事件；② 使窗口有机会处理其内部事件，以便窗口可以响应移动、调整大小或关闭。否则 SFML 窗口就是一个无法做出响应的“死”窗口。

当窗口关闭后，第 9 行代码中游戏循环的条件就不再满足，若当前循环体内容执行完毕，则主循环退出，程序终止。

主循环体中的第 18～20 行代码，实际上就是基于 OpenGL 双缓冲设置的游戏绘制操作三部曲：① 清除，即清除后台显示缓冲区的内容；② 绘制，即将显示内容写入后台显示缓冲区；③ 显示，即交换前后台的显示缓冲区，以显示原来后台显示缓冲区的内容。其中，第 19 行代码写入的图形 shape 就是前面定义的绿圆图形。

习　题

1. SFML 做场景更新时，每次都先用 sf::window 的 clear()函数进行窗口清除，SFML 的画面显示采用的是什么机制？

2. 在用 SFML 进行开发时，为什么有的代码里面可以直接使用 Sprite 类及它的成员函数，不需要增加前缀 sf::，而有的代码里不用 sf::前缀程序就会报错呢？(　　)

A. 不同开发环境对 SFML 函数的调用要求不同

B. 开发环境配置不同

C. 没有进行命名空间声明的代码，使用 SFML 库函数时，需要在函数前追加 sf::

D. 不同 SFML 版本的函数调用方式之间存在差异

6.4 SFML 常见问题

6.4.1 SFML 3D 应用

SFML 的定位是一个简单的媒体库，不尝试去解决所有可能的问题。因此，它本身不支持 3D，也不提供物理引擎等高级应用。但它是基于 OpenGL 开发的，可以使用原始 OpenGL 来实现 3D，也可以与 SFML 中的 2D 渲染一起使用。

6.4.2 RenderTextures 不起作用

首先检查显卡驱动程序的安装是否正确，因为操作系统预安装的显卡驱动程序，有可能不支持硬件能够提供的所有功能。另外尽量使用正式版本的显卡驱动，因为 beta 版驱动程序中与 OpenGL 相关的错误比与 DirectX 相关的错误具有较低的优先级，且后者在 windows 操作系统上的影响更广。如果确定显卡驱动程序是最新的，则检查图形显卡硬件是否支持 OpenGL 帧缓冲对象(GL_EXT_framebuffer_object 扩展)。如果显卡硬件不支持 OpenGL 帧缓冲对象，则 SFML 会使用辅助上下文的帧缓冲区进行渲染，但运行速度会变慢。

6.4.3 SFML 程序无法运行

如果在 Visual Studio 下，SFML 项目无法运行，且没有任何编译器或链接器错误的提示。则需检查库的链接是否正确。同一版本 SFML 的 lib 有静态和非静态之分，同时有 debug 版和 release 版之分，一共有 4 个版本。如果在 Debug 调试模式下进行编译，则必须链接 SFML 的 Debug 版本的 lib(-d 后缀)；如果在 Release 发布模式下进行编译，则必须链接 SFML 的 Release 版本的 lib(无-d 后缀)。

回想一下，SFML 的命名约定为 sfml- [模块] .lib 是 Release 库，sfml- [模块] -d.lib 是 Debug 库。

如果动态链接 DLL，则必须在可执行文件旁边复制所需的 DLL。其中，Release 版 DLL 的命名是 sfml- [模块] .dll；Debug 版 DLL 的命名是 sfml- [模块] -d.dll。

SFML 的版本一定要与程序目标平台的类型相匹配(如 32 位的版本要与 32 位的平台匹配)，请务必检查项目设置选项，避免混用。

第 7 章　SFML 版贪吃蛇

本章我们以 SFML 版贪吃蛇游戏开发为例，介绍 SFML 图形模块的简单运用。

7.1　框 架 搭 建

7.1.1　SFML 的游戏框架

本节在第 6 章 SFML 测试代码的基础上，增加游戏开发所采用的框架模块函数 Initial()、Input()、Logic()、Draw()。具体代码如下：

```
1.  #include<SFML/Graphics.hpp>
2.
3.  void Initial()
4.  {
5.
6.  }
7.  void Input()
8.  {
9.
10. }
11. void Logic()
12. {
13.
14. }
15. void Draw()
16. {
17.
18. }
19. int main()
20. {
```

```
21.   sf::RenderWindow window(sf::VideoMode(200, 200), "SFML works!");
22.   sf::CircleShape shape(100.f);
23.    shape.setFillColor (sf::Color::Green);
```

SFML 中有专门的游戏窗口类，游戏窗口作为对象被管理。由于窗口对象 window 在几个模块函数中均会被调用，因此在我们学习面向对象的游戏开发之前，暂时将它设为全局变量。代码改动如下：

```
1.  #include<SFML/Graphics.hpp>
2.
3.  sf::RenderWindow window(sf::VideoMode(200, 200), "SFML works!");
4.  void Initial()
5.  {
6.
7.  }
```

遵照游戏框架的模块划分，将原测试代码中的消息循环代码调整到 Input()函数中。代码如下：

```
10. void Input()
11. {
12.     sf::Event event;
13.     while (window.pollEvent(event))
14.     {
15.         if (event.type == sf::Event::Closed)
16.             window.close();
17.     }
18. }
```

将原测试代码中的图形绘制代码转移到 Draw()函数里：

```
23. void Draw()
24. {
25.      window.clear();
26.      window.draw(shape);
27.      window.display();
28. }
```

在完成原测试代码各模块内容的归类调整后，我们大致得到如下的游戏框架。其中，各模块的具体内容将在后续章节中按小节展开介绍。

```
29. int main()
30. {
31.   Initial();
32.
33.   while (window.isOpen())
34. {
35.   Input();
36.
37.   Logic();
38.
39.   Draw();
40.      }
41.
42.   return 0;
43. }
```

7.1.2　Initial 模块

一款游戏的内容的初始化，首先从游戏对象的变量声明开始。本节我们以贪吃蛇游戏为例进行介绍，直接将先前的变量定义搬迁过来。具体代码如下：

```
1.  #include <SFML/Graphics.hpp>
2.
3.  #define WINDOW_WIDTH 80         //窗口的宽度
4.  #define WINDOW_HEIGHT 25        //窗口的高度
5.  #define STAGE_WIDTH 20          //舞台的宽度
6.  #define STAGE_HEIGHT 20         //舞台的高度
7.  #define GRIDSIZE 25             //纹理的尺寸
8.  #define MAXLENGTH 100           //蛇身的最大长度
9.
10. using namespace sf;             //SFML 中的每个类都位于该命名空间下
11. bool gameOver;
12. const int width = STAGE_WIDTH;
13. const int height = STAGE_HEIGHT;
14. int x, y, fruitX, fruitY, score;
15. int tailX[MAXLENGTH], tailY[MAXLENGTH];
16. int nTail;
17. enum eDirection { STOP = 0, LEFT, RIGHT, UP, DOWN };
18. eDirection dir;
```

我们在游戏初始化的时候重新设置一下原来 SFML 窗口 window 的参数，具体变更如下：

```
20. sf::RenderWindow window(sf::VideoMode(width* GRIDSIZE, height* GRIDSIZE)
    L"Snack by 李仕");
```

这里需要提醒的是，在 SFML 中使用双字节字符或多字节字符，一定要在字符串之前加大写字母 L，否则会被当作单字节字符读取并显示。这个简单的 L 前缀会告诉编译器生成一个宽字符字符串。

使用 SFML 多媒体库的一个关键原因是：我们希望在游戏中使用专业美工所设计的高质量贴图。为了使用贴图，我们需要为各游戏对象准备它们的纹理对象 texture 和精灵对象 sprite。这两个类的说明如下：

sf::Texture 是用于存储可绘制纹理内容的纹理类。

sf::Sprite 是一个可绘制类，它允许在渲染目标上轻松地显示纹理(或纹理的一部分)。本案例中创建的纹理对象和精灵对象如下：

```
24. Texture tBackground, tSnack, tFruit;        //创建 3 个纹理对象
25. Sprite spBackground, spSnack, spFruit;     //创建 3 个精灵对象
```

SFML 中将素材从指定路径加载到纹理的函数 Texture::loadFromFile()如下：

```
1.  bool sf::Texture::loadFromFile(const std::string & filename,
2.                                 const IntRect &   area = IntRect()
3.                                 )
```

其中，参数 filename 指向纹理文件所在的路径地址；参数 area 指向要加载的图像区域，可以用来加载图像的局部矩形区域，如果要加载整个图像，则参数保留为空。SFML 支持大多数常见的图像文件格式，如 bmp、png、tga、jpg、gif、psd、hdr 和 pic。

函数 Sprite::setTexture()为 sprite 精灵对象设置纹理。精灵使用纹理时，纹理必须存在。但精灵不会存储纹理的副本，而是存储指向纹理实例的指针。如果纹理被破坏或移动到内存中的其他位置，则精灵将以无效的纹理指针结束。这时在屏幕上看到的精灵可能是一个白色矩形。如果该函数的参数 resetRect 为 true，则将精灵的纹理尺寸属性自动调整为新纹理的大小。如果该参数为 false，则精灵的纹理尺寸保持不变。该参数的默认值为 false。具体代码如下：

```
1.  void sf::Sprite::setTexture (const Texture &    texture,
2.                                bool     resetRect = false
3.                              )
```

函数 Texture::loadFromFile()和 Sprite::setTexture()组合使用，可以实现素材与精灵对象的关联绑定。例如：

```
27. void Initial()
28. {
29.     window.setFramerateLimit(10); //每秒设置目标帧数
30.     tBackground.loadFromFile("../data/images/white.png"); //加载纹理图片
31.     tSnack.loadFromFile("../data/images/green.png");
32.     tFruit.loadFromFile("../data/images/red.png");
33.
34.     spBackground.setTexture(tBackground);             //设置精灵对象的纹理
35.     spSnackHead.setTexture(tSnack);
36.     spFruit.setTexture(tFruit);
```

关于其他游戏变量的初始化，我们继续沿用先前的代码，具体如下：

```
38.     gameOver = false;
39.     dir = STOP;
40.     x = width / 2;
41.     y = height / 2;
42.     fruitX = rand() % width;
43.     fruitY = rand() % height;
44.     score = 0;
45.
46.     nTail = 1;
47.     for (int i = 0;i < MAXLENGTH;i++)
48.     {
49.         tailX[i] = 0;
50.         tailY[i] = 0;
51.     }
```

7.1.3　循环模块与帧频

本节的目的是让 SFML 版贪吃蛇游戏运行起来，暂时无意对循环模块进行变更。但由于游戏循环的条件中有窗口对象 window 介入，因此 SFML 版贪吃蛇游戏的游戏循环的循环周期与之前控制台版本的不同。其原因在于 SFML 的窗口类有专门的成员函数 setFramerateLimit()用于管理窗口的刷新频率。在 Initial 函数模块的第 29 行代码中，用该函数设定窗口对象 window 的目标帧频为 10 帧/秒。函数 setFramerateLimit()通过在每个帧中调用 sf::sleep()来实现。sf::sleep()与第 5 章中介绍的 Sleep()函数类似，调用 sf::sleep()时，操作系统会停止当前线程的执行，并将任务调度器分配给当前线程的时间片转给另一个需要时间片的任务。

由于 CPU 在多任务环境中并未处于休眠状态，因此 sf::sleep()的调用必须通过调用操作系统的专用查询表来实现。这个查询表会告知任务调度器在为给定的时间片选择下一个执行任务时跳过休眠线程。线程的睡眠时间以及何时再次唤醒线程的执行方式取决于操作系统的睡眠功能的实现方式。有多种可能的原因会导致 sf::sleep()过早或者延后返回，这完全取决于操作系统的选择，并具有随机性。

综上所述，操作系统必须跟踪睡眠时间并在适当时机唤醒线程。由于并非所有系统都支持高精度计时器，因此默认精度应该尽可能设置得低一些。例如，如果系统计时器的精度为 10 ms，而程序请求睡眠 11 ms，则在大多数情况下，操作系统将强制该数值向上取整，使线程睡眠 20 ms，即线程睡眠时间基本刻度的倍数。在这种情况下，sf::sleep()睡眠时间比程序请求的要长。另外，如果用户请求睡眠 5 ms，而该请求是在操作系统内部计时器触发之前进行的，则它可能提前通知操作系统“10 ms 已过去”，尽管 5 ms 间隔尚未完全到，它也会再次唤醒线程。在这种情况下，sf::sleep()实际睡眠时间短于程序请求的时间。

另外，线程的唤醒也不是立即恢复执行的，而是需先向任务调度器发出申请，等待它的时间片调度。sf::sleep()对应的休眠时间仅仅是一个期望值。休眠的时间越长，准确度就越高，休眠的时间越短，准确度就越低，并且具有一定的随机性。由此导致 setFramerateLimit()的帧频设置无法精确兑现。

7.1.4 Input 模块

学习 Input 模块之前，我们先了解一下 SFML 窗口的消息获取机制。SFML 的 Event 类包括 Window、Keyboard、Mouse、Joystick 共 4 种消息类型。Window 类(RenderWindow 的基类)的成员函数 bool Window :: pollEvent(sf :: Event&event)用于从窗口消息队列中按顺序询问(polled)事件消息。这个函数没有采用阻塞，如果没有挂起的事件消息，那它将返回 false；如果有事件等待处理，该函数将返回 true，并且事件变量将获得事件数据。因为队列中可能存在多个事件需要循环调用此函数，以确保每个挂起的事件消息都能得到处理。例如：

```
60.     while (window.pollEvent(event))
61.     {
62.             if (event.type == sf::Event:: Closed)
63.             window.close();
64.      }
```

SFML 另一种获取按键消息的方式是直接检测当前键有没有被按下。例如：

Keyboard::isKeyPressed(Keyboard::Left)

相比于键盘按下和键盘释放事件，sf::Keyboard 能在任何时间检索键盘状态。这一点与函数 SHORT GetAsyncKeyState(int vKey)相似。实际的按键使用通常有两种情形：一种是按一下，只响应一次，比如某些开关按键；另一种是根据按键的状态以及状态持续的时间进行阶段性的响应。我们可以采用两者混合的方式获取按键消息。代码如下：

```
54. void Input()
55. {
56.     sf::Event event;
```

```
57.      while (window.pollEvent(event))
58.      {
59.            if (event.type == sf::Event::Closed)
60.                window.close();  //窗口可以移动、调整大小和最小化。但是如果要
                                     关闭，需要自己去调用close()函数
61.      }
62.
63.      if (Keyboard::isKeyPressed(Keyboard::Left))  //按键判断
64.            if (dir != RIGHT)
65.                  dir = LEFT;
66.      if (Keyboard::isKeyPressed(Keyboard::Right))
67.            if (dir != LEFT)
68.                  dir = RIGHT;
69.      if (Keyboard::isKeyPressed(Keyboard::Up))
70.            if (dir != DOWN)
71.                 dir = UP;
72.      if (Keyboard::isKeyPressed(Keyboard::Down))
73.            if (dir != UP)
74.                 dir = DOWN;
75. }
```

其中，第 57～61 行代码用于获取窗口消息队列中的按键消息；第 63～74 行代码用于检测当前时刻是否有对应的按键被按下。

7.1.5　Draw 模块

本书第 6 章曾提到过 SFML 是采用 OpenGL 的双缓冲显示的。在 SFML 窗口的绘制步骤如下：

(1) 用窗口对象的 clear()函数，使用所选颜色清除整个窗口内容。clear()函数可以传入颜色参数，如 window.clear(sf::Color::Black)。

(2) 用窗口对象的 draw()函数将指定的对象绘制到显示缓冲区。多个对象的绘制可以通过多次调用 draw()函数实现。

(3) 用窗口对象的 display()函数将自上次调用 display()函数以来绘制的内容，显示在窗口上。实际上，display()函数用于将已绘制完毕的显示缓冲区的内容显示在屏幕上，相当于双缓冲机制中的激活处于闲置状态显示缓冲区的操作。

这个“清除-绘制-显示”模式是 SFML 绘制对象的唯一方法，不要尝试其他绘制策略。例如，保留上一帧的像素内容，局部更新或绘制一次并多次调用显示。实际上，现代图形显卡的硬件和 API 的工作模式就是重复“清除-绘制-显示”循环，在主循环的每次迭代中

所有内容都会被刷新。这里不必担心将1000个精灵每秒绘制60次的运算量，现代CPU/GPU的计算能力远超这一量级。

SFML 提供了四种可绘制的实体：精灵 Sprite、文本 Text、形状 Shape 和顶点数组。前三种可以直接使用，最后一种使用顶点数组绘制实体。

本节主要介绍精灵 Sprite 的使用。在创建任何精灵之前，我们需要一个有效的纹理。在前面 Initial 模块中，我们对纹理加载和精灵纹理设置进行了介绍。在具体使用 Sprite 对象进行图形绘制时，首先用成员函数 setPosition()指定 Sprite 的显示位置；然后用 window.draw()函数将 Sprite 对象添加到处于闲置状态的显示缓冲区(SFML 采用的是双缓冲机制)；最后使用 window.display()把闲置显示缓冲区激活，将它的内容显示在屏幕上。例如：

```
130. void Draw()
131. {
132.      window.clear(); //清屏
133.      //绘制背景
134.      for (int i = 0; i < width; i++)
135.           for (int j = 0; j < height; j++)
136.           {
137.                spBackground.setPosition(i * GRIDSIZE, j * GRIDSIZE);
                    //指定纹理的位置
138.                window.draw(spBackground);     //将纹理绘制到缓冲区
139.           }
140.      //绘制蛇
141.      for (int i = 1; i < nTail; i++)
142.      {
143.         spSnake.setPosition(tailX[i] * GRIDSIZE, tailY[i] * GRIDSIZE);
144.          window.draw(spSnake);
145.         }
146.         //绘制水果
147.      spFruit.setPosition(fruitX * GRIDSIZE, fruitY * GRIDSIZE);
148.      window.draw(spFruit);
149.
150.      window.display();//把显示缓冲区的内容显示在屏幕上,SFML采用的是双缓冲机制
151. }
```

其中，第 134～139 行代码用于绘制游戏的舞台背景；第 141～145 行代码用于绘制蛇身；第 147～148 行代码用于绘制水果。

7.1.6　Logic 模块

到目前为止，本章代码并没有变更游戏的逻辑，这里直接沿用第 6 章 SFML 版贪吃蛇游戏的逻辑代码，经编译后运行，得到如图 7-1 所示的结果。

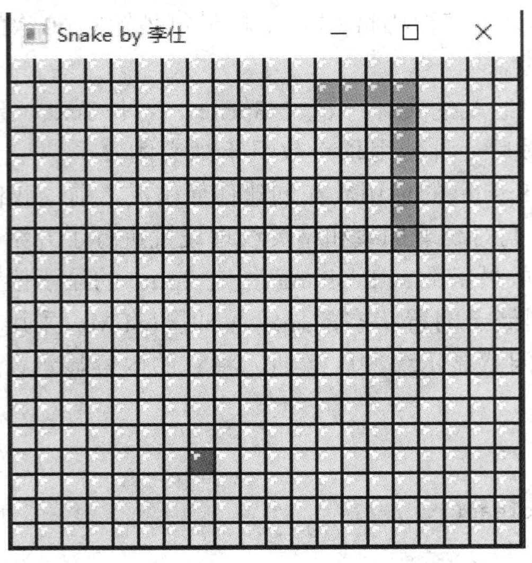

图 7-1　SFML 版贪吃蛇游戏示例

习　题

1. SFML 多媒体库中的窗口和控制台程序的窗口有什么不同？

2. 控制台程序在绘制游戏舞台的时候并没有栅格尺寸 GRIDSIZE 的概念，游戏舞台的尺寸直接由舞台的宽、高数值确定。在 SFML 等游戏引擎开发的过程中需要考虑栅格尺寸，请问这是什么原因？

3. SFML 开发的窗口标题栏中，中文标题变成乱码，最可能的原因是(　　)。

A. 没有采用宽字符的设置或表示

B. SFML 目前还不支持汉字显示

C. 中文字库没有正确加载

D. 没有采用 UTF-8 编码

4. 您成功加载了纹理，并且正确构造了精灵，但在屏幕上看到的只是一个白色正方形。请问可能发生了什么事情？

5. 在 SFML 体系下，如何进行游戏窗口更新速度的设定？(　　)

A. 使用计时器或时钟相关函数进行更新速度的管理

B. 使用 setFramerateLimit()函数设定游戏的帧频

C. 对图形绘制函数进行延时设定

D. 对游戏的逻辑数值计算进行延时设定

6. SFML 用函数 pollEvent(Event & event)获取窗口消息队列中的消息。这个函数没有采用阻塞，如果没有挂起的事件消息，那它将返回 false。为什么对于该函数的调用通常采用循环调用的方式(如 while(window.pollEvent(event)))进行？

7. 函数 static bool sf::Keyboard::isKeyPressed(Keykey)的功能与下列(　　)函数类似。

A. kbhit();

B. GetAsyncKeyState( );

C. GetKeyState(int vKey);

D. GetKeyboardState( );

8. 以下说法正确的是(　　)。

A. SFML 的显示绘制可以采用画面局部更新的策略

B. SFML 通常用窗口的 draw()函数将精灵 Sprite、文本 Text 和形状 Shape 等对象直接绘制在屏幕上

C. SFML 在绘制对象的时候采用的是“清除-绘制-显示”模式

D. SFML 的精灵 Sprite、文本 Text 和形状 Shape 等对象是通过窗口的 display()函数绘制在屏幕上的

7.2 图形几何变换

通常，使用媒体库或引擎的目的是在使用媒体素材时能更加便捷。在游戏开发阶段，对导入的素材进行几何变换调整是常有的事情。下面我们介绍如何用 SFML 的函数对素材图形进行几何变换操作。

7.2.1 几何变换

SFML 提供了几何变换接口类 sf::Transformable，用于目标对象的移动、旋转和缩放。所有 SFML 类(如 sprites、text、shapes)都能使用这个类。接口类 sf::Transformable 及其所有派生类均定义了四个属性：position、rotation、scale 和 origin，分别用于指定目标对象的位置、旋转角度、缩放系数和作用原点。它们都有各自的获取函数和设置函数，并且变换属性彼此独立。例如，如果要更改实例对象的方向，则只需设置其旋转属性，而不必关心当前位置和比例大小。

为了更好地理解 SFML 中几何变换的操作，本节进行图形素材的替换演示。我们选择一组不一样的素材替换图 7-2 中红框的上一节所采用的素材。

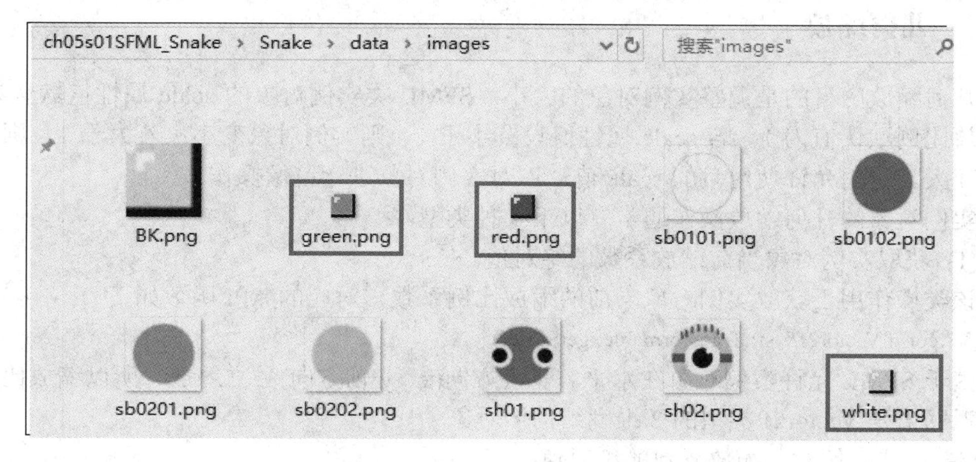

图 7-2　贪吃蛇游戏的素材

由于两组素材存在尺寸差异，先在原代码的头部对宏定义进行修改。例如：

```
6.  #define STAGE_HEIGHT 20      //舞台高度
7.  #define GRIDSIZE 25          //纹理尺寸
8.  #define SCALE 0.5
9.  #define MAXLENGTH 100        //蛇身最大长度
```

因为蛇的新素材样式种类比原先的丰富，蛇细分为蛇头和蛇身两部分。所以，对纹理、精灵进行重新声明。例如：

```
25. Texture tBackground, tSnackHead, tSnackBody, tFruit;
26. Sprite spBackground, spSnackHead, spSnackBody, spFruit;
```

在初始化函数 Initial()中对新的蛇头、蛇身的纹理和精灵进行初始化工作。例如：

```
28. void Initial()
29. {
30.     window.setFramerateLimit(10); //每秒设置目标帧数
31.     tBackground.loadFromFile("../data/images/BK.png"); //加载纹理图片
32.     tSnackHead.loadFromFile("../data/images/sh01.png");
33.     tSnackBody.loadFromFile("../data/images/sb0102.png");
34.     tFruit.loadFromFile("../data/images/sb0202.png");
35.
36.     spBackground.setTexture(tBackground);           //设置精灵对象的纹理
37.     spSnackHead.setTexture(tSnackHead);
38.     spSnackBody.setTexture(tSnackBody);
39.     spFruit.setTexture(tFruit);
```

7.2.2　几何缩放

几何缩放的目的是调整实例对象的大小。SFML 类实例对象的 scale 属性值默认为 1，即缩放比例默认值为 1。若 scale 属性值设置小于 1，则实例对象变小；若大于 1，则实例对象变大。这里允许使用负的 scale 值，以对实例对象进行镜像操作。

实例对象的几何缩放操作通常有以下 3 种类型。

(1) 获取实例对象当前缩放系数的绝对值。

该类操作用于获取实例对象当前的缩放比例系数，对应的 API 函数如下：

```
const Vector2f& sf::Transformable::getScale();
```

由于 SFML 允许实例对象在水平、竖直方向(x、y 轴方向)独立缩放，所以缩放比例因子的返回值是 Vector2f 类型的 2 维度结构体对象。

(2) 设置实例对象缩放系数的绝对值。

该类操作设置实例对象的缩放比例系数，并完全覆盖先前的比例系数值，称之为设置系数的绝对值。实例对象默认的缩放比例系数为(1, 1)。对应的 API 函数如下：

void sf::Transformable::setScale(float factorX,float factorY);

其中，factorX、factorY 参数可以分别设置目标对象在 x 轴和 y 轴方向的缩放系数。

(3) 设置实例对象相对于当前尺寸的缩放倍数。

该操作是设置相对于当前缩放系数的倍数，实例对象的实际倍数是在对象当前缩放系数的基础上乘以输入的缩放倍数。对应的 API 函数如下：

void sf::Transformable::scale (float factorX,float factorY);

该函数等效于以下代码：

sf :: Vector2f scale = object .getScale();

object .setScale(scale .x * factorX，scale .y * factorY);

其中，object 为实例对象，可以是图形、文字或精灵等 SFML 类的对象。在本例中，我们用 setScale()函数对精灵对象进行缩放操作。代码如下：

```
41.     spBackground.setScale(SCALE, SCALE);
42.     spSnackHead.setScale(SCALE, SCALE);
43.     spSnackBody.setScale(SCALE, SCALE);
44.     spFruit.setScale(SCALE, SCALE);
```

7.2.3 位置

图形、文字或精灵等 SFML 类的实例对象在游戏舞台等 2D 坐标系中均拥有一个坐标位置(position)属性。SFML 库中关于位置属性的操作，通常也有 3 种类型。

(1) 获取实例对象当前绝对坐标。

对应的 API 函数为

const Vector2f& sf::Transformable::getPosition()

函数的返回值是 Vector2f 类型，表征实例对象所在的坐标位置。

(2) 设置实例对象位置的绝对坐标。

设置实例对象位置的绝对坐标，意味着将完全覆盖先前的位置坐标。通常实例对象默认的坐标值为(0,0)。对应的 API 函数为

void sf::Transformable::setPosition(float x,float y);

(3) 设置实例对象的位置偏移。

位置偏移是实例对象根据给定的位置偏移量从原位置移动到一个新的位置。对应的 API 函数为

void sf::Transformable::move (float offsetX,float offsetY)

该函数是在物体的当前位置基础上再增加一个位置偏移量。该函数等效于以下代码：

sf::Vector2f pos = object.getPosition();

object.setPosition(pos.x + offsetX, pos.y + offsetY);

在本例中，要将精灵对象摆放在游戏舞台的指定位置，需要用到 setPosition()函数。模

块函数 Draw()中的具体实现代码如下：

```
133. void Draw()
134. {
135.      window.clear(Color::Color(255,0,255,255));     //清屏
136.
137.      int detaX = GRIDSIZE / SCALE / 2;
138.      int detaY = GRIDSIZE / SCALE / 2;
139.      //绘制背景
140.      for(int i = 0; i<width; i++)
141.           for (int j = 0; j < height; j++)
142.           {
143.                spBackground.setPosition(i*GRIDSIZE + detaX, j*GRIDSIZE
                    + detaY); //指定纹理的位置
144.                window.draw(spBackground);     //将纹理绘制到缓冲区
145.           }
146.      //绘制蛇
147.     spSnakeHead.setPosition(tailX[0] * GRIDSIZE + detaX, tailY[0] *
         GRIDSIZE + detaY);
148.     window.draw(spSnakeHead);
149.
150.     for (int i = 1; i < nTail; i++)
151.     {
152.           spSnakeBody.setPosition(tailX[i] * GRIDSIZE + detaX, tailY[i]
            * GRIDSIZE + detaY);
153.           window.draw(spSnakeBody);
154.     }
155.     //绘制水果
156.     spFruit.setPosition(fruitX*GRIDSIZE+detaX, fruitY*GRIDSIZE+detaY);
157.     window.draw(spFruit);
158.
159.     window.display();//把显示缓冲区的内容显示在屏幕上。SFML采用的是双缓冲机制
160. }
```

其中，变量 detaX 和 detaY 为游戏舞台左顶点相对窗口左上角顶点的水平、竖直方向的偏移变量。代码运行后，可得到的场景画面如图 7-3 所示。

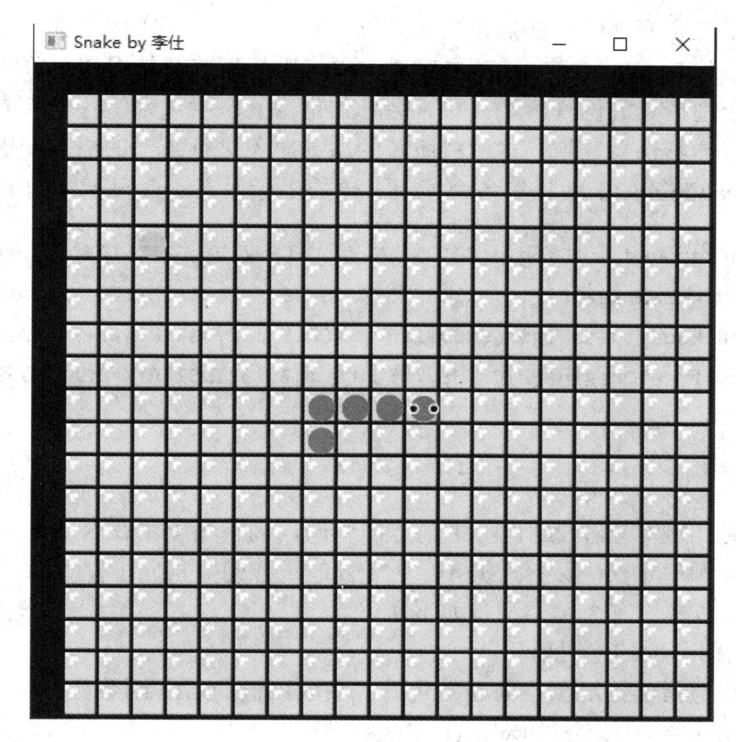

图 7-3　贪吃蛇游戏素材替换后的效果图

图 7-3 中窗口左方和上方的黑色为窗口默认的背景色，由于舞台整体被施加了水平、竖直的偏移量而被显露出来。

7.2.4　原点

由于新素材中蛇头部的设计具有方向性，而原游戏的代码在实现过程中并没有对此进行设计考虑。所以，导致在游戏运行过程中，蛇的头部不会随着前进方向的变化而出现角度旋转的变化。要实现蛇的头部出现角度旋转变化，就需要两个参数：① 旋转点的位置；② 旋转角度。

每个精灵都有自己的坐标原点(默认在其左上角顶点位置)。原点是位置、缩放、旋转三个变换的中心点，即实例对象的位置坐标其实是指它原点的位置坐标；实例对象的缩放指的也是相对原点的应用缩放比例尺；实例对象的原点也是旋转中心点。但有时开发者并不希望原点处于实例对象的左上角位置，而是希望原点是实例对象的中心，或者其他需要的位置。

SFML 提供的 origin 属性允许我们对精灵对象的原点位置进行更改。与原点 origin 相关的 API 函数有以下两个：

```
const Vector2f& sf::Transformable::getOrigin();
void sf::Transformable::setOrigin(float x,float y)
```

其中，getOrigin()函数用于获取实例对象的原点坐标；SetOrigin()函数用于设置实例对象新的原点坐标。实例对象的原点坐标是相对于对象左上角的局部坐标，默认原点是(0，0)点。

由于原点是三个变换的中心点，当原点位置发生变更后，实体在屏幕上的绘制位置也会发生变更。单独对 spSnakeHead 精灵对象的原点进行调整会使得该对象的绘制位置与原来发生偏移。个别精灵的位置出现偏移，会导致错位的产生。为使各个精灵对象在屏幕上绘制位置的偏移能够保持一致。本例对所有的精灵对象进行统一的原点变更。在模块函数 Initial()中使用 setOrigin()函数设置各个精灵对象的坐标原点，代码示例如下：

```
41.  spBackground.setOrigin(GRIDSIZE / SCALE / 2, GRIDSIZE / SCALE / 2);
42.  spSnackHead.setOrigin(GRIDSIZE / SCALE / 2, GRIDSIZE / SCALE / 2);
43.  spSnackBody.setOrigin(GRIDSIZE / SCALE / 2, GRIDSIZE / SCALE / 2);
44.  spFruit.setOrigin(GRIDSIZE / SCALE / 2, GRIDSIZE / SCALE / 2);
```

7.2.5　旋转

旋转角度是实例对象在 2D 世界中的方向朝向，简称角度。在 SFML 库中旋转以度为单位，以顺时针顺序定义(因为在 SFML 中 Y 轴的正方向竖直向下)，取值范围为[0, 360]。SFML 库中的旋转操作有 3 种类型，如下所述。

(1) 获取当前角度的绝对值。

角度的绝对值指实例对象当前朝向角度。获取该值的 API 函数如下：

float sf::Transformable::getRotation ()

(2) 设置角度绝对值。

设置实例对象的角度绝对值是指设置实例对象的朝向角度，意味着将完全覆盖先前的角度值。通常实例对象默认的角度值为 0。对应的 API 函数为

void sf::Transformable::setRotation (float angle)

(3) 旋转实例对象。

旋转实例对象是根据给定的旋转角度值将实例对象从原朝向角度旋转到一个新的朝向角度。对应的 API 函数为

void sf::Transformable::rotate (float angle)

该函数是在实例对象的当前朝向角度基础上再增加一个角度偏移量。该函数等效于以下代码：

object.setRotation(object.getRotation() + angle);

在本例中，要对蛇头进行旋转操作，首先需要增加一个记录蛇头方向的变量。精灵的旋转方式有两种：

① 以自身为参照系的旋转(适用 rotate()函数)，比如在当前旋转角度的基础上再顺时针旋转 90 度或逆时针旋转 90 度。

② 以舞台为参照系的旋转(适用 setRotation()函数)，比如定义旋转角度为 0 时，精灵朝向舞台的上(北)方；旋转角度为 90 度时，精灵朝向舞台的右(东)方。

蛇头的朝向是否正确，通常是指相对舞台蛇头的朝向是否正确。同时，由于不确定蛇头在做旋转之前原朝向的角度，导致旋转同样的相对角度时最终的绝对角度会出现差异。因此，定义的角度变量 headRotation 指向的是蛇头精灵在舞台上的绝对角度值。代码如下：

```
27. int headLocation;
```

在模块函数 Initial()中对变量进行初始化，当 headRotation 初始值为 0 时表示游戏初始时蛇头朝向舞台的上(北)方。具体声明如下：

```
48.      headLocation = 0;
```

在模块函数 Logic()中将 headRotation 变量的值与蛇头运行方向相关联。代码如下：

```
1.  void Logic()
2.  {
3.       int prevX = tailX[0];
4.       int prevY = tailY[0];
5.       int prev2X, prev2Y;
6.       tailX[0] = x;
7.       tailY[0] = y;
8.
9.       switch (dir)
10.      {
11.      case LEFT:
12.           x--;
13.           headLocation = -90;
14.           break;
15.      case RIGHT:
16.           x++;
17.           headLocation = 90;
18.           break;
19.      case UP:
20.           y--;
21.           headLocation = 0;
22.           break;
23.      case DOWN:
24.           y++;
25.           headLocation = 180;
26.           break;
27.      default:
28.           break;
29.      }
```

在模块函数 Draw()中，使用成员函数 setRotation()对蛇头进行角度调整。具体代码如下：

```
148. void Draw()
149. {
150.       window.clear();//清屏
151.
152.       int dataX = GRIDSIZE / SCALE / 2;
153.       int dataY = GRIDSIZE / SCALE / 2;
154.       //绘制背景
155.       for (int i = 0;i < width;i++)
156.            for (int j = 0;j < height;j++)
157.            {
158.                 spBackground.setPosition(i * GRIDSIZE + dataX, j *
                     GRIDSIZE + dataY);//指定纹理的位置
159.                 window.draw(spBackground);//将纹理绘制到缓冲区
160.            }
161.          //绘制蛇
162.       spSnackHead.setPosition(tailX[0] * GRIDSIZE + dataX, tailY[0] *
           GRIDSIZE +  dataY);
163.       spSnackHead.setRotation(headRotation);
164.       window.draw(spSnackHead);
165.
```

编译程序运行后，蛇头就能随着前进方向的变化而变化。其运行效果图如图 7-4 所示。

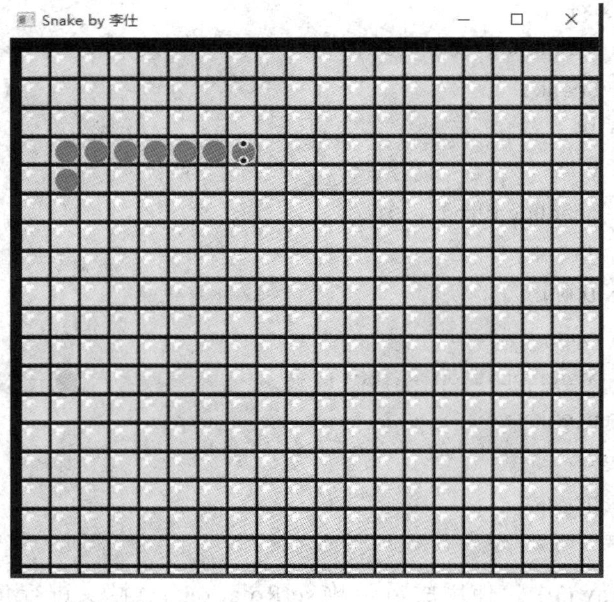

图 7-4　贪吃蛇游戏中蛇头方向随前进方向变化的效果图

7.2.6 游戏 I/O 频率的调整

SFML 库的图形绘制是采用双缓冲机制，它的窗口刷新频率是通过 Window 类的成员函数 setFramerateLimit()进行管理的。先前在 Initial()函数中，我们设置窗口刷新帧频为 10f/ps。在程序的实际运行过程中，我们发现“蛇”的移动速度是每秒 10 个像素，在可接受范围之内。但“蛇”对按键的响应速度有点偏慢。

下面回顾一下目前所采用的游戏框架。如下方 main()函数的代码结构所示，每个循环周期里面分别执行一次 Input()、Logic()和 Draw()函数。当循环的周期时间是每秒 10 次时，Input()函数的响应周期约为 0.1 s。通常人的反应时间也在 0.1 s 左右，但对于个别人而言，可能会觉得按键响应速度慢了。要在已有框架下提升 Input()函数的响应频率，最简单的方式是调整成员函数 setFramerateLimit()的参数，比如 60 f/ps。但随之带来的问题是蛇的移动速度会提升到每秒 60 个像素。

```
180. int main()
181. {
182.     Initial();
183.
184.     while (window.isOpen() && gameOver == false)
185.     {
186.         Input();
187.
188.         Logic();
189.
190.         Draw();
191.     }
192.
193.     return 0;
194. }
195.
```

为了在画面刷新速度和 Input()响应速度之间取得一个平衡点，我们增加一个用于延时作用的变量：

```
1.      Int delay;
```

在 Initial()函数中进行初始化：

```
1.      delay = 0;
```

对 main()函数进行如下修改：

```
180. int main()
181. {
182.     Initial();
183.
184.     while (window.isOpen() && gameOver == false)
185.     {
186.         Input();
187.
188.         delay++;
189.         if (delay % 10 == 0)
190.         {
191.             delay = 0;
192.             Logic();
193.         }
194.
195.         Draw();
196.     }
197.
198.     return 0;
199. }
```

其中，代码段第 188～193 行使得模块函数 Input()和 Draw()每执行 10 次，Logic()模块执行 1 次，实现游戏 I/O 频率的调整。这里请大家思考一个问题，说好对 Draw()函数进行延时响应，为什么最终延时操作是作用在 Logic()函数上呢？大家一定要明白，游戏画面仅仅是后台逻辑数据的可视化表现，若 Logic()中蛇的数据没发生变化，则 Draw()绘制的蛇就不会动。也就是说，对 Logic()函数进行限速，才是根本的解决办法。在第 5 章游戏难度节奏的调整中，也同样将调用频率的限制作用在 Logic()模块上。

习　题

1. 精灵对象要做旋转时需要指定旋转的中心点。但对一个精灵对象指定旋转作用点的时候，其他的精灵对象通常也需要一起指定作用点，其原因是(　　)。

A. 让各图形对象的坐标原点保持一致，便于统一图形对象的管理

B. 其实不指定坐标原点，影响也不大

C. 精灵类的中心点设置，要求这样操作

D. 避免游戏的逻辑发生混乱

2. 当精灵、图形等实例对象的原点 origin 位置发生变更后，即使其 position 属性没有更改，它在屏幕上的绘制位置也会发生变化。为什么？

3. 游戏开发中，当有精灵对象需要重设旋转中心点时，通常会将所有精灵对象的原点进行统一调整。需要做旋转操作的精灵对象需要调整坐标原点，这个无可厚非。但不需要做旋转的精灵对象也重设坐标原点，原因是什么？如果不对全体精灵对象进行统一的坐标原点调整，则可能会发生什么事情？

7.3 SFML 文字显示

7.3.1 背景色

文字显示的效果受背景颜色的影响较大。在介绍文字显示之前，本节先介绍在 SFML 中背景色的设置。在第 6 章中提到过，为了避免 SFML 和 OpenGL 的状态相互冲突，SFML 在 sf::Window 类的基础上派生子类 sf::RenderWindow。我们在案例中所使用的窗口对象 window 其实就是 RenderWindow 类的实例对象。RenderWindow 类的父类除了 sf::Window 类外，还有 sf::RenderTarget 类。其中，sf::RenderTarget 类有如下成员函数：

void sf::RenderTarget::clear(const Color &color = Color(0, 0, 0, 255))

该 clear()函数可以用指定颜色清除目标实体，而对于窗口对象 window 来说则是用指定颜色清除窗口上的内容。所以，在前面 SFML 代码的游戏循环中才会调用 window.clear()指令对窗口进行清除。此时，用于清除窗口的颜色就是窗口的背景色，它可以由 SFML 里面的 Color 类的构造函数 Color()来指定。如果不指定颜色，则默认背景色为黑色。本例采用品红色作为背景色对窗口进行清屏，具体代码示例如下：

```
159. void Draw()
160. {
161.     window.clear(Color::Color(255,0,255,255)); //清屏
```

代码运行后的效果图如图 7-5 所示。

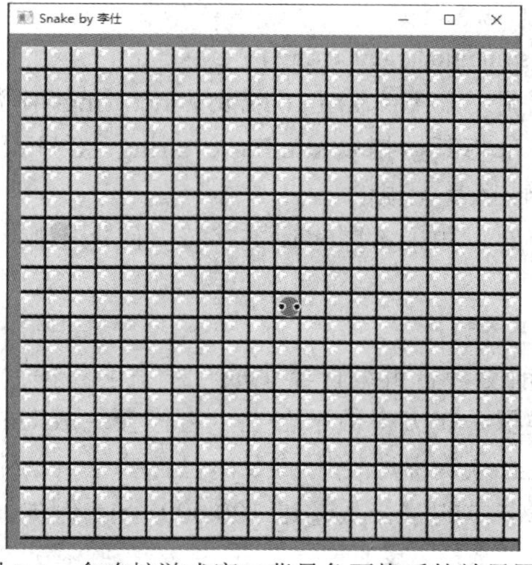

图 7-5　贪吃蛇游戏窗口背景色更换后的效果图

7.3.2　String 和宽字符串

处理非 ASCII 字符(如中文、日文等字符)可能会有些棘手，这需要对文本解释和绘制过程中涉及的各种编码有很好的了解。SFML 通过 UTF-16 编码支持输入和显示国际字符。输入是通过 sf::Event::TextEntered 以 sf::String 格式呈现的，并通过 sf::Text 进行显示。其中，sf::String 主要是为了方便而定义的实用程序字符串类，可自动处理类型和编码之间的转换。因为它是 Unicode 字符串(使用 UTF-32 实现)，所以可以存储世界上各国的字符(如中文、阿拉伯语、希伯来语等字符)。

若要将 C++字符串转换为 sf::String，则可以直接构造 sf::String 对象变量。例如：

```
sf::String sfml_string( cpp_string );
```

构造函数负责所有标准 C++字符串类型的隐式转换。构造函数具体详情请参阅 sf::String 文档。如果要将非 C ++字符串转换为 sf::String，建议先转换为 C++字符串，然后转换为 sf::String。将 sf::String 转换为任何其他自定义字符串类型时，也建议先转换为 C ++字符串，然后再从 C ++字符串转换为该类型。

sf::String 支持对 std::string 和 std::wstring 的隐式转换，从而用户可以使用标准字符串类，并仍与采用 sf::String 的函数兼容。例如：

```
sf :: String s;
std :: string s1 = s;          //自动转换为 ANSI 字符串
std :: wstring s2 = s;         //自动转换为宽字符串
s = “Hello”；                  //从 ANSI 字符串自动转换
s = L “Hello”；                //从宽字符串自动转换
s + = 'a' ;                    //从 ANSI 字符串自动转换
s + = L' a' ;                  //从宽字符串自动转换
```

因此，以下类似操作全部有效。

```
std::cout << sfml_string << std::endl;
cpp_string += sfml_string;
std::size_t pos = cpp_string.find( sfml_string );
```

sf::String 也可以显式调用 toAnsiString()或 toWideString()函数，将其转换为相应的字符串类型。由于 sf::String 内部将其数据以 std::basic_string<sf::Uint32>格式存储，因此对这种类型(C ++字符串类型)的转换是无损的。

在使用非 ASCII 字符时，如果希望避免被字符编码所困扰，则可以简单地使用宽字符串。例如：

```
text.setString(L"游戏程序设计");
```

字符串前面的“L”前缀会告诉编译器生成一个宽字符串。宽字符串在 C ++中没有说明它们使用的具体编码类型。在大多数平台上，它们会生成 Unicode 字符串。字符编码转换的问题解决后，用户还必须确保所使用的字体包含要绘制的字符。字体并不包含所有可能字符的字形(Unicode 标准中的字符数超过 100 000 个)。例如，阿拉伯字体将无法显示日语字符。

7.3.3 加载字体

在绘制任何文本之前，需要先拥有可用的字体。SFML 不会自动加载系统字体，但 SFML 专门提供 sf::Font 类用于处理字体相关的操作。该类具有三个主要的功能：加载字体，获取字形(即可视字符)，以及读取字体属性。在程序中，用户只需使用其第一个功能，即加载字体。

加载字体的最常见方法是用 loadFromFile()函数从磁盘上的文件中读取。该函数示例如下：

```
bool sf::Font::loadFromFile(const std::string & filename)
```

请注意，字体加载需要使用文件名，而不是字体名。正确的使用方式如下：

```
sf::Font font;
if (!font.loadFromFile("arial.ttf"))
{
    // error...
}
```

其中，font.loadFromFile("Arial ")将不起作用。

因为 SFML 对系统的字体文件夹没有访问权限，如果要加载字体，则需要像其他所有资源(图像、声音等)一样将字体文件与应用程序打包。loadFromFile 函数有时会在没有明显原因的情况下失败。这时，首先检查控制台窗口 SFML 打印到标准输出的错误消息，如果消息是“unable to open file”(无法打开文件)，则请确保工作目录(详见 6.2 节的介绍)的有效性：① 从桌面环境运行应用程序时，工作目录是可执行文件夹；② 从 IDE(如 Visual Studio)启动程序时，若将工作目录设置成了项目目录，则在项目的属性页中更改此设置。

用户还可以从内存(loadFromMemory)或自定义输入流(loadFromStream)加载字体文件。SFML 支持最常见的字体格式有 TrueType、Type 1、CFF、OpenType、SFNT、X11 PCF、Windows FNT、BDF、PFR、Type 42 等。

本例中，在文本绘制之前需做如下准备工作：

(1) 首先在宏定义中设定信息窗的尺寸，代码如下：

```
10.  #define INFO_WIDTH 400
```

为使得窗口界面美观，可在窗口对象 window 构造函数中做参数调整：

```
27. sf::RenderWindow window(sf::VideoMode(width *GRIDSIZE + INFO_WIDTH,
    height*GRIDSIZE + GRIDSIZE), L"Snake by 李仕");
```

(2) 创建 Font 和 Text 类型的全局变量：

```
31. Font font;
32. Text text;
```

(3) 在 Initial()函数中加载指定字体：

```
36. void Initial()
37. {
38.     window.setFramerateLimit(60);    //每秒设置目标帧数
39.     if (!font.loadFromFile("data/fonts/simsun.ttc"))
40.     {
41.         std::cout << "字体没有找到" << std::endl;
42.     }
```

其中，第 41 行中使用 cout 做标准输出，则需记得在头文件中包含 iostream。由于没有声明 std 命名空间，因此在使用 cout 和 endl 时要加 std::的前缀，标明它们的空间来源。

```
1.  #include <iostream>
```

这里对 Initial()函数中的资源加载操作进行整理和规范。具体代码如下所示，当加载的资源丢失时，能获得相应的提醒。

```
35. void Initial()
36. {
37.   window.setFramerateLimit(60);     //每秒设置目标帧数
38.
39.   if (!font.loadFromFile("data/fonts/simsun.ttc"))//选择字体，SFML 不能直接
    访问系统的字体，特殊的字体，需要自己加载
40.   {
41.    std::cout << "字体没有找到" << std::endl;
42.   }
43.   if (!tBackground.loadFromFile("data/images/BK.png"))//加载纹理图片
44.   {
45.    std::cout << "BK.png 没有找到" << std::endl;
46.   }
47.   if (!tSnakeHead.loadFromFile("data/images/SH01.png"))
48.   {
49.    std::cout << "SH01.png 没有找到" << std::endl;
50.   }
51.   if (!tSnakeBody.loadFromFile("data/images/SB0102.png"))
52.   {
53.    std::cout << "SB0102.png 没有找到" << std::endl;
54.   }
55.   if (!tFruit.loadFromFile("data/images/sb0202.png"))
56.   {
57.    std::cout << "sb0202.png 没有找到" << std::endl;
58.   }
```

7.3.4 文本绘制

加载字体后，就可以开始绘制文本了。SFML 提供 sf::Text 类用于文本图形绘制。sf :: Text 是可绘制的类，它允许在渲染目标上轻松显示具有自定义样式和颜色的某些文本；它继承了 sf::Transformable 的所有功能；它还添加了特定于文本的属性，如要使用的字体、字符大小、字体样式(粗体、斜体、带下划线和删除线)、文本颜色、轮廓线粗细、轮廓线颜色、字符间距、线条间距和要显示的文字等；它还提供便捷的函数来计算文本的图形大小，或获取给定字符的全局位置。

sf::Text 需与 sf::Font 类结合使用，并由 sf::Font 类对象加载字体后提供给定字体的字形(可视字符)。sf::Font 是一种重型的资源，对其进行的所有操作都很慢(对于实时应用程序通常太慢)。sf :: Text 是轻型对象，可以将字形数据和 sf :: Font 的度量结合起来，以在渲染目标上显示任何文本。sf::Font 和 sf::Text 的分离设计是为了获得更大的灵活性和更好的性能。

sf::Text 实例对象不会复制它所使用的字体，而只会保留对其的引用。因此，在 sf::Text 使用 sf::Font 时，不得对其进行破坏。

sf::Text 类常用的成员函数如下：

(1) setFont()函数用于设置文本字体。

(2) setCharacterSize()函数用于设置字体大小。

(3) setFillColor()函数用于设置字体颜色。

(4) setStyle()函数用于设置字体样式。

(5) setPosition()函数用于设置文字位置。

(6) setString()函数用于设置文字字符。

在本例中，首先需在 Initial()函数中将已经加载的字体与 sf::Text 实例对象进行关联。示例代码如下：

```
35. void Initial()
36. {
37.     window.setFramerateLimit(60);    //每秒设置目标帧数
38.     if (!font.loadFromFile("data/fonts/simsun.ttc"))
39.     {
40.         std::cout << "字体没有找到" << std::endl;
41.     }
42.     text.setFont(font);     //加载指定字体
```

其次，同 console 版贪吃蛇游戏一样创建 Prompt_info(int _x, int _y)函数，完成各文本字符的各种属性设定。最后，需要通过 window.draw()函数加载到显示缓冲区中。具体代码如下：

```
119. void Prompt_info(int _x, int _y)
120. {
```

```
121.     int initialX = 20, initialY = 0;
122.     int CharacterSize = 24;
123.     text.setCharacterSize(CharacterSize);
124.     text.setFillColor(Color(255, 255, 255, 255));
125.     text.setStyle(Text::Bold); // |Text::Underlined
126.
127.     text.setPosition(_x + initialX, _y + initialY);
128.     text.setString(L"■ 游戏说明："); window.draw(text);
129.     initialY += CharacterSize;
130.     text.setPosition(_x + initialX, _y + initialY);
131.     text.setString(L"    A.蛇身自撞，游戏结束"); window.draw(text);
132.     initialY += CharacterSize;
133.     text.setPosition(_x + initialX, _y + initialY);
134.     text.setString(L"    B.蛇可穿墙"); window.draw(text);
135.     initialY += CharacterSize;
136.     initialY += CharacterSize;
137.     text.setPosition(_x + initialX, _y + initialY);
138.     text.setString(L"■ 操作说明："); window.draw(text);
139.     initialY += CharacterSize;
140.     text.setPosition(_x + initialX, _y + initialY);
141.     text.setString(L"    □ 向左移动：←A"); window.draw(text);
142.     initialY += CharacterSize;
143.     text.setPosition(_x + initialX, _y + initialY);
144.     text.setString(L"    □ 向右移动：→D"); window.draw(text);
145.     initialY += CharacterSize;
146.     text.setPosition(_x + initialX, _y + initialY);
147.     text.setString(L"    □ 向下移动：↓S"); window.draw(text);
148.     initialY += CharacterSize;
149.     text.setPosition(_x + initialX, _y + initialY);
150.     text.setString(L"    □ 向上移动：↑W"); window.draw(text);
151.     initialY += CharacterSize;
152.     text.setPosition(_x + initialX, _y + initialY);
153.     text.setString(L"    □ 开始游戏：任意方向键"); window.draw(text);
154.     initialY += CharacterSize;
155.     text.setPosition(_x + initialX, _y + initialY);
156.     text.setString(L"    □ 退出游戏：x 键退出"); window.draw(text);
157.     initialY += CharacterSize;
158.     initialY += CharacterSize;
159.     text.setPosition(_x + initialX, _y + initialY);
160.     text.setString(L"■ 作者：杭电数媒 李仕");   window.draw(text);
161. }
```

在 Draw()函数中添加用于显示文本的 Prompt_info()函数进行文本绘制。文本绘制与图形的加载绘制一样，由 Draw()中的 window.display();统一绘制到窗口。

```
215. void Draw()
216. {
217.     window.clear(Color::Color(255,0,255,255)); //清屏
218.     Prompt_info(width*GRIDSIZE + GRIDSIZE, GRIDSIZE);
```

以上代码编译后的运行效果图如图 7-6 所示。

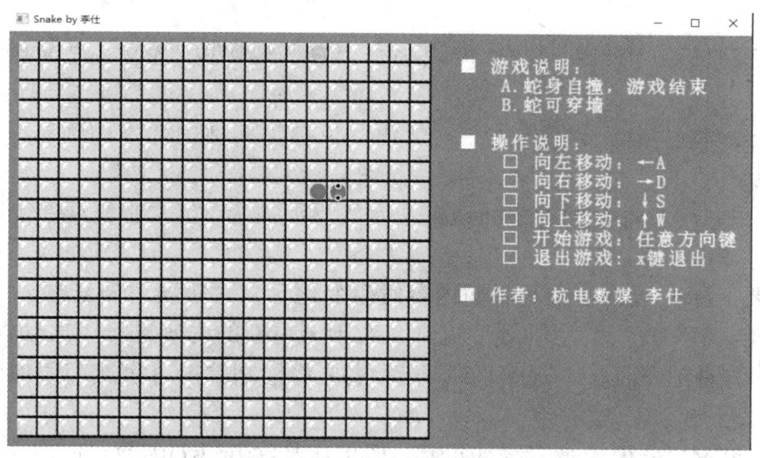

图 7-6 贪吃蛇游戏文字显示的运行效果图

如果希望蛇能同时被方向键及 WASD 按键所控制，则可以在 Input()函数中追加一些按键的控制。例如：

```
106. if (Keyboard::isKeyPressed(Keyboard::Left)|| Key
        board::isKeyPressed(Keyboard::A))
107.         if (dir != RIGHT)
108.             dir = LEFT;
109. if (Keyboard::isKeyPressed(Keyboard::Right) || Key
        board::isKeyPressed(Keyboard::D))      //按键判定
110.         if (dir != LEFT)
111.             dir = RIGHT;
112. if (Keyboard::isKeyPressed(Keyboard::Up) || Key
        board::isKeyPressed(Keyboard::W))
113.         if (dir != DOWN)
114.             dir = UP;
115. if (Keyboard::isKeyPressed(Keyboard::Down) || Key
        board::isKeyPressed(Keyboard::S))
116.         if (dir != UP)
117.             dir = DOWN;
```

习 题

1. SFML 中，下列(　　)进行文字显示的操作顺序是正确的。

A. ①选定文字内容；②设定字体大小、颜色、位置等属性；③添加到显存；④文字绘制并显示

B. ①选定文字内容；②指定字体；③设定字体大小、颜色、位置等属性；④文字绘制并显示

C. ①指定字体；②设定字体大小、颜色、位置等属性；③文字做光栅化处理；④文字绘制并显示

D. ①指定字体；②设定字体大小、颜色、位置等属性；③添加到显存；④文字绘制并显示

2. SFML 中，游戏舞台的内容和边框文字等界面内容，每次都需要在 Draw()函数中进行绘制吗？(　　)

A. 不需要，除非边框文字等界面内容发生变化了，才需要重新绘制

B. 不需要，SFML 所采用的缓冲机制，对于未更新的内容进行了自动保留

C. 绘制是发生在 display()函数调用环节，需要将绘制的内容每次都添加到 display()中，内容才会显示

D. 需要，SFML 采用的是双缓冲机制，如果在某次 draw()函数绘制时未去刷新边框文字等界面内容，则屏幕上就不会有对应内容显示

3. SFML 程序中，当游戏循环绘图模块的 window.draw()调用的次数多了之后，发现游戏的 FPS 下降了。可能的原因是什么？

第 8 章　SFML 媒体应用开发

8.1　初探游戏动画

8.1.1　动画模式的管理

截至目前，贪吃蛇游戏中蛇的移动其实是一格一格地往前移动，与后台逻辑数据的变化相对应。当用户希望蛇的移动更加细腻(比如将每次的步进由原来的 1 格改为 0.1 格)时，有两个选择方案：① 在逻辑模块 Logic()函数中将蛇头的 x、y 坐标的移动步长由原来的 1 改为 0.1；② 在逻辑模块 Logic()函数中额外增加用于管理步进状态的步长变量 stepX、stepY。方案①需考虑当步进不为整数时，蛇头是否可以换方向的问题；方案②的优势是可以尽量避免原来的逻辑数据(主要是蛇身链表的数据)遭受细碎步长变量的冲击。

基于游戏架构稳定的考虑，本节拟采用方案②解决蛇移动动画的细腻性问题。在项目工程中增加宏定义和全局变量：

```
11. #define STEP 0.1
21. int GameMode;
22. float stepX, stepY;
```

其中，变量 GameMode 用于管理游戏动画显示模式的切换控制；步长细化变量 stepX、stepY 用于记录当前的细化步进数；STEP 为细化的步长值。

在 Initial()函数中对变量进行初始化：

```
80. GameMode = 1;
81. stepX = 0.0;
82. stepY = 0.0;
```

其中，GameMode 值为 1，表示普通动画模式；GameMode 值为 2，表示动画细进模式。

在 Input()函数中增加如下按键响应代码，可以通过空格键来管理 GameMode 变量值的切换。

```
106.while (window.pollEvent(event))
107.    {
108.        if (event.type == sf::Event::Closed)
```

```
109.            window.close();//窗口可以移动、调整大小和最小化。但是如果要关闭，
                               //需要自己去调用 close()函数
110.        if (event.type == sf::Event::EventType::KeyReleased &&
                event.key.code == sf::Keyboard::Space)
111.        {
112.            if (GameMode == 1)
113.                GameMode = 2;
114.            else
115.                GameMode = 1;
116.        }
117.    }
```

注意：此处的按键设定是当空格键松开(KeyReleased)时才响应 GameMode 值的变化。其原因在于：当游戏帧频快起来后，按键的时长很难精准控制，在按键被按下的瞬间可能已经过去了几个游戏周期；但按键的释放(松开)则是在一瞬间完成的，通过 KeyReleased 条件的响应能够对 GameMode 状态值的切换进行精准控制。

为提升游戏界面的友好度，在信息窗函数 Prompt_info()中增加了模式切换的文字说明信息，代码如下：

```
167.    initialY += CharacterSize;
168.    text.setPosition(_x + initialX, _y + initialY);
169.    text.setString(L"    □ 动画模式切换：空格键"); window.draw(text);
```

在 main()函数中通过 switch 语句完成游戏动画模式的切换，代码如下：

```
524.  int main()
525.  {
526.      Initial();
527.      while (window.isOpen() && gameOver == false)
528.      {
529.          Input();
530.          switch (GameMode)
531.          {
532.          case 1:
533.              delay++;
534.              if (delay % 10 == 0)
535.              {
536.                  delay = 0;
537.                  Logic();
538.              }
539.              Draw();
```

```
540.                break;
541.            case 2:
542.                LogicStep();
543.                DrawStep();
544.                break;
545.            }
546.        }
547.        return 0;
548.    }
```

其中，LogicStep()函数对应动画细进模式的游戏逻辑函数；DrawStep()函数对应动画细进模式的游戏绘制函数。由于 LogicStep()的步进步长被细化为 0.1，因此 LogicStep()运行 10 次的移动距离等同于 Logic()函数运行 1 次的移动距离。为使得动画模式切换前后游戏速度保持一致，Logic()函数实现了速度减缓为原来 1/10 的设计。

8.1.2 步进细化与逻辑函数

8.1.1 节中 GameMode 管理的设计是希望在游戏的运行过程中游戏的动画模式可以自由切换。因此，新的 LogicStep()函数和原 Logic()函数中的游戏数值(主要是蛇身链表数据)需要保持共享。

根据本书的游戏框架设计，游戏画面是游戏逻辑的可视化呈现。当游戏动画模式变更时，对应的游戏逻辑必然发生变更。在保留原来的蛇身链表数据的情况下，实现步进细化动画需要解决两个问题：① 什么时候更新蛇身链表；② 当蛇的步进数不为整数时，如何处理输入模块所传递过来的移动方向的改变。

蛇身链表更新需要发生在蛇的步进值为整数的时候。为此，需在步进细化的 LogicStep()函数中引入 updateFlag 布尔变量，以告知蛇身链表什么时候可以进行更新。在蛇的步进数不为整数时，蛇头应该不能变更方向。因此需在响应方向按键的变量 dir 的基础上，新增实际执行的方向控制变量 dir_ing。新增变量定义如下：

```
25.    eDirection dir,dir_ing;
26.    bool updateFlag;
```

首先在 Initial()函数中完成初始化：

```
86.    dir_ing = STOP;
87.    updateFlag = false;
```

LogicStep()函数与 Logic()函数的主要区别在于：它的移动步长是 STEP(本例取值为 0.1)，在蛇做转向的时候需要额外判别蛇的当前坐标是否是整数，如果不是整数则蛇身需前进到整数位置再转方向。显而易见，在这个逻辑框架中，LogicStep()函数中蛇身链表记录的坐标均是整数，而步长 STEP 是浮点数。难点在于如何让每节蛇身能够在蛇身链表数据的基础上再往前移动 STEP 距离。如果攻克了该困难点，那么后续仅仅是一个简单的蛇身链表数据更新问题。

LogicStep()函数步进细化部分的实现有两个细节需要注意：

(1) 变量 stepX、stepY 是 float 浮点型。当判断它们是否为整数的时候，不能采用类似 if(stepX==1)这样的方式。因为浮点数的特殊性，该条件可能会永远无法达成。请留意代码中该 if 条件的设定。

(2) 当 if 的条件成立时，当前步进为整数，Input 函数的输出需要被正确响应，因此需要令 dir_ing = dir。当 if 的条件不成立时，当前步进不为整数，需继续当前的细化步进移动，即 stepX(或 stepY)增加(或减少)相应的 STEP 值。具体的代码实现如下：

```
369. void LogicStep() //步进细化
370. {
371.     int prevX = tailX[0];
372.     int prevY = tailY[0];
373.     int prev2X, prev2Y;
374.     updateFlag = false;
375.     switch (dir_ing)
376.     {
377.     case LEFT:
378.         stepX -= STEP;
379.         if (stepX < -0.9999 || stepX >= 0.9999)
380.         {
381.             x--;
382.             stepX = 0;
383.             stepY = 0;
384.             dir_ing = dir;
385.             headRotation = -90;
386.             updateFlag = true;
387.         }
388.         break;
389.     case RIGHT:
390.         stepX += STEP;
391.         if (stepX < -0.9999 || stepX >= 0.9999)
392.         {
393.             x++;
394.             stepX = 0;
395.             stepY = 0;
396.             dir_ing = dir;
397.             headRotation = 90;
```

```
398.                updateFlag = true;
399.            }
400.            break;
```

其中，switch()中 UP 和 DOWN 两部分的代码请参照 LEFT 和 RIGHT 的代码自行编写。

8.1.3 步进细化的链表更新

贪吃蛇游戏的算法核心是蛇身的链表结构，而步进细化的逻辑设计还需思考如何实现蛇身链表数据的更新。由于 LogicStep()函数与 Logic()函数的主要区别在于多了步长细化变量 stepX、stepY，因此，当蛇身处于整数步长时，两者的逻辑和数值需要保持一致，即当蛇处于整数步长位置时，令 updateFlag 值为 true，进行蛇身链表数据的更新。LogicStep()函数后续代码的实现如下：

```
433. if (x >= width) x = 0;    else if (x < 0)  x = width - 1;
434.     if (y >= height) y = 0; else if (y < 0) y = height - 1;
435.     tailX[0] = x;
436.     tailY[0] = y;
437.  if (updateFlag == true)
438.     {
439.         if (x == fruitX && y == fruitY)
440.         {
441.             score += 10;
442.             fruitX = rand() % width;
443.             fruitY = rand() % height;
444.             nTail++;
445.         }
446.         for (int i = 1; i < nTail; i++)
447.         {
448.             prev2X = tailX[i];
449.             prev2Y = tailY[i];
450.             tailX[i] = prevX;
451.             tailY[i] = prevY;
452.             prevX = prev2X;
453.             prevY = prev2Y;
454.       }
455.       for (int i = 1; i < nTail; i++)
456.             if (tailX[i] == x && tailY[i] == y)
457.                 gameOver = true;
458. }
```

8.1.4　步进细化与绘图函数

游戏中每一节蛇身(头)的行进方向不一定都相同。DrawStep()函数实现的最大难点在于如何确定每节蛇身的行进方向，进而确定每节蛇身的当前移动偏移量。前面 LogicStep()函数实现时，stepX、stepY 的数值并没有在蛇身链表数据中进行体现。但当第 i 节蛇身做水平移动时，第 i+1 节蛇身可能做竖直方向移动。那么问题来了：如果已知蛇头的细化移动偏移量 stepY，如何设置第 i 节蛇身的偏移量？偏移量应该是 stepX 还是 stepY？

贪吃蛇游戏规则中有一个隐藏的限定：每一节蛇身在 X 方向移动时，就不存在 Y 方向的位移，反之亦然。尽管很难预测游戏的某一时刻某一节蛇身(头)的移动方向，但能确定的是每节蛇身(头)的移动偏移量是相同的(不然蛇链队形就走散了)。因此可以设定一个变量 stepLength，用于表征当前蛇身(头)需要前进的步长。由于 stepX、stepY 均可能存在负值，所以 stepLength 作为每节蛇身向前移动的步长变量，需要确保其为正值。具体定义如下：

```
371.     //绘制蛇
372.     float stepLength;
373.     stepLength = stepX + stepY;
374.     if (stepLength < 0)
375.         stepLength = -stepLength;
```

DrawStep()函数与 Draw ()函数的最大不同在于：蛇头和蛇身两部分存在细化步进。蛇头的细化步进比较简单，只要将之摆放在指定位置进行绘制即可。DrawStep()函数中对应的代码如下：

```
487.      spSnakeHead.setPosition((tailX[0]+stepX) * GRIDSIZE + detaX,
    (tailY[0]+stepY) * GRIDSIZE + detaY);
488.     spSnakeHead.setRotation(headRotation);
489.     window.draw(spSnakeHead);
```

对于蛇身的位置，需分情况进行讨论。首先应该明确的是，后一节蛇身是跟随前一节蛇身进行移动的，跟随的方式可以细分为 2 种：水平方向跟随和竖直方向跟随。

当进行水平方向跟随时，第 i 节蛇身与第 i−1 节蛇身的 Y 坐标相同，即 Y 方向不发生坐标偏移；第 i 节蛇身的 X 坐标需要额外增加步进的细分步长 stepLength；至于步进的方向，则用前后节蛇身 x 位移的差值来表示。具体代码如下：

```
493. if (tailY[i] == tailY[i-1] && tailX[i] !=tailX[i-1]) //水平跟随
494.     spSnakeBody.setPosition((tailX[i]+ (tailX[i-1]- tailX[i])*stepLength)
    * GRIDSIZE + detaX, tailY[i] * GRIDSIZE + detaY);
```

当进行竖直方向跟随时，第 i 节蛇身与第 i−1 节蛇身的 X 坐标相同，即 X 方向不发生坐标偏移；第 i 节蛇身的 Y 坐标需要额外增加步进的细分步长 stepLength；至于步进的方向，则用前后节蛇身 y 位移的差值来表示。具体代码如下：

```
495. if (tailY[i] != tailY[i - 1] && tailX[i] == tailX[i - 1])   //竖直跟随
496.     spSnakeBody.setPosition(tailX[i]* GRIDSIZE + detaX,      //X 方向
497.                        (tailY[i] +(tailY[i-1]- tailY[i])*stepLength)*
                            GRIDSIZE + detaY);                    //Y 方向
```

DrawStep()函数的完整代码如下：

```
467. void DrawStep()
468. {
469.     window.clear(Color::Color(255, 0, 255, 255)); //清屏
470.     Prompt_info(width*GRIDSIZE + GRIDSIZE, GRIDSIZE);
471.     int detaX = GRIDSIZE / SCALE / 2;
472.     int detaY = GRIDSIZE / SCALE / 2;
473.     //绘制背景
474.     for (int i = 0; i < width; i++)
475.         for (int j = 0; j < height; j++)
476.         {
477.             spBackground.setPosition(i*GRIDSIZE + detaX, j*GRIDSIZE +
                 detaY);                          //指定纹理的位置
478.             window.draw(spBackground);       //将纹理绘制到缓冲区
479.         }
480.     //绘制蛇
481.     float stepLength;
482.     stepLength = stepX + stepY;
483.     if (stepLength < 0)
484.         stepLength = -stepLength;
485.     spSnakeHead.setPosition((tailX[0]+stepX) * GRIDSIZE + detaX,
   (tailY[0]+stepY) * GRIDSIZE + detaY);
486.     spSnakeHead.setRotation(headRotation);
487.     window.draw(spSnakeHead);
488. for (int i = 1; i < nTail; i++)
489.     {
490.       if (tailY[i] == tailY[i-1] && tailX[i] !=tailX[i-1]) //水平跟随
491.           spSnakeBody.setPosition((tailX[i]+ (tailX[i-1]-
   tailX[i])*stepLength) * GRIDSIZE + detaX, tailY[i] * GRIDSIZE + detaY);
492.       if (tailY[i] != tailY[i-1] && tailX[i] == tailX[i-1]) //竖直跟随
493.             spSnakeBody.setPosition(tailX[i]* GRIDSIZE + detaX,
   (tailY[i] +(tailY[i-1]- tailY[i])*stepLength)* GRIDSIZE + detaY);
```

```
494.         if (tailY[i] != tailY[i - 1] && tailX[i] != tailX[i - 1]) //拐角跟随
495.             spSnakeBody.setPosition((tailX[i] + (tailX[i - 1] - 
   tailX[i])*stepLength) * GRIDSIZE + detaX, (tailY[i] + (tailY[i - 1] - 
   tailY[i])*stepLength)* GRIDSIZE + detaY);
496.         window.draw(spSnakeBody);
497.     }
498.     //绘制水果
499.     spFruit.setPosition(fruitX*GRIDSIZE + detaX, fruitY*GRIDSIZE + detaY);
500.     window.draw(spFruit);
501.     if (gameOver)
502.         gameOver_info(width / 8 * GRIDSIZE, height / 4 * GRIDSIZE);
503.     window.display();//把显示缓冲区的内容，显示在屏幕上。SFML 采用的是双缓冲机制
504. }
```

贪吃蛇游戏步进细化实现方法示意图如图 8-1 所示。程序编译后的运行效果图见图 8-2，蛇身(头)可以处在非整数栅格的位置。

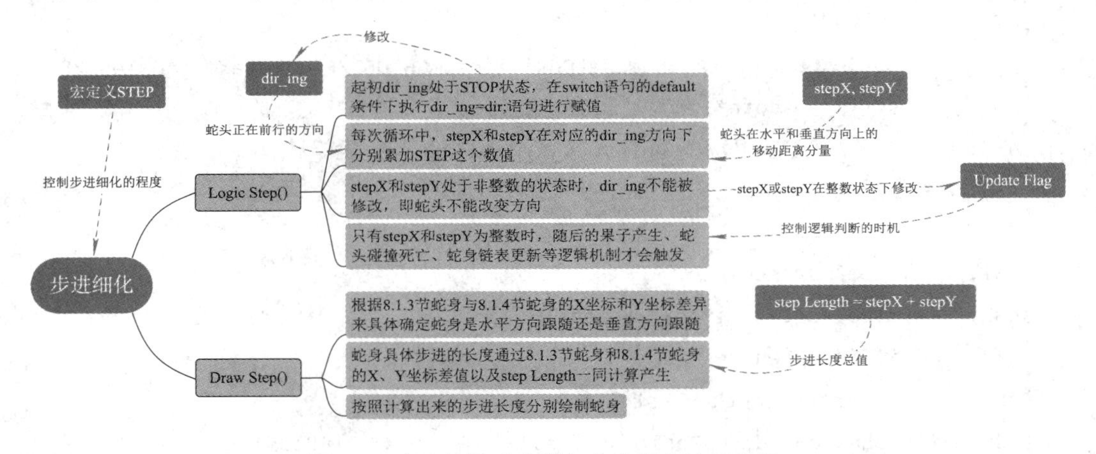

图 8-1　贪吃蛇游戏步进细化实现方法示意图

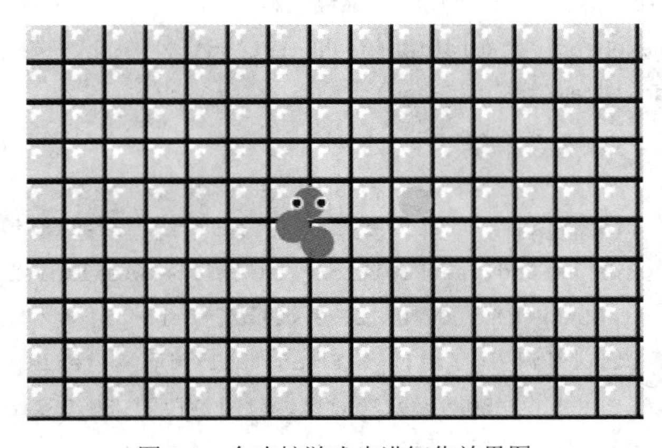

图 8-2　贪吃蛇游戏步进细化效果图

8.1.5 SFML 的时间

通常媒体库中的时间单位为 uint32 毫秒或浮点数值秒。SFML 中的时间与它们不同，SFML 不会为时间值强加任何特定的单位或类型，但是它为用户提供了一个灵活的类 sf::Time。所有操纵时间值的 SFML 类和函数都使用此类。

sf::Time 不是一个日期时间类(用于将当前的年/月/日/小时/分钟/秒表示为时间戳)，只是一个时间段(两个事件之间经过的时间)，表示一定时间量的值。如何解释该类取决于上下文中它被使用的情况。

1. 转换时间

sf::Time 的值可以在不同单位(如秒、毫秒和微秒)之间进行转换。非成员函数可以将它们分别转换为 sf::Time 的值。例如：

```
1.  sf::Time t1 = sf::microseconds(10000);
2.  sf::Time t2 = sf::milliseconds(10);
3.  sf::Time t3 = sf::seconds(0.01f);
```

注意：这三个时间都相等。

同样，sf::Time 的数值可以转换回秒、毫秒或微秒：

```
1.  sf::Time time = t1;
2.  sf::Int64 usec = time.asMicroseconds();
3.  sf::Int32 msec = time.asMilliseconds();
4.  float     sec  = time.asSeconds();
```

2. 时间值的运算

sf::Time 支持算术运算，如加、减、比较等。这里 Time 值也可以是负数。例如：

```
1.  sf::Time t1 = ...;
2.  sf::Time t2 = t1 * 2;
3.  sf::Time t3 = t1 + t2;
4.  sf::Time t4 = -t3
5.
6.  bool b1 = (t1 == t2);
7.  bool b2 = (t3 > t4);
```

3. 测量时间

SFML 提供 sf::Clock 类，用来测量时间。该类有 3 个成员函数，如表 8-1 所示。

表 8-1　sf::Clock 类的成员函数

sf::Clock 的成员函数	作　用
Clock()	构造函数。构造后，时钟自动开始计时
getElapsedTime()	度量流逝的时间。此函数返回自上一次调用 restart()以来经过的时间(如果没有调用 restart()，则返回实例构造后经过的时间)
restart()	重启时钟重新计时。这个函数使时间计数器归零。它还返回自时钟启动以来经过的时间

sf::Clock 类的使用示例如下：

```
sf::Clock clock;     //启动时钟
⋮
sf::Time elapsed1 = clock.getElapsedTime();
std::cout<< elapsed1.asSeconds() << std::endl;
clock.restart();     //重新启动时钟
⋮
sf::Time elapsed2 = clock.getElapsedTime();
std::cout<< elapsed2.asSeconds() << std::endl;
```

其中，restart()函数会返回已经过的时间，这样可以避免必须在 restart()之前显式调用 getElapsedTime()可能存在的细微时间差异。

下面是一个使用游戏循环中每次迭代所经过的时间来更新游戏逻辑的示例：

```
sf::Clock clock;
while (window.isOpen())
{
    sf::Time elapsed = clock.restart();
    updateGame(elapsed);
    ⋮
}
```

8.1.6　移动速度与帧速率

截止到目前，贪吃蛇游戏中的移动速度一直是与帧速率挂钩的。这主要是因为游戏帧频和逻辑模块的执行频率挂钩，当逻辑模块的执行频率提升时，表现为游戏对象的移动速度变快。

假设有一个简单的循环，每帧将精灵沿 x 轴正方向上移 1 个单位(栅格位置、像素等)，并显示精灵。例如：

```
while( window.isOpen() )
{ //更新精灵移动速度
    sprite.move( 1.f, 0.f );
    window.clear();
    window.draw( sprite );
    window.display();
```

```
}
```

该循环的问题在于使用每帧固定的偏移量进行位置更改。这意味着执行的帧越多，精灵对象移动的距离将越大。贪吃蛇游戏中蛇的移动采用的就是这种模式。如果不锁定游戏的帧率，那么由于平台硬件的性能不同，游戏的帧频就会出现差异。即使在同一硬件平台上，随着绘制对象的增加(如蛇身链表在游戏过程中会不断变长)，游戏的帧频也会受到影响。因此导致蛇的移动速度无法保持稳定。

为了保证精灵对象能够以恒定速度移动，开发者需要通过在相同的时间内运行相同数量的游戏帧来实现。但是如同前面章节介绍恒定帧速率时所分析的，帧速率很难被锁定为某个恒定的值。实际上，帧速率始终会在一定范围内动态变化。如果精灵的每帧移动量固定，则其移动速度完全取决于运行游戏操作系统的帧速率(受系统的屏幕刷新频率或时钟频率的影响)。也就是说，移动的速度在某种意义上无法保持恒定。

由于精灵的移动速度无法保持恒定，所以在游戏单机模式下可能会出现游戏动画不流畅或卡顿的现象。解决这个问题的简单方法就是使精灵的移动与帧速率无关。

为了实现这一解决方案，必须考虑如何确定精灵的移动速度。按照物理定义，速度是行进距离除以经过的时间，通常以 m/s 或 km/h 为单位。在具体的游戏实现中，通常以像素为单位来描述距离，速度的单位则为像素/秒。

精灵移动与帧速率脱钩方案的具体实现思路如下：

(1) 指定精灵的速度，如每秒 100 像素。

(2) 将该速度转化为每一帧的移动距离。

(3) 将速度与经过的时间相乘得到对象的行进距离。

在 SFML 库中，每帧所经过的时间可以通过 sf::Clock 类进行获取。为获取每帧所经过的时间，游戏循环中的第一步就是确定自从在上一帧执行同一行代码以来经过了多少时间，以使我们对真实的经过时间有一个相当准确的估计。将这个时间值乘以精灵的速度即可得到其在帧中移动的距离。

具体代码示例如下：

```
// speed 的单位为像素/秒
float speed = 100.f;
// 创建用于计时的 clock 对象
sf::Clock clock;
while( window.isOpen() )
{ // 获取前 1 帧所经过的时间，单位为秒
    float delta = clock.restart().asSeconds();
    // 更新精灵的位置
    sprite.move( speed * delta, 0.f );
    // 绘制对象
    window.clear();
    window.draw( sprite );
    window.display();
}
```

按照上述代码示例的思路，不管帧速率如何，代码都会以每秒 100 像素的速度移动精灵对象。

注意：代码中使用的物理单位(像素、米、秒、千克等)应始终保持一致。如果在速度定义中使用的计时单位为秒，则实际的计时单位需与之匹配。

习　题

1. 使用 SFML 做游戏开发，设定按下空格键进行游戏模式切换，但按键响应时灵时不灵，以下(　　)是对的。

A. SFML 的功能有缺陷，无法根除该问题

B. 按键按下，容易瞬间多次触发响应，建议改用按键释放(KeyReleased)响应的方式

C. 应提高游戏窗口消息队列的查询频率，以提升按键的响应速度

D. 按键状态判断建议采用 Keyboard::isKeyPressed(Keyboard::key)进行状态问询，以节省消息队列的查询等待时间

2. 贪吃蛇游戏在蛇转向的时候，要确保蛇能够走完完整格后再转向，应(　　)。

A. 确定蛇走完完整格后，再给蛇传递新的方向指令

B. 对位置坐标点的小数取整进 1，然后转向

C. 将最小步进距离设置为整数，避免蛇在非整数格位置移动

D. 以上都对

3. 贪吃蛇游戏中，如果要实现细腻的蛇行移动，蛇身的移动应该(　　)。

A. 分方向设细化的步进为 stepX、stepY，每次绘制蛇身的时候都增加响应的 stepX、stepY 值

B. 设细化的步进为 step，绘制蛇身的时候严格让后一节蛇身跟随前一节进行移动，步长为 step

C. 在保持游戏地图屏幕尺寸不变的情况下，减少单元格的尺寸，增加单元格的数量，使得蛇身移动更加细腻

D. 以上都对

4. 贪吃蛇游戏步进细化中，每一节蛇身的细化步长的前进方向是如何确定的？请描述一下解决思路。

5. 贪吃蛇游戏步进细化的整体解决思路是什么？请结合本节内容，尝试绘制思维导图，用于总结步进细化的解决思路。

6. 游戏中如何确保精灵对象以恒定速度进行移动？

8.2　音频与管理

8.2.1　音频播放方式

SFML 的音频模块中提供了两个类来播放音频，分别是 sf::Sound 和 sf::Music。它们的

功能有点类似，主要的区别是它们的工作方式。

sf::Sound 类是一个轻量级类，它播放从 sf::SoundBuffer 加载的音频数据。它的对象通常是可以被预加载在内存中的、比较短小的声音，如枪声、脚步声等。这些音频在播放时没有延迟。

sf::Music 类不会将所有的音频数据加载到内存中。相反，它会从音源文件中动态地读取和传输数据。sf::Music 类通常用于播放持续数分钟的压缩音乐，如背景音乐。由于音频的数据传输和解码需要一定时间，所以 sf::Music 播放的声音通常具有一定的延时。

SFML 的音频模块支持播放 wav、oggvorbis 和 flac 等没有专利和许可限制的音频格式。因为 MP3 格式有专利许可限制，所以暂不被 SFML 的音频模块支持。

8.2.2 声音加载和播放

SFML 库提供 sf::SoundBuffer 类用于存储无延时播放的音频数据。该类封装的音频数据是 16 位带符号整数的数组，称为“音频采样”。采样是声音信号在给定时间点的音频振幅值，采样数组以高速率播放(如每秒 44 100 个样本的标准速率)可以重构声音。SoundBuffer 中的数据可以从文件(使用 loadFromFile()函数)、从内存(使用 loadFromMemory()函数)、从自定义流(使用 sf :: InputStream 类)或直接从采样数组中加载。

sf::SoundBuffer 加载音频后交由 sf::Sound 播放的工作方式与图形模块中的 sf::Texture 与 sf::Sprite 协同工作的方式相同。sf::Sound 仅保留指向 sf::SoundBuffer 的指针，它自己并不创建副本。开发者需要正确管理声音缓冲区的生命周期，以确保音频播放的时候其数据来源一直有效。

使用 loadFromFile()函数从磁盘上的文件加载声音到缓冲区的代码示例如下：

```
#include <SFML/Audio.hpp>
int main()
{
    sf::SoundBuffer buffer;
    if (!buffer.loadFromFile("sound.wav"))
        return -1;
    //现在已加载音频数据，我们可以使用 sf::Sound 实例对象播放它。
    sf::Sound sound;
    sound.setBuffer(buffer);
    sound.play();
    ...
    return 0;
}
```

声音的播放是在单独的线程中完成的。这意味着用户在调用 play()后可以进行其他操作，而不需要等待声音的结束或被停止。

8.2.3 音乐播放

sf::Music 与 sf::Sound 不同，它不会预加载音频数据，而是直接从音频源文件流式传输音频数据。sf::Music 的初始化操作相对直接。具体示例如下：

```
sf::Music music;
if (!music.openFromFile("music.ogg"))
    return -1; // error
music.play();
```

请务必注意，与所有其他 SFML 资源的加载不同，sf::Music 的加载函数的名称是 openFromFile 而不是 loadFromFile。这是因为 sf::Music 的加载函数并未真正加载音乐，而只是将其打开。sf::Music 在播放时必须确保音频文件保持可用状态，不能将文件删除或改变其路径。sf::Music 的音频数据也可以采用从内存加载(使用 openFromMemory ()函数)的方式，或者从数据流中加载(使用 openFromStream ()函数)的方式。

8.2.4　播放实例

本小节在前面贪吃蛇 SFML 版案例的基础上介绍往游戏中添加音频播放的具体操作示例。

在 SFML 中加载和播放音频时首先需要包含头文件 Audio.hpp：

```
1.  #include <SFML/Graphics.hpp>
2.  #include <SFML/Audio.hpp>
```

创建游戏中各种音频所对应的变量：

```
39. SoundBuffer sbEat, sbDie;
40. Sound soundEat, soundDie;
41. Music bkMusic;
```

在 Initial()函数中对游戏各音频源进行加载和设置。注意，sf::Music 与 sf::Sound 加载音频文件方式的区分。具体代码如下：

```
71. /////////////////////////
72.  if (!sbEat.loadFromFile("data/Audios/Eat01.ogg"))//加载音频
73.  {
74.      std::cout << "Eat01.ogg 没有找到" << std::endl;
75.  }
76.  if (!sbDie.loadFromFile("data/Audios/Die01.ogg"))//加载音频
77.  {
78.      std::cout << "Die01.ogg 没有找到" << std::endl;
79.  }
80.  if (!bkMusic.openFromFile("data/Audios/BGM01.ogg"))//加载背景音乐
81.  {
82.      std::cout << "BGM01.ogg 没有找到" << std::endl;
```

设定 Sound 各对象播放所要读取的 SoundBuffer 缓存。例如：

```
97. soundEat.setBuffer(sbEat);//音效读入缓冲
98. soundDie.setBuffer(sbDie);//音效读入缓冲
```

在 Initial()函数中开始播放 Music 对象的音乐作为背景音，同时设置为循环播放。例如：

```
99. bkMusic.play();                     //背景音播放
100. bkMusic.setLoop(true);             //背景音循环
```

在 Logic()函数中，在吃水果代码段里添加 soundEat.play();。例如：

```
305. if (x == fruitX && y == fruitY)
306.     {
307.         score += 10;
308.         soundEat.play();//播放吃的音效
309.         fruitX = rand() % width;
310.         fruitY = rand() % height;
311.         nTail++;
312.     }
```

在 Logic()函数中，在游戏结束判断的代码段里添加 soundDie.play();。例如：

```
323.     for (int i = 1; i < nTail; i++)
324.         if (tailX[i] == x && tailY[i] == y)
325.         {
326.             soundDie.play();//播放死亡的音效
327.             gameOver = true;
328.         }
```

在项目工程的属性页中添加 sfml-audio-d.lib 库的示意图，如图 8-3 所示。

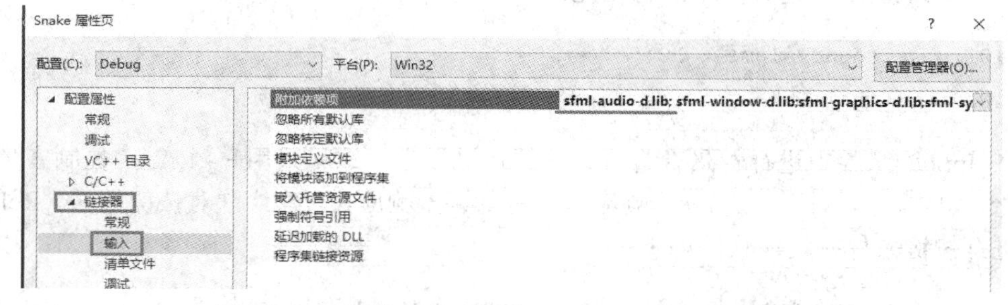

图 8-3　VS 属性页中添加 sfml-audio-d.lib 库的示意图

此时运行程序，就能听到游戏的背景音乐，以及蛇吃水果和蛇死亡的音效。

8.2.5　音频高阶功能

sf::Sound 和 sf::Music 的音频播放功能比较齐全。由于两个类有共同的父类 sf::Sound

Source，它们的成员函数基本一致。常见的成员函数有以下几种：

(1) void play()：开始或继续播放音频。

(2) void pause()：暂停播放。

(3) void stop()：停止播放并快退。

(4) void setLoop(bool loop)：设置音频是否循环播放，如果循环播放，则播放结束后将从头开始重新播放，直到显式调用 stop 为止。如果未设置为循环，则它将在结束时自动停止。

在游戏的过程中，声音和音乐的播放还受一些属性的控制，可能还会用到以下相对高阶的函数：

(1) void setPlayingOffset (Time timeOffset)函数：改变当前的音频播放的时间轴位置。当多个音频数据被拼接在一个音频源的时候，可以用来实现音频的准确定位。

(2) void setPitch (float pitch)函数：pitch(音调)是改变声音感知频率的因子，若大于 1，则播放较高音调的声音；若低于 1，则播放的声音在较低的音调；若为 1，则保持音调不变。改变音高有一个副作用：影响演奏速度。

(3) void setVolume (float volume)函数：volume 音量的取值范围是 0(静音)到 100(最大音量)，默认值为 100。这意味着不能发出比初始音量更大的声音。

(4) Status getStatus()函数：返回声音或音乐的当前状态，即停止、播放或暂停。

如果想了解更多的成员函数信息，请查阅 SFML 开发文档。

8.2.6　音频控制示例

本小节继续完善 SFML 版贪吃蛇案例的音频控制。我们以背景音的管理为例，添加音频管理的全局变量。代码如下：

```
42. int soundVolume;        //背景音量
43. bool MusicOn;           //背景音开关
```

在 Initial()函数中进行如下的初始化：

```
101.     soundVolume = 50;
102.     MusicOn = true;
```

在 Input()函数中进行背景音音量管理的按键设定。这里采用+/–按键来控制音量的大小变化。如果希望每按一下按键，响应一次音量调整响应，则建议针对按键的 KeyReleased 状态进行按键条件判定。代码如下：

```
155. if (event.type == sf::Event::EventType::KeyReleased && event.key.code
         == sf::Keyboard::Add)
156.         {
157.             soundVolume += 5;
158.             bkMusic.setVolume(soundVolume);
159.         }
```

```
160.            if (event.type == sf::Event::EventType::KeyReleased &&
                    event.key.code == sf::Keyboard::Subtract)
161.            {
162.                soundVolume -= 5;
163.                bkMusic.setVolume(soundVolume);
164.            }
```

在 Input()函数中进行背景音开启/关闭的按键设定。背景音的开关控制，需要采用 KeyReleased 状态的判定。若根据 KeyPressed 状态进行判定，则需额外的逻辑控制设计，否则在按键被按下的期间内，每次游戏循环均会执行一次开启/关闭操作，导致开启/关闭结果不可控。代码如下：

```
165.    if (event.type == sf::Event::EventType::KeyReleased &&
            (event.key.code == sf::Keyboard::Multiply|| event.key.code ==
            sf::Keyboard::Enter))
166.            {
167.                if (MusicOn == true)
168.                {
169.                    bkMusic.stop();
170.                    MusicOn = false;
171.                }
172.                else
173.                {
174.                    bkMusic.play();
175.                    MusicOn = true;
176.                }
177.            }
```

出于游戏界面友好的考虑，建议在 Prompt_info()函数中添加适当的说明文字。具体代码如下：

```
229.        initialY += CharacterSize;
230.        text.setPosition(_x + initialX, _y + initialY);
231.        text.setString(L"    □ 背景音开关：*或回车"); window.draw(text);
232.        initialY += CharacterSize;
233.        text.setPosition(_x + initialX, _y + initialY);
234.        text.setString(L"    □ 背景音音量：+/-键"); window.draw(text);
```

运行程序后，游戏的背景音便能通过按键进行管理。

习　题

1. (　　)适合用来播放游戏中比较短小的声音，比如枪声、脚步声等。

A. sf::Sound；　B. sf::Music；　C. sf::SoundBuffer；　D. sf::SoundStream

2. 以下(　　)函数可以让音频循环播放。

A. play()；　B. setPitch()；　C. setLoop()；　D. getLoop()；

3. 在用 SFML 进行音频控制时，我们可以用 play()函数播放音频，用 stop()函数停止音频，用 pause()函数暂停音频。当音频被暂停后，如何从暂停的位置继续播放音频？

4. 如若计划采用按键的 KeyPressed 状态进行条件判定。请在游戏循环中设计一段代码，实现声音开关的开启/关闭功能。

8.3　游戏进程管理

8.3.1　游戏进程管理

贪吃蛇游戏的 SFML 版程序与控制台版程序的差异仅仅是多了 SFML 库的参与。在游戏进程的管理上，之前控制台版的开发经验是可以继承下来的。程序的框架主要由 3 个循环体构成：游戏循环、消息循环和外循环，3 个循环体的关系图如图 8-4 所示。

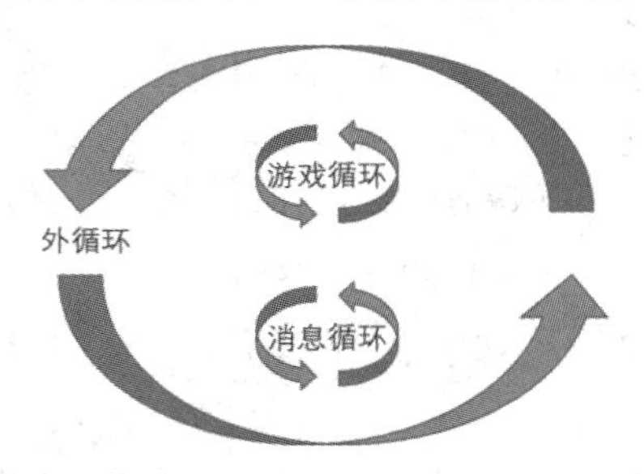

图 8-4　游戏程序中 3 个循环体的关系图

其中，游戏循环是游戏的主体，当游戏结束时，该循环结束，程序进入消息循环等待玩家的下一步指令。消息循环存在的目的有 2 个：① 通过该循环，避免游戏结束后程序直接退出；② 给用户提供一个参与程序进程管理的机会窗口，用户可以在该环节决定程序直接退出或游戏重新开始。外循环的作用是使得已经结束的游戏循环能够重新被启动，令游戏重新开始。

贪吃蛇游戏进程管理的流程如图 8-5 所示。该图揭示了贪吃蛇游戏和普通程序一致的地方：程序代码都是逐行执行，当执行到最后一行代码时，程序结束退出。游戏程序之所以能一直停留在游戏界面，是游戏循环在起作用。游戏循环结束后游戏仍能重新开始，是因为在游戏循环的外面还有一层外循环。

图 8-5 中，模块①是我们所熟悉的游戏循环。程序运行后首先进入游戏外循环③，然

后执行游戏循环①。当游戏循环结束后，进行消息循环②等待。当玩家通过按键做出选择后，进入外循环③的条件判断。如果条件成立，则进行游戏初始化，游戏重新开始；若条件不成立，则外循环③结束，进而程序结束。

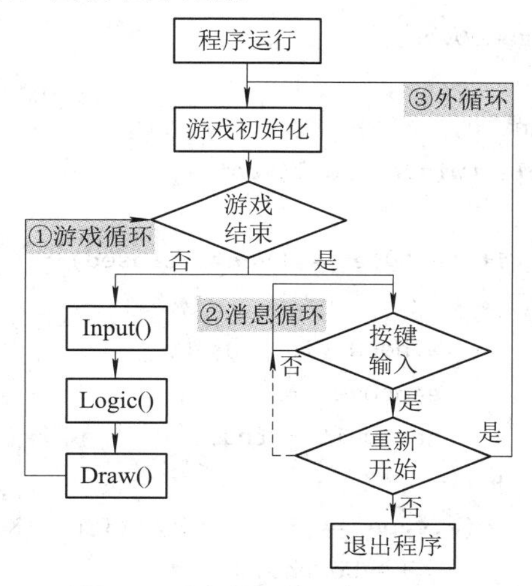

图 8-5 游戏进程管理的流程图

内外 3 个循环体的循环结束条件，大家需要认真思考和设计。具体代码示例如下：

```
1. int main()
2. {
3.    do {
4.        Initial();
5.
6.        while (window.isOpen() && gameOver == false)
7.        {
8.            Input();
9.            switch (GameMode)
10.               {
11.               case 1:
12.                   delay++;
13.                   if (delay % 10 == 0)
14.                   {
15.                       delay = 0;
16.                       Logic();
17.                   }
18.               Draw();
19.                   break;
20.               case 2:
21.                   LogicStep();
22.                   DrawStep();
```

```
23.                 break;
24.             }
25.         }
26.         while (gameOver)
27.         {
28.             Event e;
29.             while (window.pollEvent(e))
30.             {
31.                 if (e.type == Event::Closed)
32.                 {
33.                     window.close();
34.                     gameOver = false;
35.                     gameQuit = true;
36.                 }
37.                 if(e.type == Event::EventType::KeyReleased && e.key.code
                    == Keyboard::Y)
38.                     gameOver = false;
39.                 if(e.type == Event::EventType::KeyReleased && e.key.code
                    == Keyboard::N)
40.                 {
41.                     gameOver = false;
42.                     gameQuit = true;
43.                 }
44.             }
45.         }
46.     } while (!gameQuit);
47.     return 0;
48. }
```

8.3.2　状态信息的显示

对于开关按键的状态以及游戏分数的显示，可以参见下方代码。其中有两个要点：① 告知程序何时需要显示何信息；② 将 int 型的变量数值以字符的形式显示在信息面板上。

```
235.     text.setString(L"    □ 动画模式切换：空格键"); window.draw(text);
236.     initialY += CharacterSize*1.5;
237.     text.setPosition(_x + initialX, _y + initialY);
238.     if (GameMode == 1)
239.     {
240.         text.setFillColor(Color(0, 0, 255, 255));//蓝色字体
241.         text.setString(L"          步进移动");
```

```
242.     }
243.     else
244.     {
245.         text.setFillColor(Color(255, 0, 0, 255));//红色字体
246.         text.setString(L"          连续移动");
247.     }
248.     window.draw(text);
249.     text.setFillColor(Color(255, 255, 255, 255));//白色字体
250.     initialY += CharacterSize*1.5;
251.     text.setPosition(_x + initialX, _y + initialY);
252.     text.setString(L"    □ 退出游戏: x键退出"); window.draw(text);
253.     initialY += CharacterSize;
254.     text.setPosition(_x + initialX, _y + initialY);
255.     text.setString(L"■ 当前得分: "); window.draw(text);
256.     text.setFillColor(Color(255, 0, 0, 255));//红色字体
257.     //initialY += CharacterSize;
258.     text.setPosition(_x + initialX + CharacterSize*7, _y + initialY);
259.     CharacterSize = 48;
260.     text.setCharacterSize(CharacterSize);
261.     std::stringstream ss;
262.     ss << score;
263.     text.setString(ss.str()); window.draw(text);
```

程序运行后游戏状态信息显示的效果图如图 8-6 所示。

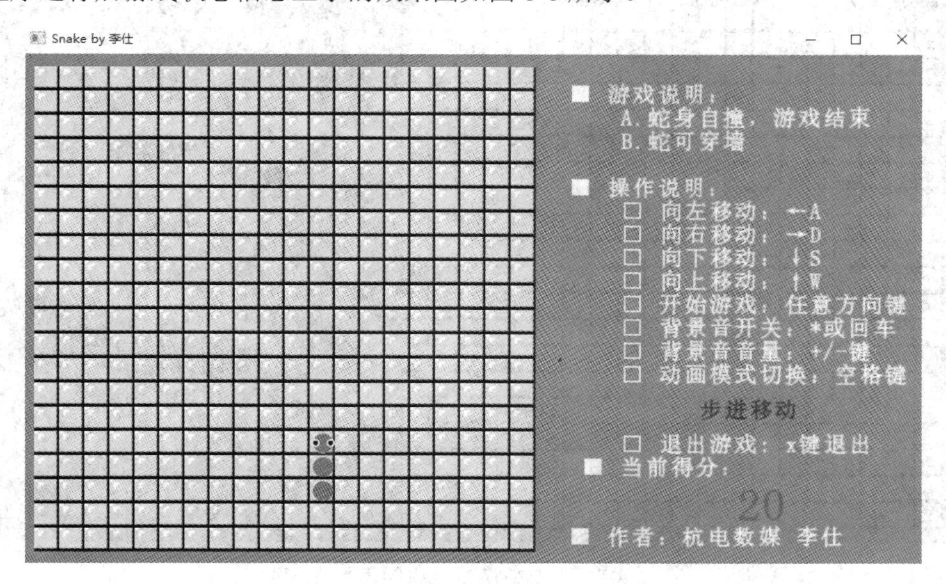

图 8-6　贪吃蛇游戏状态信息显示的效果图

8.3.3 游戏结束画面

游戏结束的提示信息，按如下方式进行封装。

```
509. void gameOver_info(int _x, int _y)
510. {
511.     int initialX = 20, initialY = 0;
512.     int CharacterSize = 48;
513.     text.setCharacterSize(CharacterSize);
514.     text.setFillColor(Color(255, 0, 0, 255));
515.     text.setStyle(Text::Bold);
516.     text.setPosition(_x + initialX, _y + initialY);
517.     text.setString(L"   游戏结束!! "); window.draw(text);
518.     initialY += CharacterSize;
519.     text.setPosition(_x + initialX, _y + initialY);
520.     text.setString(L" Y 重新开始/N 退出"); window.draw(text);
521. }
```

在 Draw()和 DrawStep()函数中添加如下代码：

```
365.     if (gameOver)
366.         gameOver_info(width / 8 * GRIDSIZE, height / 4 * GRIDSIZE);
```

程序运行时，如果游戏结束，则会有如图 8-7 所示的信息提示。

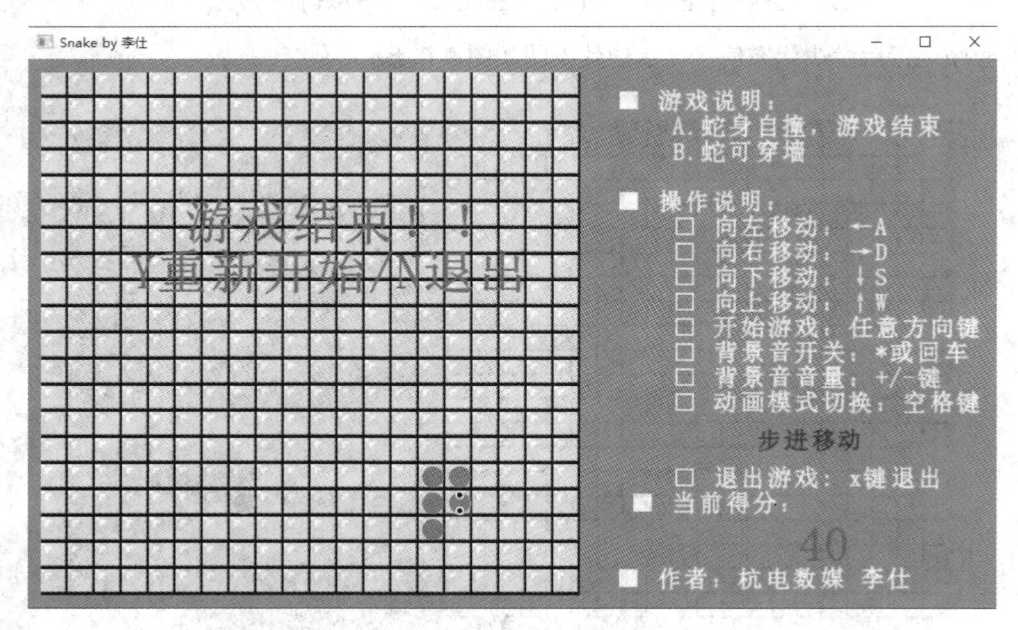

图 8-7 贪吃蛇游戏结束的信息提示

若有美工设计的 ending 界面，可在 gameOver_info()函数中，先于文字信息绘制到窗口 window 的显示缓冲区中。具体实现可以参见 Draw()函数中的其他精灵图像绘制。

8.3.4 控制台窗口隐藏

在 Windows 系统中编译运行 SFML 项目时，通常会有一个控制台窗口附在游戏窗口的后面。在程序开发阶段拥有控制台窗口可以为代码调试带来便利，但作为成品发布的游戏窗口后面还附有控制台窗口，则有些不合适。

为避免这种情况，需要创建正确的项目类型或在创建后更改其类型。许多 IDE 都具有允许选择创建控制台，还是 GUI 应用程序的选项。本书建议读者先创建一个空项目，然后手动设置其类型。这样可以避免因自动设置而出现奇怪的错误。

如果已经在 Code::Blocks 中创建了控制台项目或创建了一个空项目，则打开项目选项(Project Menu -> Properties)，先在“构建目标”(Build targets)标签中的左侧选择要更改的构建目标(大多数情况下仅存在 Debug 和 Release)，然后在右侧的下拉列表中将其类型选项从“控制台应用程序”(“Console application”)更改为“GUI 应用程序”(“GUI application”)。

如果选择在 Visual Studio 中开发项目，则转到项目选项(Project Menu -> Properties)，先在左侧的树中展开“配置属性”树，然后展开“链接器”子树。从子树中选择“系统”，然后在右侧的“子系统”项中将“Console (/SUBSYSTEM:CONSOLE)”更改为“窗口(/ SUBSYSTEM:WINDOWS)”。具体设置界面如图 8-8 所示。

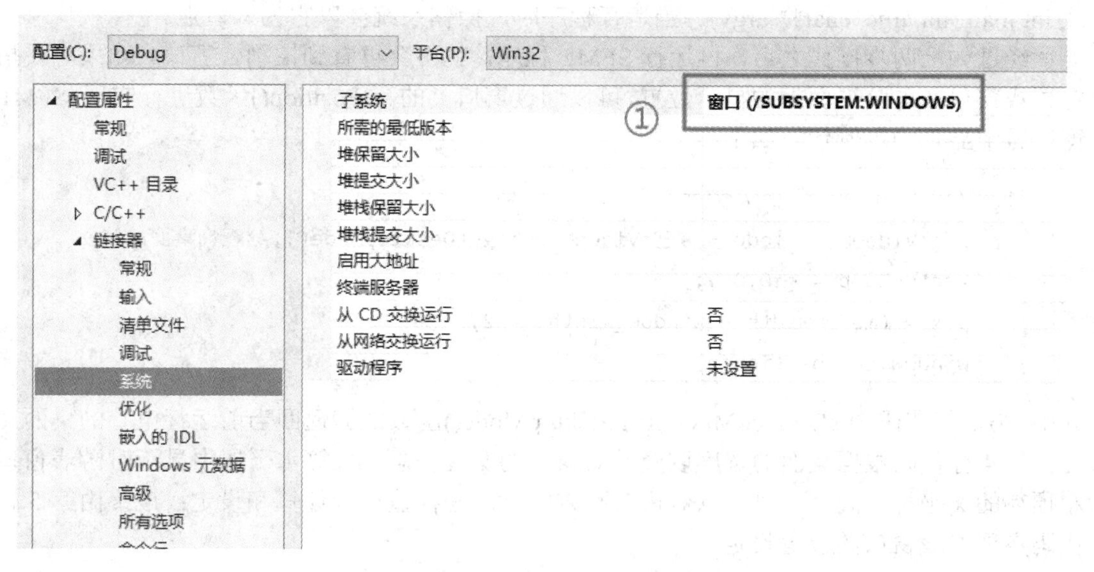

图 8-8 VS 项目属性页的子系统设置界面

要维护可移植的入口点(int main()函数)，对于 Visual Studio，可以将程序链接到 sfml-main.lib 库；对于 Code :: Blocks，则可以链接 libsfml-main.a。

隐藏控制台后需要为图形应用程序定义自己的 Windows 入口点。若使用 Visual Studio，可在属性页面中找到入口点设置项(见图 8-9)，将内容改为 mainCRTStartup。

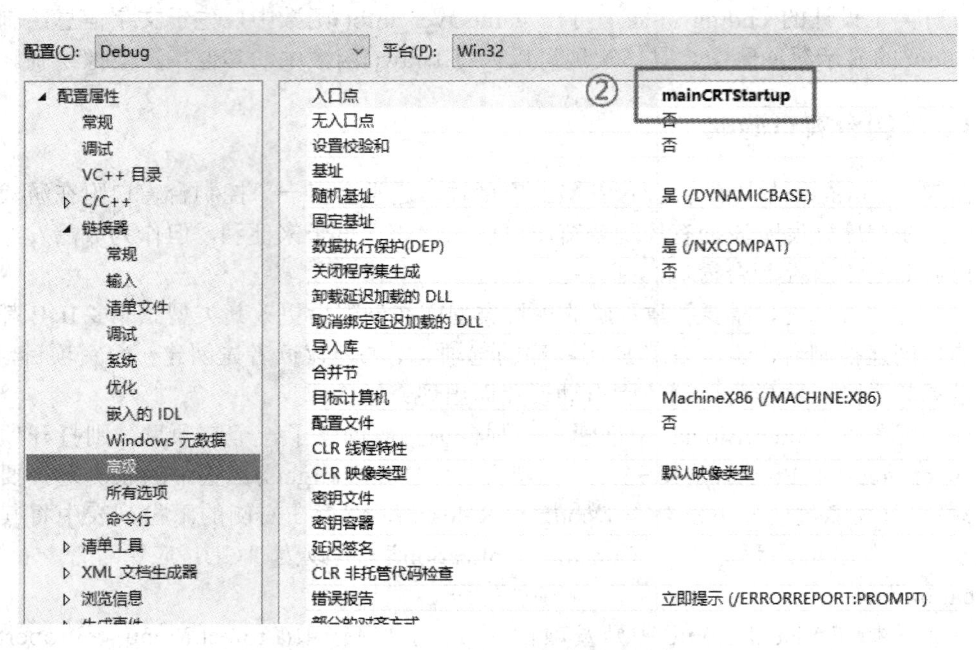

图 8-9　VS 项目属性页的入口点设置界面

若使用其他开发环境，可以用函数 int WINAPI WinMain(HINSTANCE hThisInstance, HINSTANCE hPrevInstance, LPSTR lpszArgument, int nCmdShow)替换原代码中的 int main()或 int main(int argc, char** argv)。当运行程序时，操作系统会以它为入口点。

经过如上两步操作之后，再运行 SFML 程序，就不会再看到控制台窗口。如果想要指定游戏窗口在电脑桌面上的显示位置，可以通过窗口类的 setPosition()函数进行实现。SFML 窗口居中显示的示例代码如下：

```
1.  //设置窗口在桌面上的位置
2.  sf::VideoMode mode = sf::VideoMode::getDesktopMode();//查询桌面的属性
3.  Vector2i p = { 0,0 };
4.  p.x = (mode.width - Window_width) / 2;
5.  window.setPosition(p);
```

其中，第 2 行代码中 sf::VideoMode::getDesktopMode()函数能够返回当前运行电脑的桌面属性；第 4 行代码根据桌面的宽度以及游戏窗口的宽度信息，推算水平居中显示时游戏窗口左顶点的 x 坐标；同理，也可以对窗口 y 方向上的坐标值进行计算和设定；最终由第 5 行代码实现游戏窗口的位置设定。

习　题

1. 游戏进行过程中如何暂停游戏？如何恢复暂停的游戏进程？
2. 能否列举 3 种方式，将 int 或 float 型的变量数值转为字符串进行显示输入。

3. 下方代码的输入模块设计，如果同时按多个键，可能存在蛇调头的现象，导致游戏立即结束。请设计一个改进方案，以避免这种情况。

```
127.   void Input()
128.   {
129.       sf::Event event;
130.   /* event types 包括 Window、Keyboard、Mouse、Joystick，4 类消息
131.   通过  bool Window :: pollEvent (sf :: Event&event) 从窗口顺序询问
    ( polled )事件。
132.   如果有一个事件等待处理，该函数将返回 true，并且事件变量将填充 (filled) 事件
    数据。
133.   如果不是，则该函数返回 false。 同样重要的是要注意，一次可能有多个事件；因此
    我们必须确保捕获每个可能的事件。 */
134.       while (window.pollEvent(event))
135.       {
136.           if (event.type == sf::Event::Closed)
137.               window.close();        //窗口可以移动、调整大小和最小化。但是
    如果要关闭，需要自己去调用 close()函数
138.       }
139.       if (Keyboard::isKeyPressed(Keyboard::Left)|| Key
               board::isKeyPressed(Keyboard::A)) //按键判定
140.           if (dir != RIGHT)
141.               dir = LEFT;
142.       if (Keyboard::isKeyPressed(Keyboard::Right) || Key
               board::isKeyPressed(Keyboard::D)) //按键判定
143.           if (dir != LEFT)
144.               dir = RIGHT;
145.       if (Keyboard::isKeyPressed(Keyboard::Up) || Key
               board::isKeyPressed(Keyboard::W)) //按键判定
146.           if (dir != DOWN)
147.               dir = UP;
148.       if (Keyboard::isKeyPressed(Keyboard::Down) || Key
               board::isKeyPressed(Keyboard::S)) //按键判定
149.           if (dir != UP)
150.               dir = DOWN;
151.   }
```

8.4 精灵动画

8.4.1 精灵表单

前面章节中游戏案例的屏幕上显示的游戏对象都是静态的。如果能够让游戏对象具有动画效果，则会使游戏画面更具有吸引力。基于贴图的游戏通常采用带有已准备好动画序列的纹理进行动画实现。例如，图 8-10 中的动画序列纹理贴图。

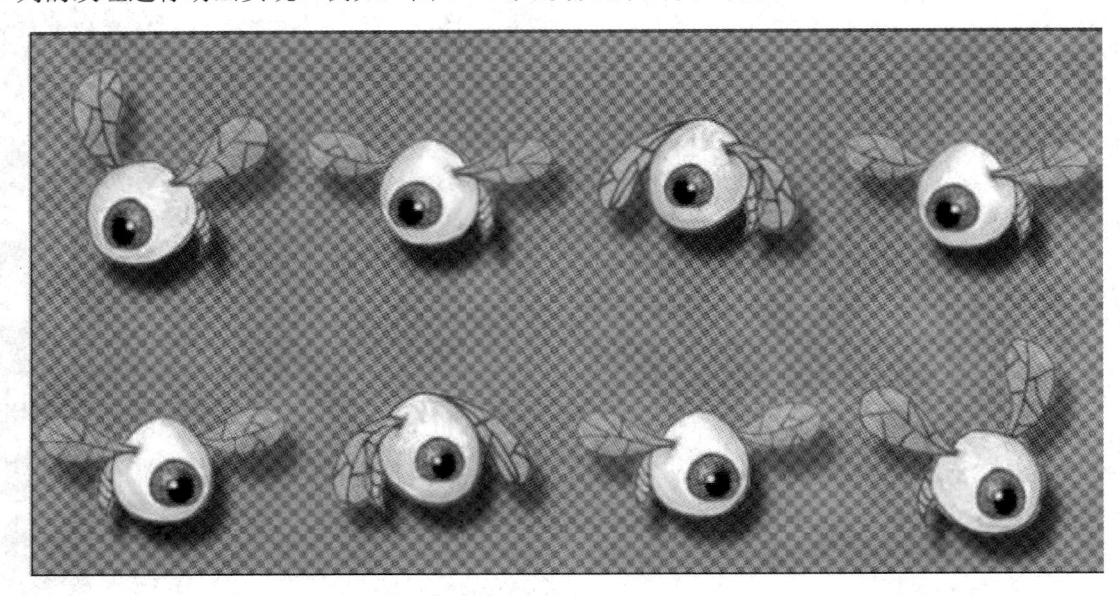

图 8-10　精灵表单的动画序列纹理贴图示例

这种动画序列纹理贴图常被称为精灵表单(Sprite Sheet)。图 8-10 所示的图像分为两行、四列，一共 8 个子图。每个子图单元均为精灵动画中的一帧画面。每行的子图序列代表一组向左(或向右)方向运动的动画。

该种精灵表单的动画纹理在 H5 动画中较为主流。SFML 库作为简单多媒体库的定位，目前并不支持该种动画帧的精灵显示。本节的目的在于讲解如何在 SFML 库的架构下实现 Sprite Sheet 精灵动画。

首先我们构建两个类分别用于动画存储和动画显示(如 sf :: Texture 和 sf :: Sprite)，将这两个类分别命名为 Animation 和 AnimatedSprite。

8.4.2 Animation 类

Animation 类是作为存储动画的容器存在的，将 Sprite Sheet 纹理贴图映射为动画序列以实现动画的管理。该类的头文件定义如下：

```
1.  #ifndef ANIMATION_HPP
2.  #define ANIMATION_HPP
3.  #include <vector>
4.  #include <SFML/Graphics.hpp>
5.  class Animation
6.  {
7.      public:
8.          Animation(sf::Texture* texture=nullptr);
9.          ~Animation();
10.         void setTexture(sf::Texture* texture);
11.         sf::Texture* getTexture()const;
12.         Animation& addFrame(const sf::IntRect& rect);
13.         Animation& addFramesLine(int number_x,int number_y,int line);
14.         Animation& addFramesColumn(int number_x,int number_y,int column);
15.         size_t size()const;
16.         const sf::IntRect& getRect(size_t index)const;
17.     private:
18.         friend class AnimatedSprite;
19.         std::vector<sf::IntRect> _frames;
20.         sf::Texture* _texture;
21. };
22. #endif
```

其中：

(1) _frames 是 vector 对象，是动画序列的容器，以 IntRect 的格式记录各个动画帧在精灵表单上对应的纹理坐标。

(2) _texture 对象记录的是精灵表单的地址指针(表明精灵表单的纹理只加载一次，并一直被存放在对应的 sf :: Texture 纹理中，其他引用只是获得该纹理的地址指针)。

(3) addFrame()函数用于向_frames 列表添加动画帧。

(4) addFramesLines()和 addFramesColumn()这两函数实际上是对 addFrame()函数进行封装，用于向_frames 列表添加完整的行或列。

(5) 构造函数 Animation()用于向内部对象_texture 传递精灵表单的纹理地址；setTexture()函数用于向内部对象_texture 进行显示的纹理地址赋值；getTexture()函数则返回内部对象_texture 值；size()函数用于返回_frames 动画序列列表的帧数；getRect()函数以 IntRect 格式返回指定序号动画帧在精灵表单上的纹理坐标。

该类的实现代码如下：

```
1.  #include "Animation.hpp"
2.  //仅仅是一个 frame 容器
3.  Animation::Animation(sf::Texture* texture) : _texture(texture)
4.  {
5.  }
6.  Animation::~Animation()
7.  {
8.  }
9.  void Animation::setTexture(sf::Texture* texture)
10. {
11.     _texture = texture;
12. }
13. sf::Texture* Animation::getTexture()const
14. {
15.    return _texture;
16. }
17. Animation& Animation::addFrame(const sf::IntRect& rect)
18. {
19.     _frames.emplace_back(rect);
20.     return *this;
21. }
22. //在sprite sheet上，按行加载序列
23. Animation& Animation::addFramesLine(int number_x,int number_y,int line)
24. {
25.     const sf::Vector2u size = _texture->getSize();
26.     const float delta_x = size.x / float(number_x);
27.     const float delta_y = size.y / float(number_y);
28.     for(int i = 0;i<number_x;++i)
29.         addFrame(sf::IntRect(i*delta_x,
30.                                     line*delta_y,
31.                                     delta_x,
32.                                     delta_y));
33.     return *this;
34. }
35. //在 sprite sheet 上，按列加载序列
36. Animation& Animation::addFramesColumn(int number_x,int number_y,int col-
    umn)
```

```
37. {
38.     const sf::Vector2u size = _texture->getSize();
39.     const float delta_x = size.x / float(number_x);
40.     const float delta_y = size.y / float(number_y);
41.     for(int i = 0;i<number_y;++i)
42.         addFrame(sf::IntRect(column*delta_x,
43.                              i*delta_y,
44.                              delta_x,
45.                              delta_y));
46.     return *this;
47. }
48. size_t Animation::size()const
49. {
50.     return _frames.size();
51. }
52. const sf::IntRect& Animation::getRect(size_t index)const
53. {
54.     return _frames[index];
55. }
```

8.4.3 AnimatedSprite 类

AnimatedSprite 类负责将精灵的动画帧显示在屏幕上。因此，它需像 sf :: Sprite 使用 sf :: Texture 纹理一样保留对 Animation 类的引用。该类还将参考 sf :: Music / sf :: Sound 类的函数实现动画的播放、暂停、停止等功能。AnimatedSprite 实例对象应该可以进行几何变换后显示在屏幕上。因此，该类将从 sf :: Drawable 和 sf :: Transformable 类继承。该类还需添加一个在动画完成时触发的回调函数。

AnimatedSprite 类的头文件内容如下：

```
1.  #ifndef ANIMATEDSPRITE_HPP
2.  #define ANIMATEDSPRITE_HPP
3.
4.  #include <SFML/Graphics.hpp>
5.  #include <SFML/System.hpp>
6.
7.  #include <functional>
8.
9.  class Animation;
10. class AnimatedSprite : public sf::Drawable, public sf::Transformable
```

```
11. {
12.     public:
13.         AnimatedSprite(const AnimatedSprite&) = default;
14.         AnimatedSprite& operator=(const AnimatedSprite&) = default;
15.
16.         AnimatedSprite(AnimatedSprite&&) = default;
17.         AnimatedSprite& operator=(AnimatedSprite&&) = default;
18.
19.         using FuncType = std::function<void()>;
20.         static FuncType defaultFunc;
21.
22.         enum Status
23.         {
24.             Stopped,
25.             Paused,
26.             Playing
27.         };
28.
29.         AnimatedSprite(Animation* animation = nullptr,Status status=
    Playing, const sf::Time& deltaTime = sf::seconds(0.15),bool loop =
    true,int repeat=0);
30.         void setAnimation(Animation* animation);
31.         Animation* getAnimation()const;
32.
33.         void setFrameTime(sf::Time deltaTime);
34.         sf::Time getFrameTime()const;
35.
36.         void setLoop(bool loop);
37.         bool getLoop()const;
38.
39.         void setRepeate(int nb);
40.         int getRepeate()const;
41.
42.         void play();
43.         void pause();
44.         void stop();
45.
46.         FuncType on_finished;
47.
48.         Status getStatus()const;
49.
50.         void setFrame(size_t index);
```

```
51.
52.         void setColor(const sf::Color& color);
53.
54.         void update(const sf::Time& deltaTime);
55.
56.     private:
57.         Animation* _animation;
58.         sf::Time _delta;
59.         sf::Time _elapsed;
60.         bool _loop;
61.         int _repeat;
62.         Status _status;
63.         size_t _currentFrame;
64.         sf::Vertex _vertices[4];
65.
66.         void setFrame(size_t index,bool resetTime);
67.
68.         virtual void draw(sf::RenderTarget& target,sf::RenderStates
    states) const override;
69. };
70. #endif
```

AnimatedSprite 类比 Animation 类要大。AnimatedSprite 类的主要功能是存储以四个顶点为一组的数组，每四个顶点代表从关联的 Animation 对象中提取的一帧图像。如果动画是循环的，还需要一些其他信息，如两帧之间的时间间隔。下面将逐步介绍各成员函数的具体实现。

构造函数 AnimatedSprite()用于通过传参对内部变量进行赋值。代码如下：

```
1.  #include "AnimatedSprite.hpp"
2.  #include "Animation.hpp"
3.
4.  #include <cassert>
5.  //动画播放类
6.  AnimatedSprite::FuncType AnimatedSprite::defaultFunc = []()->void{};
7.  //构造函数通过传参对内部变量进行赋值
8.  AnimatedSprite::AnimatedSprite(Animation* animation,Status status,
9.  const sf::Time& deltaTime,bool loop,int repeat)
10. : on_finished(defaultFunc),_delta(deltaTime),_loop(loop),
11. _repeat(repeat),_status(status)
12. {
13.     setAnimation(animation);
14. }
```

setAnimation()函数的设定是当精灵表单中存在多组精灵动画时，用于指定当前播放的精灵动画。该函数只在当前播放的动画与新动画不同的情况下使用新动画，并将新动画的第一帧设为播放帧。

```
15. //这个函数只在新旧纹理不同的情况下才会更新为新纹理，
16. //并将帧重设为新动画的第一个帧。
17. //注意，新动画中必须至少存在一个帧图像。
18. void AnimatedSprite::setAnimation(Animation* animation)
19. {
20.     if(_animation != animation)
21.     {
22.         _animation = animation;
23.         _elapsed = sf::Time::Zero;
24.         _currentFrame = 0;
25.         setFrame(0,true);
26.     }
27. }
```

下方代码中的函数都是简单的获取器和设置器。它们被用来管理 AnimatedSprite 类的基本成员变量。其中，_animation 为当前播放的动画对象；_delta 为动画前后帧的时间间隔变量；_loop 为动画循环播放的控制变量；_repeat 为动画序列重复次数的变量；_status 为动画播放状态变量。

```
29. Animation* AnimatedSprite::getAnimation()const
30. {
31.     return _animation;
32. }
33. void AnimatedSprite::setFrameTime(sf::Time deltaTime)
34. {
35.     _delta = deltaTime;
36. }
37. sf::Time AnimatedSprite::getFrameTime()const
38. {
39.     return _delta;
40. }
41. void AnimatedSprite::setLoop(bool loop)
42. {
43.     _loop = loop;
44. }
45. bool AnimatedSprite::getLoop()const
46. {
47.     return _loop;
48. }
```

```
49. void AnimatedSprite::setRepeate(int nb)
50. {
51.     _repeat = nb;
52. }
53. int AnimatedSprite::getRepeate()const
54. {
55.     return _repeat;
56. }
57. void AnimatedSprite::play()
58. {
59.     _status = Playing;
60. }
61. void AnimatedSprite::pause()
62. {
63.     _status = Paused;
64. }
65. void AnimatedSprite::stop()
66. {
67.     _status = Stopped;
68.     _currentFrame = 0;
69.     setFrame(0,true);
70. }
71.
72. AnimatedSprite::Status AnimatedSprite::getStatus()const
73. {
74.     return _status;
75. }
```

下方代码中的 setFrame()函数其实是对同名函数的重载，是将当前帧更改为_animation 中指定序号的动画帧。如果指定序号超过动画的总帧数，则通过取余的方式获取相对应的动画帧。

```
76. //此函数将当前帧更改为从_animation 动画序列中获取的新帧。
77. void AnimatedSprite::setFrame(size_t index)
78. {
79.     assert(_animation);
80.     _currentFrame = index % _animation->size();
81.     setFrame(_currentFrame,true);
82. }
```

setColor()函数用于改变所显示纹理图像的颜色掩码。此颜色掩码随纹理图像进行调制(相乘)。它可以用于纹理图像的着色，或更改其全局不透明度。为此，将纹理的 4 个内部顶点的颜色参数设置为函数传参所接收到的新颜色值。

```
83. //此函数用于改变所显示纹理图像的颜色掩码
84. //为此，将纹理图像的 4 个内部顶点的颜色参数设置为新颜色值:
85. void AnimatedSprite::setColor(const sf::Color& color)
86. {
87.     _vertices[0].color = color;
88.     _vertices[1].color = color;
89.     _vertices[2].color = color;
90.     _vertices[3].color = color;
91. }
```

AnimatedSprite 类的主函数 update()如下所示。它的作用是在达到动画播放时间间隔时从当前帧切换到下一帧。但当到达动画的最后一帧时，可以有以下 3 种选择：

(1) 根据_loop 值，判定是否从第一帧开始重新播放动画。

(2) 如果_repeat 值大于 0，则从第一帧开始重新播放动画。

(3) 在没有动画帧播放的情况下，通过调用内部回调来触发“on_finished”事件。

```
92. void AnimatedSprite::update(const sf::Time& deltaTime)
93. {
94.     if(_status == Playing && _animation)
95.     {
96.         _elapsed += deltaTime;
97.         if(_elapsed > _delta)
98.         {//帧切换
99.             _elapsed -= _delta;
100.            if(_currentFrame + 1 < _animation->size())
101.                ++_currentFrame;
102.            else
103.            {//已经是最后一帧
104.                _currentFrame = 0;
105.                if(!_loop)
106.                {//是否开始下次循环?
107.                    --_repeat;
108.                    if(_repeat<=0)
109.                    {//动画播放结束
110.                        _status = Stopped;
111.                        on_finished();
112.                    }
113.                }
114.            }
115.        }
```

```
116.            //更新当前帧
117.            setFrame(_currentFrame,false);
118.        }
119. }
```

动画帧的内容更新是通过下方 setFrame()函数进行实现的。该函数的目的是将内部 Animation 类对象_animation 第 index 帧的属性(即位置和纹理坐标值)赋值给当前动画帧的 4 个顶点。具体函数实现如下：

```
120. //该函数的目的是将内部 Animation 类对象_animation 第 index 帧的
121. //属性（位置和纹理坐标）赋值给当前动画帧的 4 个顶点
122. void AnimatedSprite::setFrame(size_t index,bool resetTime)
123. {
124.     if(_animation)
125.     {
126.         sf::IntRect rect = _animation->getRect(index);
127.
128.         _vertices[0].position = sf::Vector2f(0.f, 0.f);
129.         _vertices[1].position = sf::Vector2f(0.f, static_cast<float>
            (rect.height));
130.         _vertices[2].position = sf::Vector2f(static_cast<float>
            (rect.width), static_cast<float> (rect.height));
131.         _vertices[3].position = sf::Vector2f(static_cast<float>
            (rect.width), 0.f);
132.
133.         float left = static_cast<float>(rect.left);
134.         float right = left + static_cast<float>(rect.width);
135.         float top = static_cast<float>(rect.top);
136.         float bottom = top + static_cast<float>(rect.height);
137.
138.         _vertices[0].texCoords = sf::Vector2f(left, top);
139.         _vertices[1].texCoords = sf::Vector2f(left, bottom);
140.         _vertices[2].texCoords = sf::Vector2f(right, bottom);
141.         _vertices[3].texCoords = sf::Vector2f(right, top);
142.     }
143.
144.     if(resetTime)
145.         _elapsed = sf::Time::Zero;
146. }
```

AnimatedSprite 类的最后一个函数的功能是绘制动画帧图像。因为 AnimatedSprite 类继承自 sf::Transformable，所以可以进行相应的几何变换。具体函数实现：首先设置要使用的纹理，然后通过内部顶点数组存储的纹理坐标值进行当前动画帧纹理的绘制。代码如下：

```
147. void AnimatedSprite::draw(sf::RenderTarget& target,
148.     sf::RenderStates states) const
149. {
150.     if (_animation && _animation->_texture)
151.     {
152.         states.transform *= getTransform();
153.         states.texture = _animation->_texture;
154.         target.draw(_vertices, 4, sf::Quads, states);
155.     }
156. }
```

8.4.4　精灵动画示例

为了更好地掌握 AnimatedSprite 精灵动画类，本节提供一个应用示例，可在屏幕上显示精灵动画。示例代码如下：

```
1.  #include <SFML/Graphics.hpp>
2.  #include "Animation.hpp"
3.  #include "AnimatedSprite.hpp"
4.  int main(int argc, char* argv[])
5.  {
6.  //创建窗口
7.  sf::RenderWindow window(sf::VideoMode(600, 800), "Example animation");
8.  //加载纹理图像
9.  sf::Texture textures;
10. textures.loadFromFile("data/images/eye.png");
11. //创建两个动画序列容器
12. Animation walkLeft(&textures);
13. walkLeft.addFramesLine(4, 2, 0);
14. Animation walkRight(&textures);
15. walkRight.addFramesLine(4, 2, 1);
16. //创建精灵动画对象
17. AnimatedSprite sprite(&walkLeft, AnimatedSprite::Playing, sf::seconds(0.1));
18.
19. //游戏循环
20. sf::Clock clock;
21. while (window.isOpen())
```

```
22. {
23.   sf::Time delta = clock.restart();
24.   sf::Event event;
25.   while (window.pollEvent(event))
26.   {
27.       if (event.type == sf::Event::Closed)
28.           window.close();
29.   }
30.   float speed = 50; // 游戏对象移动速度
31.   if (sf::Keyboard::isKeyPressed(sf::Keyboard::Left)) //向左移动
32.   {
33.       sprite.setAnimation(&walkLeft);
34.       sprite.play();
35.       sprite.move(-speed*delta.asSeconds(), 0);
36.   }
37.   else if (sf::Keyboard::isKeyPressed(sf::Keyboard::Right))//向右移动
38.   {
39.       sprite.setAnimation(&walkRight);
40.       sprite.play();
41.       sprite.move(speed*delta.asSeconds(), 0);
42.   }
43.   window.clear();
44.   sprite.update(delta); //根据帧频完成精灵动画的帧更新
45.   window.draw(sprite); //绘制精灵动画
46.   window.display();
47. }
48. return 0;
49. }
```

玩家可以通过键盘上的左右方向键移动精灵对象。精灵动画会根据运动方向的变化而发生调整。其中，第 10 代码加载 1 张精灵表单；第 13、15 行代码从该精灵表单中获得两组不同的动画对象 walkLeft 和 walkRight；第 33、39 行代码通过 AnimatedSprite 的实例对象 sprite 进行相应动画的播放；第 44 行通过传递游戏循环的时间间隔，通知精灵对象 sprite 进行动画帧更新；第 45 行代码将当前动画帧绘制到显存。

8.4.5 精灵绘制的调用机制

细心的读者可能已经发现，AnimatedSprite 类的 draw()函数在类中并没被其他函数显示调用，同时它是 private 私有的。那精灵动画是如何绘制到显存的？首先我们能肯定，8.4.4 节的示例代码在运行时如果没有报错，是可以正常显示精灵动画的。这表示该类是可以正常工作的。但示例中与绘制有关的代码只有第 45 行代码 window.draw(sprite)。

本节借此机会简单介绍下 SFML 的绘制机制。示例中的 window 是 sf::RenderWindow 类的对象。它的类继承关系图如图 8-11 所示。

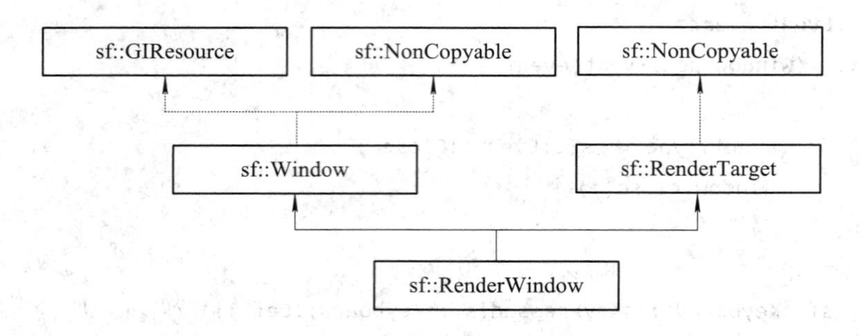

图 8-11　sf::RenderWindow 类的继承关系图

RenderTarget 类的 draw()函数的源码如下：

```
1.  void RenderTarget::draw(const Drawable& drawable, const RenderStates&
    states)
2.  {
3.      drawable.draw(*this, states);
4.  }
```

AnimatedSprite 类继承自 Drawable 类。因此，8.4.4 节程序中第 45 行代码 window.draw (sprite)会隐式地调用 AnimatedSprite 类的 draw()函数，并绘制 sprite 对象的纹理。

习 题

游戏有帧频，精灵动画也存在帧频。游戏运行时，有时会根据硬件平台的处理器性能对游戏的帧频进行动态调整。例如，当硬件性能不足时，可以采用降低游戏帧频的方法确保游戏运行的流畅度。请设计一个方案，确保在游戏帧频发生变化的时候，精灵动画的帧频保持稳定。

第三篇

SFML 高级应用

第 9 章　鼠标交互案例——扫雷

9.1　扫 雷 游 戏

9.1.1　游戏规则

扫雷是一款经典的单人电脑游戏。扫雷游戏最早于 1992 年出现在微软的 Windows3.1 操作系统中，目的是用于训练 Windows 操作系统用户的鼠标左右键操作能力，提升用户的鼠标移动速度和准确性。

游戏目标是在最短的时间内找出所有埋有地雷的方格。所有非地雷的格子被揭开，即胜利；鼠标左键点击到隐藏地雷的格子(踩到地雷)就算失败。游戏以完成游戏的时间长度来评定成绩。

游戏开始时，玩家使用鼠标左键随机点击一个方格。根据游戏规则，游戏开始的第一次方格点击不会踩到地雷。非雷的方格被揭开后通常会有一个数字显现其上，这个数字代表着邻近方块有多少颗地雷(数字至多为 8)，如果邻近方块中没有地雷则不显示数字。玩家根据此逻辑来推断哪些方块含或不含地雷。

玩家可在推测有地雷的方块上点鼠标右键，以放置旗帜来标明地雷的位置；若再次点击右键，旗帜会变成问号，代表不确定是否有地雷存在；第三次点击右键后会使问号消失，成为空白的方块。玩家若在已标明旗帜的方块点击左键，则方块不会有任何的变动；若是点击标明问号的方块，则与点击空白的方块相同；若在游戏进行中错置旗帜或问号，可用右键来改变方块状态。

9.1.2　案例策划

本案例的目的是借用扫雷游戏的游戏规则，向大家介绍如何以鼠标交互作为游戏输入的 SFML 游戏开发。因此，我们对扫雷游戏进行了重新策划。

1. 游戏模式

游戏区域按功能分成两个区域：UI 界面和游戏舞台。UI 界面中，左上角为计时器，右上角为剩余雷数的计数器，下方为七个按钮。七个按钮对应的功能分别为切换游戏难度的 3 个模式(简单、中等、困难)、切换不同的游戏皮肤、切换不同的游戏背景、重新开始游戏、退出游戏。游戏开始界面如图 9-1 所示。

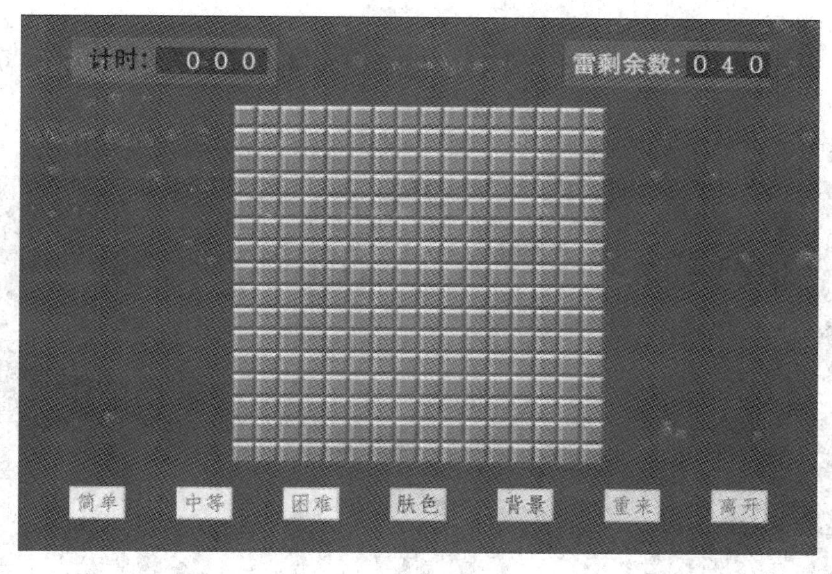

图 9-1　游戏开始界面

游戏舞台则是用于接收鼠标指令和呈现游戏对象的。在游戏过程中，当玩家用鼠标点击相应的方块时，程序会对相应的鼠标事件做出响应。众多鼠标事件的处理，都是围绕实现扫雷程序的算法而衍生的。

2. 游戏规则

游戏开始时，系统会在某些方块下随机布置若干地雷。雷部署完毕后，系统会在非雷的方块上标注数字，方块的数字表示与其紧邻的八个方块中隐藏的雷数量。玩家可根据这些信息判断打开哪些方块，并把认为是雷的方块打上标识。如果某个数字方块周围的地雷全部标记完，则可以用鼠标指向该方块，并双击鼠标左键将其周围剩下的方块挖开。游戏进行界面如图 9-2 所示。

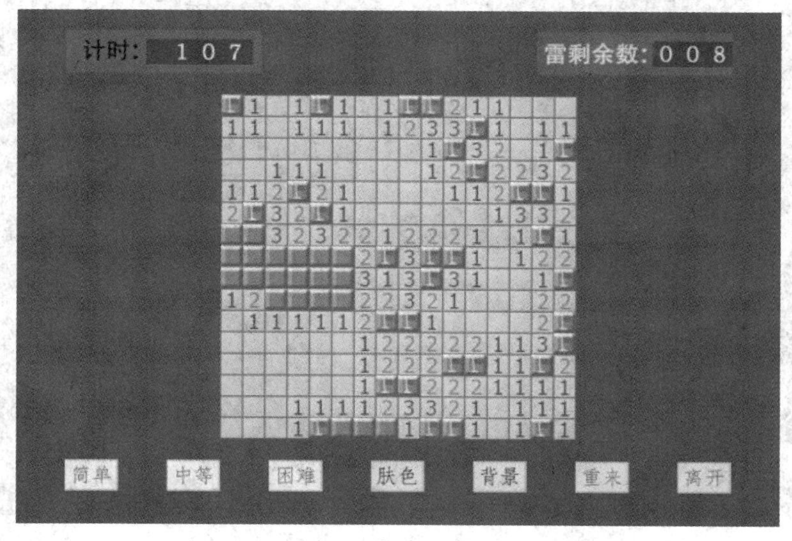

图 9-2　游戏进行界面

3. 胜负判定

当玩家将所有地雷找出后，其余非雷方块区域都已打开，则游戏胜利(如图 9-3 所示)。游戏过程中，一旦错误地打开雷方块则游戏失败，游戏立即结束(如图 9-4 所示)。当玩家标记的地雷数超出程序设定时，虽然已经打开其余全部方块，但是游戏也不会结束。

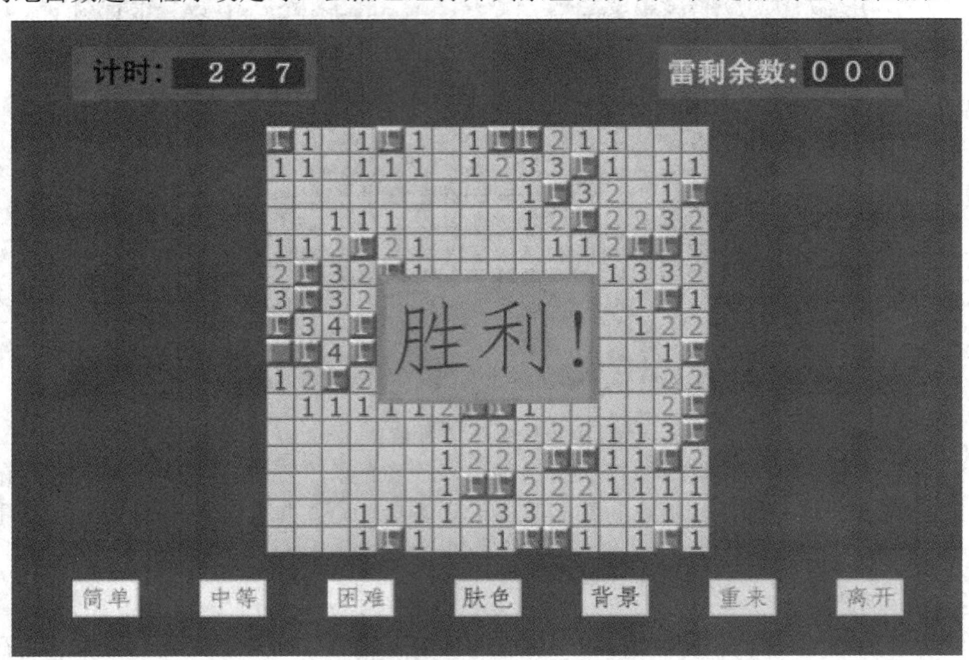

图 9-3　游戏胜利界面

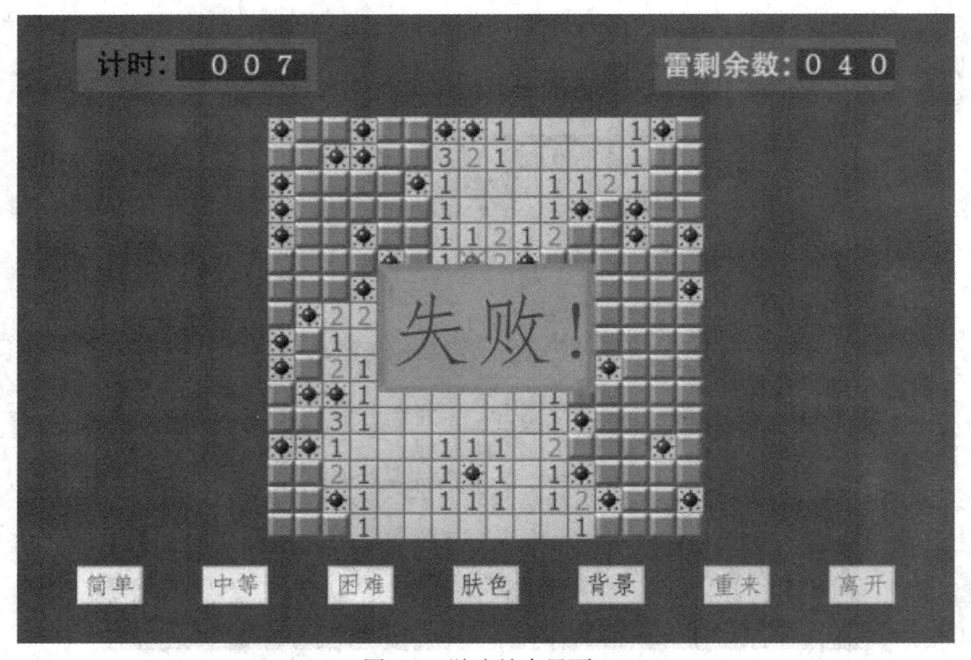

图 9-4　游戏结束界面

9.1.3 游戏框架与构建

游戏程序的结构框架图如图 9-5 所示。

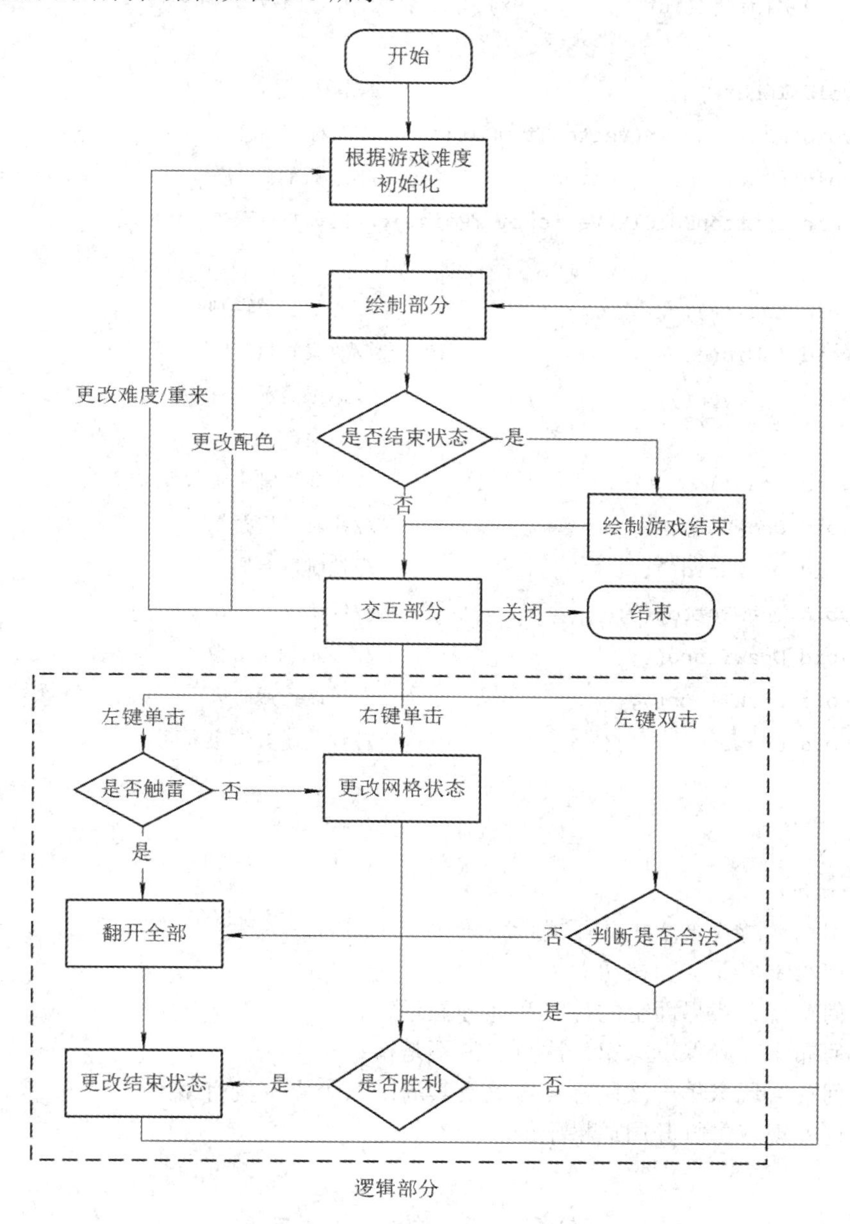

图 9-5 游戏程序的结构框架图

游戏中需要构建的主要函数如下：

```
1.  void Run();                          //游戏运行入口函数
2.
3.  void Initial();                      //游戏初始化
```

```
4.  void IniData();                          //游戏数据初始化
5.  void LoadMediaData();                    //加载媒体素材
6.  void MineSet(int Py, int Px);            //布雷函数
7.
8.  void Input();                            //输入函数
9.  void RButtonDown(Vector2i mPoint);       //鼠标右击
10. void LButtonDown(Vector2i mPoint);       //鼠标左击
11. void LButtonDblClk(Vector2i mPoint);//鼠标左键双击
12.
13. void Logic();                            //游戏主逻辑判断
14. void isWin();                            //游戏胜负判定
15. void unCover();                          //标记显示所有的雷
16.
17. void Draw();                             //游戏绘制主函数
18. void DrawBG();                           //绘制窗口背景
19. void DrawGrid();                         //绘制舞台栅格纹理
20. void DrawButton();                       //绘制交互按钮
21. void DrawScore();                        //显示剩余雷数
22. void DrawTimer();                        //绘制已用时间
23. void DrawGameEnd();                      //绘制游戏结束界面
```

习　题

1. 如何切换游戏难度(以扫雷游戏为例)？
2. 如何绘制界面上的按钮？
3. 如何实现游戏界面上的计时和计分显示？
4. 如何布雷并确保玩家第一次点击的不是雷？
5. 如何使得玩家第一次鼠标点击处及其周围八个点都没有雷？
6. 如何实现双击打开周边格子的功能？

9.2　鼠 标 交 互

9.2.1　鼠标

鼠标是一种很常用的电脑输入设备，它可以对当前屏幕上的鼠标箭头进行定位，并通

过按键和滚轮装置对箭头所在或所经过位置的屏幕元素进行操作。在 1968 年，美国科学家道格拉斯·恩格尔巴特(Douglas Englebart)在加利福尼亚制作了第一只鼠标。鼠标通常具有左右键，常见的操作有左键单击、左键双击、右键单击以及鼠标滑动。

9.2.2 鼠标事件

游戏窗口会在鼠标事件发生的时候，在消息队列里发出通知“此按钮被按下”“鼠标已移动”。SFML 中的鼠标事件有以下 4 种。

1. 鼠标滚轮事件

当鼠标的滚轮进行上下滚动时，sf::Event::MouseWheelScrolled 事件将被触发。如果鼠标支撑滚轮横向移动，也会触发该事件。sf::Mouse 中定义了鼠标滚轮的枚举类型：

```
enum Wheel {
    VerticalWheel, //垂直鼠标滚轮
    HorizontalWheel //水平鼠标滚轮
}Mouse wheels.
```

鼠标滚轮事件的具体示例如下：

```
1. if (event.type == sf::Event::MouseWheelScrolled)
2. {
3.     if (event.mouseWheelScroll.wheel == sf::Mouse::VerticalWheel)
4.         std::cout << "wheel type: vertical" << std::endl;
5.     else if (event.mouseWheelScroll.wheel == sf::Mouse::HorizontalWheel)
6.         std::cout << "wheel type: horizontal" << std::endl;
7.     else
8.         std::cout << "wheel type: unknown" << std::endl;
9.     std::cout << "wheel movement: "
10.                         << event.mouseWheelScroll.delta << std::endl;
11.     std::cout << "mouse x: " << event.mouseWheelScroll.x << std::endl;
12.     std::cout << "mouse y: " << event.mouseWheelScroll.y << std::endl;
13. }
```

2. 鼠标点击事件

当鼠标的按键按下或释放时，sf::Event::MouseButtonPressed 或 sf::Event::MouseButton Released 事件将被触发。与这些事件关联的成员是 event.mouseButton，它包含按下/释放按钮的代码以及鼠标光标的当前位置。鼠标按钮代码在 sf::Mouse::Button 枚举中定义。SFML 最多支持 5 个按钮：左、右、中间(滚轮)、额外的侧面按钮 1 和按钮 2。sf::Mouse 中定义了按键的枚举类型：

```
enum Button {
    Left,           //鼠标左键
```

```
    Right,          //鼠标右键
    Middle,         //鼠标中键
    XButton1,       //第一个额外的鼠标按钮
    XButton2,       //第二个额外的鼠标按钮
    ButtonCount     //鼠标按钮的总数
}Mouse buttons.
```

鼠标点击事件的具体示例如下：

```
1. if (event.type == sf::Event::MouseButtonPressed)
2. {
3.     if (event.mouseButton.button == sf::Mouse::Right)
4.     {
5.         std::cout << "the right button was pressed" << std::endl;
6.         std::cout << "mouse x: " << event.mouseButton.x << std::endl;
7.         std::cout << "mouse y: " << event.mouseButton.y << std::endl;
8.     }
9. }
```

3. 鼠标移动事件

当鼠标在窗口内移动时，sf::Event::MouseMoved 事件将被触发。即使窗口未被聚焦，也会触发此事件。但是，仅当鼠标在窗口的内部区域内移动时才触发，鼠标在标题栏或边框上移动时不触发该事件。与此事件关联的成员是 event.mouseMove，它包含鼠标光标相对于窗口的当前位置。

鼠标移动事件的具体示例如下：

```
1. if (event.type == sf::Event::MouseMoved)
2. {
3.     std::cout << "new mouse x: " << event.mouseMove.x << std::endl;
4.     std::cout << "new mouse y: " << event.mouseMove.y << std::endl;
5. }
```

4. 鼠标的进入离开移动事件

当鼠标在窗口内进出时，sf::Event::MouseEntered 和 sf::Event::MouseLeft 事件将被触发。具体示例如下：

```
1. if (event.type == sf::Event::MouseEntered)
2.     std::cout << "the mouse cursor has entered the window" << std::endl;
3.
4. if (event.type == sf::Event::MouseLeft)
5.     std::cout << "the mouse cursor has left the window" << std::endl;
```

9.2.3 SFML 鼠标类

SFML 库提供 sf::Mouse 类，该类允许用户随时直接查询鼠标和按钮的状态，即使窗口未处于激活状态，也可以获得鼠标的移动和按钮点击的真实状态数据。与消息队列的 MouseMoved、MouseButtonPressed 和 MouseButtonReleased 等事件相比，无需存储和更新布尔值就可以知道按钮是否按下或释放。

sf::Mouse 类仅包含静态函数(假定使用单个鼠标)，因此不需要进行实例化。具体成员函数如表 9-1 所示。

表 9-1 sf::Mouse 类成员函数说明

sf::Mouse 的成员函数	作 用
static bool isButtonPressed (Button button)	检查是否按下了鼠标按钮
static Vector2i getPosition ()	获取鼠标在桌面坐标中的当前位置
static Vector2i getPosition (const Window &relativeTo)	获取鼠标在窗口坐标中的当前位置
static void setPosition (const Vector2i &position)	在桌面坐标中设置鼠标的当前位置
static void setPosition (const Vector2i &position, const Window &relativeTo)	在窗口坐标中设置鼠标的当前位置

成员函数 setPosition()和 getPosition 函数()可用于更改或检索鼠标指针的当前位置。它们均有两种版本：一种在全局坐标下运行(相对于桌面)，另一种在窗口坐标下运行(相对于特定窗口)。

sf::Mouse 类的用法示例如下：

```
1. if (sf::Mouse::isButtonPressed(sf::Mouse::Left))
2. {
3.     // 左击...
4. }
5. // 获取鼠标桌面坐标系下的全局坐标
6. sf::Vector2i position = sf::Mouse::getPosition();
7. // 设置鼠标窗口坐标系下的局部坐标
8. sf::Mouse::setPosition(sf::Vector2i(100, 200), window);
```

通过 sf::Mouse 查看鼠标状态，可以知道它的按键是按下还是释放，以及光标在屏幕上的具体位置。

9.2.4 微软的鼠标双击

在 Windows 系统中，鼠标左键的操作除了“按下”“松开”之外还有“双击”，对应的消息为 WM_LBUTTONDOWN、WM_LBUTTONUP 和 WM_LBUTTONDBLCLK。鼠标的左键双击，需要经历左键“按下”“松开”“再按下”“再松开”共 4 个过程。也就是双击操作必先经历单击操作。如何区分连续的两次鼠标按键操作是两次独立的单击，还是一次双击？Windows 系统从时间、空间两个维度对鼠标点击操作进行甄别。

1. 双击的时间间隔

鼠标的双击通常指快速的两次点击。“快速”表明双击的两次按键时间间隔很短，Windows 系统中默认的双击间隔值为 500 毫秒。该间隔值是可以通过 API 函数读取和重新设置。例如，通过调用::GetDoubleClickTime()函数得到该值；通过::SetDoubleClickTime()对该值进行设置。

完整的双击操作经历 2 次“按下”、2 次“松开”的步骤。如果通过 SFML 或其他非微软的方式进行鼠标双击响应，会面临一个问题：这个间隔值的测量，是从哪里开始？到哪里结束？通常情况下，这个时间间隔指鼠标左键第 1 次按下和第 2 次按下的时间间隔。根据需要，也可以取鼠标左键第 1 次松开和第 2 次按下的时间间隔。当时间间隔小于指定值时，则发出鼠标双击的消息。

2. 双击的空间距离

鼠标的双击通常要求两次点击位置的距离尽量小。Windows 的做法是：在第一次点击时，以命中点为中心设定一个矩形区域，如果第二次点击还落在这个区域内，则判定为鼠标双击。在 Windows 中此矩形区域的默认大小为 4 pt × 4 pt。该数值可通过调用::GetSystemMetrics()函数得到，其参数 nIndex 取值为 SM_CXDOUBLECLK(双击矩形区域的宽度值)或 SM_CYDOUBLECLK(双击区域的高度值)。该矩形区域也可通过::SystemParametersInfo()函数进行重新设置。其中，uiAction 参数对应 SPI_SETDOUBLECLKWIDTH(双击矩形区域的宽度)或 SPI_SETDOUBLECLKHEIGHT(双击矩形区域的高度)。

习　题

1. Windows 如何区分鼠标双击和两次单击？

2. Adobe Animate 中的按钮元件有 3 个显示状态：① 普通状态；② 鼠标滑过状态；③ 鼠标点击状态。请结合本节的 SFML 鼠标事件写一段伪代码，实现按钮元件的功能。

3. 鼠标双击操作，第一次点击通常会先触发一次单击事件，第二次点击(连续的)才触发双击事件。如果鼠标双击中的第一次单击操作不执行单个单击功能，那么鼠标处理逻辑可能会变得非常复杂。请设计一种鼠标点击方案，使得双击时的第一次单击操作不被执行，即鼠标单击则出现单击响应，鼠标双击则只出现双击响应。

4. 基于前面的鼠标左键双击方案，当鼠标左键快速连击 3 下时，可能激活两次左键双击事件。若希望只在左键连击偶数次的时候才激活左键双击事件，应怎么改？请给出思路。

5. 鼠标左键的双击应该如何实现？如何区分鼠标左键的双击与快速单击两个不同物体各一下呢？

9.3 类的初级应用

9.3.1 类

类是C++的核心特性。为了加深对面向对象编程的理解，本节将游戏封装在类中来实现。其中所有的函数都为类中成员函数。

类的实质是一种引用数据类型，与byte、short、int(char)、long、float、double等基本数据类型相似，但类是一种复杂的数据类型。因为它的本质是数据类型，而不是数据，所以它不存在于内存中，不能被直接操作，只有被实例化为对象时才会变得可操作。

类是对现实生活中一类具有共同特征的事物的抽象。如果一个程序里提供的数据类型与应用中的概念有直接的对应关系，那么这个程序就会更容易被理解，也更容易被修改。此外，它还能使各种形式的代码分析更容易进行。

类是对某种对象的定义，具有行为(behavior)。它描述一个对象能够做什么以及做的方法(method)，是对这个对象进行操作的程序和过程。它的内部封装了有关对象行为方式的信息，包括对象的名称、属性、方法和事件。

类的构成包括数据成员和成员函数。数据成员对应类的属性，类的数据成员也是一种数据类型，并不需要分配内存。成员函数用于操作类的各项属性，是一个类具有的特有的操作。类和外界发生交互的操作称为接口。

9.3.2 项目搭建

根据前面扫雷游戏的案例设计，在Visual Studio中创建项目MineSweeper。将项目的入口函数main()设置在MineSweeper.cpp文件里。创建游戏类Game，并将头文件Game.h和源文件Game.cpp添加到项目中。项目的具体文件组成如图9-6所示。

图9-6　扫雷游戏的项目文件组成

9.3.3 游戏数值的预定义

在进入扫雷游戏的正式开发之前，需要先完成以下3部分工作内容。

1. 头文件包含

Game 类是扫雷游戏的主类。在 Game.h 头文件中需要包含所有所需的头文件。

```
1.  #pragma once
2.  #include <SFML/Graphics.hpp>
3.  #include <SFML/Audio.hpp>
4.  #include <windows.h>
5.  #include <iostream>
6.  #include <sstream>
```

其中，第一行代码#pragma once 是为了确保同一文件不会被包含多次。如果<SFML/Graphics.hpp>和<SFML/Audio.hpp>报错，说明 SFML 环境配置有问题，这时请检查 SDK 的路径及相关设置信息。

建议在项目文档中添加如下的 sf 命名空间声明：

```
using namespace sf;
```

SFML 中的每个类都位于该命名空间之下，若不进行 sf 命名空间声明，则相应地 SFML 类和函数在使用时都需要添加作用域解析符，如 sf::VideoMode(width* GRIDSIZE, height* GRIDSIZE)。

2. 宏定义

扫雷游戏中的一部分游戏数值用于游戏的初始化设定，如方块大小，各个游戏难度下游戏舞台的长度、宽度以及雷的个数。为了减少游戏代码中常量数值的出现次数，建议在 Game.cpp 中进行宏定义。具体宏定义代码如下：

```
1.  #define GRIDSIZE 25
2.  #define LVL1_WIDTH 9
3.  #define LVL1_HEIGHT 9
4.  #define LVL1_NUM 10
5.  #define LVL2_WIDTH 16
6.  #define LVL2_HEIGHT 16
7.  #define LVL2_NUM 40
8.  #define LVL3_WIDTH 30
9.  #define LVL3_HEIGHT 16
10. #define LVL3_NUM 99
```

3. 枚举定义方格的各种状态

扫雷游戏所需要的素材以细小的栅格为主，为了便于管理素材，引入精灵表单的概念，将之整合为一张大的纹理贴图，如图 9-7 所示。

图 9-7　扫雷游戏的纹理贴图示例

为了便于从大的纹理贴图中读取栅格素材进行绘制，在绘制时可以使用如下函数，设置具体精灵对象的纹理矩形区域。

void setTextureRect(const IntRect& rectangle);

从整个纹理图中读取局部区域作为精灵对象(方格)实际纹理(栅格素材)的具体调用方法如下：

sprite.setTextureRect(IntRect(mState * GRIDSIZE, 0, GRIDSIZE, GRIDSIZE));

其中，GRIDSIZE 为每个栅格单元的宽、高尺寸(详见宏定义)；变量 mState 表征当前栅格在素材中的编号顺序。为了让该编号在后续代码维护中具备文字意义，我们采用 typedef enum 枚举来对它们进行定义。具体声明如下：

```
1.  //枚举定义网格状态
2.  typedef enum GRIDSTATE
3.  {
4.      ncNULL,                 //空地
5.      ncUNDOWN,               //背景方块
6.      ncMINE,                 //地雷
7.      ncONE,                  //数字 1
8.      ncTWO,                  //数字 2
9.      ncTHREE,                //数字 3
10.     ncFOUR,                 //数字 4
11.     ncFIVE,                 //数字 5
12.     ncSIX,                  //数字 6
13.     ncSEVEN,                //数字 7
14.     ncEIGHT,                //数字 8
15.     ncFLAG,                 //标记
16.     ncQ,                    //问号
17.     ncX,                    //备用
18.     ncBOMBING,              //爆炸的雷
19.     ncUNFOUND               //未检测出来的雷
20. };
```

在游戏的过程中定义了 3 个状态：游戏未结束、游戏胜利、游戏失败。为游戏状态做如下枚举定义声明：

```
1.  typedef enum GAMEOVERSTATE
2.  {
3.      ncNo,         //游戏未结束
4.      ncWIN,        //游戏胜利
5.      ncLOSE,       //游戏失败
6.  };
```

9.3.4 类的封装

扫雷游戏的游戏对象是舞台上各个栅格位置上的方格。各个方格的内容可能为雷、数字、旗等，大约有 16 种可能。若玩家通过鼠标左右键点击方格，则方格的内容会发生变化。例如，方格被插上旗，然后被打上“？”，“？”被取消变成未揭开状态，方格被揭开后发现是非雷的空地。如果将各种方格的内容列为游戏对象，则各方格内容之间的相互关系会使得游戏对象的管理变得更复杂。

若以方格为游戏对象去构建扫雷游戏，将 16 种可能的方格内容作为方格的 16 种状态，则舞台上的游戏对象就只有各个方格。在游戏过程中，游戏的逻辑只需处理各个方格的状态切换。我们将每个方格对象称为雷对象。

在进行图形绘制时需要知道雷当前的状态 mState，从而绘制对应的方格内容。在进行逻辑判断及鼠标操作时需要知道当前雷是否被按下，所以需要定义一个布尔变量 isPress。在鼠标右击的时候可以是“？”和“旗”切换，在判断游戏是否胜利的时候也需要知道标记为“旗”的方格之前真实的状态，这就需要定义一个整型变量 mStateBackUp 用以备份雷之前的真实状态。

雷类的定义如下：

```
1.  class LEI
2.  {
3.  public:
4.      int mState;               //------->雷的状态
5.      int mStateBackUp;         //------->备份状态
6.      bool isPress;             //------->雷是否被按下
7.  };
```

9.3.5 Game 类的封装

本章尝试将游戏封装在 Game 类中进行实现。扫雷游戏的所有核心函数都定义为 Game 类的成员函数。具体代码如下：

```
1.  class Game
2.  {
3.  public:
4.      sf::RenderWindow window;
5.      Game();
6.      ~Game();
7.      bool gameOver, gameQuit;
8.
```

```
9.      void Run();                          //游戏运行入口函数
10.
11.     void Initial();                      //游戏初始化
12.
13.     void Input();                        //输入函数
14.
15.     void Logic();                        //游戏主逻辑判断
16.
17.     void Draw();                         //游戏绘制主函数
18. };
```

其中，第 4 行代码的 RenderWindow 类变量 window 表明 Game 类的对象将自带游戏窗口。

在 Game 类的 Game.cpp 文件中进行头文件的包含：

```
1.  #include "Game.h"
```

在 Game.cpp 文件中定义刚刚声明好的 Game 类的成员函数：

```
1.  Game::Game()
2.  {
3.  }
4.  Game::~Game()
5.  {
6.  }
7.  void Game::Initial()
8.  {
9.  }
10. void Game::Input()
11. {
12. }
13. void Game::Logic()
14. {
15. }
16. void Game::Draw()
17. {
18. }
19. void Game::Run()
20. {
21. }
```

其中，Run 函数对应游戏循环模块。其代码如下：

```
1.    void Game::Run()
2.    {
3.        do
4.        {
5.            Initial();
6.            while (window.isOpen() && gameOver == false)
7.            {
8.                Input();
9.
10.               Logic();
11.
12.               Draw();
13.           }
14.       } while (window.isOpen() && !gameQuit);
15.
16.   }
```

9.3.6　游戏的变量

在 Game.h 头文件中定义扫雷游戏的变量。其代码如下：

```
1.  public:
2.      sf::RenderWindow window;
3.      Game();
4.      ~Game();
5.      bool gameOver, gameQuit;
6.      bool mouseDlbClkReady;
7.      int Window_width, Window_height, stageWidth, stageHeight, mMineNum,
        mFlagCalc;
8.      int gamelvl, mTime;  //游戏难度，游戏计时
9.      LEI mGameData[LVL3_HEIGHT][LVL3_WIDTH];   //数组取最高难度的舞台尺寸
10.     bool isGameBegin;         //游戏是否开始
11.     int isGameOverState;      //游戏结束的状态
12.     sf::Vector2i mCornPoint;      //舞台的左顶点坐标
13.     int gridSize;    //块的大小
14.     int imgBGNo, imgSkinNo;
15.
```

```
16.     Texture tBackground, tTiles, tButtons, tNum, tTimer, tCounter,
        tGameOver;        //  创建纹理对象
17.     Sprite  sBackground, sTiles, sButtons, sNum, sTimer, sCounter, sGame
        Over;           //  创建精灵对象
18.     sf::IntRect ButtonRectEasy, ButtonRectNormal, ButtonRectHard, Button
        RectBG, ButtonRectSkin, ButtonRectRestart, ButtonRectQuit;
19.
20.     SoundBuffer sbWin, sbBoom;
21.     Sound soundWin, soundBoom;
22.     Music bkMusic;
23.
24.     //SFML 的 Clock 类在对象实例化的时候即开始计时
25.     sf::Clock gameClock, mouseClickTimer;
```

其中，第 9 行代码定义了 LEI 对象二维数组，用于构建游戏舞台的栅格网格。

9.3.7 Game 类的实例化

Game 类的实例化在项目的 MineSweeper.cpp 中实现。具体代码如下：

```
1. #include "Game.h"
2.
3. int main()
4. {
5.     Game Mine;
6.     Mine.Run();
7. }
```

习 题

1. 当用类对游戏的主体进行封装时，游戏的窗口变量是作为全局变量好？还是作为类的成员变量好？请讲述理由。

2. 基于先前的游戏开发经验，游戏的哪几个模块会用到游戏的窗口变量。

3. 当用类对游戏的主体进行封装，通过类的实例化进行游戏主体运行。游戏窗口的创建应该放在游戏类的哪个成员函数中实现比较合适？为什么？

4. 通常在游戏窗口不销毁的情况下可以进行游戏数值的重置，让游戏重新开始。若游戏窗口销毁，则游戏退出。请基于以上认知，结合上一题的要求，设计游戏类的循环模块。

9.4　初始化模块

9.4.1　游戏窗口创建

构造函数和析构函数通常用于类的相关成员变量的初始化，以及类运行完之后的数据清理。本章的框架中，游戏实现被封装在 Game 类中。窗口变量 window 作为 Game 类的成员变量，建议在 Game 类的构造函数中对其进行初始化。具体代码如下：

```
1.  Game::Game()
2.  {
3.      Window_width = 860;
4.      Window_height = 600;
5.
6.      gamelvl = 2;
7.      window.create(sf::VideoMode(Window_width, Window_height), L"Mine-
    Sweeper by 李仕");
8.  }
```

由于游戏有难度选项，不同难度下的游戏有不同的初始化，因此难度变量 gamelvl 的初始设置也放在构造函数中进行。

9.4.2　初始化函数

Initial 函数用于对游戏进行初始化。具体代码如下：

```
1.  void Game::Initial()
2.  {
3.      window.setFramerateLimit(10); //每秒设置目标帧数
4.      gridSize = GRIDSIZE; //点击的位置的块的大小
5.
6.      switch (gamelvl)
7.      {
8.      case 1:
9.          stageWidth = LVL1_WIDTH;
10.         stageHeight = LVL1_HEIGHT;
11.         mMineNum = LVL1_NUM;
12.         break;
13.     case 2:
14.         stageWidth = LVL2_WIDTH;
```

```
15.         stageHeight = LVL2_HEIGHT;
16.         mMineNum = LVL2_NUM;
17.         break;
18.     case 3:
19.         stageWidth = LVL3_WIDTH;
20.         stageHeight = LVL3_HEIGHT;
21.         mMineNum = LVL3_NUM;
22.         break;
23.     default:
24.         break;
25.     }
26.     gameOver = false;
27.     gameQuit = false;
28.     isGameOverState = ncNo; //初始化游戏的结束状态
29.     mFlagCalc = 0;          //初始化旗子的数量
30.     isGameBegin = false;    //初始化游戏是否开始
31.     mTime = 0;              //初始化游戏进行的时间
32.
33.     mCornPoint.x = (Window_width - stageWidth * GRIDSIZE) / 2;
                               //设置舞台的左上角坐标
34.     mCornPoint.y = (Window_height - stageHeight * GRIDSIZE) / 2;
35.     IniData();       //初始化数据
36.     LoadMediaData();    //加载素材
37. }
```

其中，switch(gameLvL)用来对不同游戏难度进行数值设定。游戏未开始时，将 gameOver、gameQuit、isGameBegin 设置为假，isGameOverState = ncNO 标明游戏未结束，计时器变量 mTime = 0 用于设置游戏舞台的左上角 mCornPoint 的 x、y 使得舞台处于窗口的正中位置。游戏数值的初始化和素材加载分别用 IniData()和 LoadMediaData()函数进行封装，并在 Game.h 中增加 IniData()和 LoadMediaData()函数的声明。

9.4.3 素材加载

在 Game.cpp 中定义函数 LoadMediaData()。LoadMediaData()的主要功能是从文件中加载图片、音频等游戏素材。具体实现代码如下：

```
1. void Game::LoadMediaData()
2. {
3.     std::stringstream ss;
4.     ss << "data/images/BK0" << imgBGNo << ".jpg";
```

```
5.      if (!tBackground.loadFromFile(ss.str()))
6.          std::cout << "BK image 没有找到" << std::endl;
7.
8.      ss.str(""); //清空字符串
9.      ss << "data/images/Game" << imgSkinNo << ".jpg";
10.     if (!tTiles.loadFromFile(ss.str()))
11.         std::cout << "Game Skin image 没有找到" << std::endl;
12.     if(!tNum.loadFromFile("data/images/num.jpg"))
13.         std::cout << "num.jpg 没有找到" << std::endl;
14.     if (!tTimer.loadFromFile("data/images/jishiqi.jpg"))
15.         std::cout << "jishiqi.jpg 没有找到" << std::endl;
16.     if (!tCounter.loadFromFile("data/images/jishuqi.jpg"))
17.         std::cout << "jishuqi.jpg 没有找到" << std::endl;
18.     if (!tButtons.loadFromFile("data/images/button.jpg"))
19.         std::cout << "button.jpg 没有找到" << std::endl;
20.     if (!tGameOver.loadFromFile("data/images/gameover.jpg"))
21.             std::cout << "gameover.jpg 没有找到" << std::endl;
22.
23.     sBackground.setTexture(tBackground);
24.     sTiles.setTexture(tTiles);
25.     sButtons.setTexture(tButtons);
26.     sNum.setTexture(tNum);
27.     sTimer.setTexture(tTimer);
28.     sCounter.setTexture(tCounter);
29.     sGameOver.setTexture(tGameOver);
30. }
```

上述实现代码看着行数很多，但其实挺简单的。需要注意的是，本游戏案例开始时游戏的背景图和皮肤是可以更换的。为了让程序明确知道当前使用的背景图是哪个素材，代码的第 3～4 行使用 stringstream 类对象，将背景图的标记变量 imgBGNo 转换为对应背景素材的文件名编号的字符串，再由第 5 行代码将指定文件名的背景图加载到背景图纹理。因此，通过变量 imgBGNo 取值的变更实现了背景素材的替换。皮肤素材的更换也可照此处理，具体实现详见代码 8～9 行。其中，第 8 行代码为 stringstream 对象的字符串清空重置。若没有找到素材文件，则应设置报错提示，以便让开发者知道错误的位置。代码中使用精灵对象的成员函数 setTexture()对纹理和精灵进行一一绑定。

9.4.4　stringstream 对象的格式

本书案例中多次使用 stringstream 类来实现数值转字符串的操作，字符串的长度和数值的实际位数保持相等。该种转换在有些情境下可能会带来使用上的不便。以 9.4.3 节

LoadMediaData()函数实现代码为例，当变量 imgBGNo=10 时，对应的背景图文件名为 BK010.jpg；而当 imgBGNo=9 时，对应的背景图文件名为 BK09.jpg。由此可见，两者文件名的长度不一样。该差异容易会给游戏的素材编号带来一些困扰。

stringstream 类继承自 C++标准输入输出类 iostream。因此继承了管理字段格式的成员函数，如 width()和 fill()。其中，width()函数用于指定下一个要被插入元素的字段宽度，且只对下一个要被插入的元素有影响；fill()函数用指定字符进行填充，直到字段宽度达到设定的宽度值。

因此，可对 LoadMediaData()函数中 stringstream 对象的格式进行改进：

```
1.  void Game::LoadMediaData()
2.  {
3.   std::stringstream ss;
4.   //ss << "data/images/BK0" << imgBGNo << ".jpg";
5.   ss.fill('0');    //指定填充字符
6.   ss << "data/images/BK" ;
7.   ss.width(2); //指定下一个要被插入元素的字段宽度
8.   ss <<imgBGNo << ".jpg";
9.       //…略
10. }
```

9.4.5 游戏数值初始化

在 Game.cpp 中定义 IniData()函数。该函数用于游戏数值的初始化，把游戏舞台栅格网格上的所有 LEI 对象都设置为空且未点击状态。

```
1.  void Game::IniData()
2.  {
3.      int i, j;
4.      for(j=0; j<stageHeight; j++)      //所有块置为空且未点击
5.          for (i = 0; i < stageWidth; i++)
6.          {
7.              mGameData[j][i].mState = ncUNDOWN;
8.              mGameData[j][i].isPress = false;
9.          }
10. }
```

习 题

1. stringstream 对象 ss 的字符串清空，下列操作方法中正确的是(　　)。

A. ss.clear();　　B. ss.empty();　　C. ss.str("");　　D. ss.erase();

2. LoadMediaData()的主要功能是从文件中加载图片、音频等素材，若想通过交互操作实时更新游戏的背景图和皮肤，在 LoadMediaData()函数中应如何设置？

3. 在本例的 Initial()函数中，游戏数值的初始化和素材加载两部分功能分别用 IniData()和 LoadMediaData()函数进行封装。这有什么优点？

9.5 游戏数值

9.5.1 布雷函数

地雷的布置是扫雷游戏的重点之一。首先在 Game 类中声明成员函数 MineSet()，以使得游戏初始化模块得到完善。具体代码如下：

```
1. void Initial();                          //游戏初始化
2. void IniData();                          //游戏数据初始化
3. void LoadMediaData();                    //加载媒体素材
4. void MineSet(int Py, int Px);            //布雷函数
```

布雷函数需要完成 2 件事：①随机布雷，②布雷数要准确。

雷的随机位置坐标可以通过 rand()函数返回的随机数来设定。由于 rand()函数实际上是伪随机。为了让每次的随机结果能够更加不确定，考虑采用系统时间作为随机数生成器的种子。因为，如果每次运行程序的时间不会相同，则每次的随机种子必然不同，由此产生的伪随机数每次均会有差异。所以，可以用该方式在舞台上获得随机的布雷坐标。代码如下所示。其中，第 5 行代码使用 srand(time(NULL))函数获取系统时间作为随机函数 rand()的随机种子；第 7、8 行代码通过 rand()函数获得的随机数生成随机坐标。

```
1. void Game::MineSet(int Py, int Px)      //布雷
2. {
3.     int mCount, i, j, k, l;
4.     mCount = 0;
5.     srand(time(NULL));       //用当前系统时间作为随机数生成器的种子
6.     do {
7.         k = rand() % stageHeight;  //生成随机数
8.         l = rand() % stageWidth;
9.         if (mGameData[k][l].mState == ncUNDOWN)
10.        {
11.            mGameData[k][l].mState = ncMINE;
12.            mGameData[k][l].mStateBackUp = ncMINE;  //备份状态
13.            mCount++;
14.        }
15.    } while (mCount != mMineNum);
16. }
```

由于坐标是随机生成的，可能会出现相同坐标被随机到多次。为此，需要在布雷的时候对随机到的位置是否已经被布下雷的情况进行判断，当且仅当当前位置未被布雷的时候才进行布雷操作(见上方第 9 行代码)，以避免有效的实际雷数与统计雷数出现不一致的情况。上方示例中，布雷以 do-while()循环的方式进行。雷的标记和判定详见第 9～14 行代码。第 15 行代码表示：如果统计的雷数 mCount 等于预定的雷数 mMineNum，则循环中止，布雷结束。

9.5.2 第一次点击

游戏开始时，因为玩家缺少判断地雷位置的有用信息，所以存在玩家第一次点击栅格方块就触雷的可能性。对于玩家来讲，如果游戏开始的同时就立马结束，则等同于游戏没有开始。考虑到游戏的可玩性，游戏应该避免玩家第一次鼠标点击就触雷的情况发生。因此，通常采用的布雷策略是在鼠标第一次点击事件发生后再进行布雷，即布雷的位置要避开鼠标第一次点击的位置。

基于以上考量，对 Game.cpp 中布雷函数 MineSet()进行重新定义：

```
1.  void Game::MineSet(int Py, int Px)      //布雷
2.  {
3.      int mCount, i, j, k, l;
4.      mCount = 0;
5.      srand(time(NULL));          //用当前系统时间作为随机数生成器的种子
6.      //随机布雷
7.      do {
8.          k = rand() % stageHeight;  //生成随机数
9.          l = rand() % stageWidth;
10.         if(k == Py && l== Px)
11.             continue; //如果随机左边为当前第一次点击的位置，则重新再来
12.         if (mGameData[k][l].mState == ncUNDOWN)
13.         {
14.             mGameData[k][l].mState = ncMINE;
15.             mGameData[k][l].mStateBackUp = ncMINE;  //备份状态
16.             mCount++;
17.         }
18.     } while (mCount != mMineNum);
19. }
```

其中，MineSet()的参数 Py、Px 为鼠标第一下点击所对应的栅格方块坐标，该位置上不能出现雷。第 10 行代码判断新的随机坐标是否是受保护的(Px，Py)坐标点，若是，则本次循环结束并进入下一轮循环的随机坐标生成；若否，则本次随机的布雷坐标有效，进而判断该坐标上是否已经被布下地雷。此时，若是，则同样本次循环结束并进入下一轮循环的随

机坐标生成；若否，则对该坐标进行布雷，并累计已经布下的雷数。

上述第二种布雷方法存在一个缺陷：鼠标的第一次点击可能只点开一个方格，但游戏依旧缺少继续进行下去的线索。玩家的第二次鼠标点击，有很大的概率会触发雷。因此，我们考虑第三种布雷方案：鼠标第一次点击的位置及其周边紧邻的 8 个位置均不能是雷。如此则能更大概率地为玩家提供游戏推进的线索。基于该设想，对原布雷函数进行重写，具体代码如下：

```
1.  do {
2.      bool flag = true;//当次循环是否布雷的判定变量
3.      k = rand() % stageHeight;  //生成随机数
4.      l = rand() % stageWidth;
5.      for (i = Py - 1; i < Py + 2; i++)    //鼠标第一下点击处及周围 8 领域
6.          for (j = Px - 1; j < Px + 2; j++)
7.              if (i >= 0 && i < stageHeight && j >= 0 && j < stageWidth)
8.                  if (k == i && l == j)
9.                      flag = false;//随机坐标若处于 9 宫格覆盖范围，则不要布雷
10.     if (flag && mGameData[k][l].mState == ncUNDOWN)
11.     {
12.         mGameData[k][l].mState = ncMINE;
13.         mGameData[k][l].mStateBackUp = ncMINE;  //备份状态
14.         mCount++;
15.     }
16. } while (mCount != mMineNum);
```

其中，第 5～6 行代码是对鼠标第一次点击点(Px，Py)及其 8 领域进行遍历；第 7 行代码是确保 8 领域的坐标均在游戏舞台区域(如鼠标第一次点击在舞台边缘的情况)。尽管本例不采取类似判定也不影响结果，但建议采取类似的数据保护措施，以免因为可能的疏漏而出现未知的逻辑 BUG。第 8～9 行代码是比较随机生成的坐标，若处于受保护的 9 宫格内，则 bool 变量 flag 设为 false。第 10 行代码的判定若无法通过，则本轮循环不布雷，进入下一轮的布雷坐标生成。

9.5.3　游戏数值标记

扫雷游戏的舞台上除了埋有雷的方格之外，还有其他需要进行标记的方格。标记主要是记录非雷网格周围的雷的个数，并将该数据以标记的形式保存在当前格，以做游戏的提示信息。具体代码如下：

```
1.  //方格赋值
2.  for(i = 0; i < stageHeight; i++)
3.      for (j = 0; j < stageWidth; j++)
4.      {
```

```
5.          if (mGameData[i][j].mState != ncMINE)
6.          {
7.              mCount = 0;
8.              for (k= i -1; k < i+2; k++)
9.                  for(l = j -1; l < j+2; l++)
10.                     if (k>=0 && k <stageHeight && l>=0 && l <stageWidth)
11.                     {
12.                         if (mGameData[k][l].mState == ncMINE)
13.                             mCount++;
14.                     }//计算(i,j)周围雷的数目
15.             switch (mCount)//保存状态
16.             {
17.             case 0:
18.                 mGameData[i][j].mState = ncNULL;     break;
19.             case 1:
20.                 mGameData[i][j].mState = ncONE;      break;
21.             case 2:
22.                 mGameData[i][j].mState = ncTWO;      break;
23.             case 3:
24.                 mGameData[i][j].mState = ncTHREE;    break;
25.             case 4:
26.                 mGameData[i][j].mState = ncFOUR;     break;
27.             case 5:
28.                 mGameData[i][j].mState = ncFIVE;     break;
29.             case 6:
30.                 mGameData[i][j].mState = ncSIX;      break;
31.             case 7:
32.                 mGameData[i][j].mState = ncSEVEN;    break;
33.             case 8:
34.                 mGameData[i][j].mState = ncEIGHT;    break;
35.             }
36.         }
37.     }
```

其中，第 2～3 行对舞台上的全体方格进行遍历；第 5 行代码表示：如果当前方格没有被布雷，则进入方格标记流程；第 7～14 行代码用于统计当前方格周边 8 领域中雷的数量；第 15～35 行代码将统计的雷数以枚举类型值的形式赋值给方格状态 mState。

习 题

1. 请列举扫雷游戏布雷函数实现的要点。

2. 课内列举了 3 种布雷方法，请在此基础上设计一种布雷方案，使得雷能够按照某种特殊的图案(比如心形、数字图形等)进行排列。当然，鼠标左键的第一次点击不能触雷。

3. 阅读下方“扫雷”游戏的布雷函数，对第 10 行代码①处进行完善，使得鼠标左键第一次点击时周围 8 领域都没有雷。

```
1.  void Game::MineSet(int Py, int Px)       //布雷
2.  {
3.      int mCount, i, j, k, l;
4.      mCount = 0;
5.      srand(time(NULL));       //用当前系统时间作为随机数生成器的种子
6.      //随机布雷
7.      do {
8.          k = rand() % stageHeight;  //生成随机数
9.          l = rand() % stageWidth;
10.         if(  ①  )
11.             continue;
12.         if (mGameData[k][l].mState == ncUNDOWN)
13.         {
14.             mGameData[k][l].mState = ncMINE;
15.             mGameData[k][l].mStateBackUp = ncMINE;  //备份状态
16.             mCount++;
17.         }
18.     } while (mCount != mMineNum);
19. }
```

9.6　图形绘制模块

9.6.1　绘制模块设计

游戏素材的绘制包括场景、标题、文字等。为了便于管理，我们将各个绘制内容封装在函数中，如 DrawGrid()、DrawButton()、DrawTimer()、DrawScore()。在 Game 类中对这些函数进行声明。

```
1.  void Draw();
2.  void DrawGrid();
3.  void DrawButton();
4.  void DrawScore();
5.  void DrawTimer();
6.  void DrawGameEnd();
```

在 Game.cpp 文件中，按照预设的顺序把每个函数放入 Draw()函数中，分别绘制背景、舞台、按钮、计时、剩余雷数。如果游戏结束了，则绘制游戏结束时出现的画面。

```
1.  void Game::Draw()
2.  {
3.      window.clear(); //清屏
4.      //绘制背景
5.      sBackground.setPosition(0, 0);
6.      window.draw(sBackground);
7.      //绘制舞台
8.      DrawGrid();
9.      DrawButton();
10.     DrawTimer();
11.     DrawScore();
12.     if (isGameOverState)
13.     DrawGameEnd();
14.     window.display(); //把显示缓冲区的内容，显示在屏幕上。
15. }
```

9.6.2　网格的绘制

网格方块的素材以精灵表单的形式被集成在 sTiles 精灵的大纹理贴图中，要从中选择正确的纹理绘制到舞台的网格上，需要先采用 SetTextureRect()函数对大纹理贴图进行局部区域选取。在舞台中，根据网格的状态绘制网格的相应贴图。具体实现代码如下：

```
1.  void Game::DrawGrid()
2.  {
3.      for (int j = 0; j < stageHeight; j++)
4.          for (int i = 0; i < stageWidth; i++)
5.          {
6.              if (mGameData[j][i].isPress == true)
7.              {
8.                  sTiles.setTextureRect(IntRect(mGameData[j][i].mState *
                    GRIDSIZE, 0, GRIDSIZE, GRIDSIZE));
```

```
9.                 sTiles.setPosition(mCornPoint.x + i*GRIDSIZE, mCornPoint.
                   y + j*GRIDSIZE);
10.            }
11.            else
12.            {
13.                sTiles.setTextureRect(IntRect(ncUNDOWN * GRIDSIZE, 0,
                   GRIDSIZE, GRIDSIZE));
14.                //sTiles.setTextureRect(IntRect(mGameData[j][i].mState *
                   GRIDSIZE, 0, GRIDSIZE, GRIDSIZE));
15.                sTiles.setPosition(mCornPoint.x+i*GRIDSIZE, mCornPoint.y
                   + j*GRIDSIZE);
16.            }
17.            window.draw(sTiles);
18.        }
19. }
```

其中，函数定义如下：

void setTextureRect(const IntRect& rectangle);

这里参数 rectangle 定义了用于显示的纹理区域。因此，第 8～13 行代码中 setTextureRect 函数的参数需进行 IntRect 的格式强制转换。其参数对应 Rect(T rectLeft, T rectTop, T rectWidth, T rectHeight);。

其中，SetTextureRect()函数定义如下：

void setTextureRect(const IntRect& rectangle);

参数 rectangle 定义了大纹理区中用于显示的局部纹理区域。

因此，上方第 8、13 行代码中 setTextureRect 函数的参数需进行 IntRect 的格式强制转换。其参数对应 Rect(T rectLeft、T rectTop、T rectWidth、T rectHeight)。以第 8 行代码中的参数为例，第 1 个参数为局部纹理区域的左顶点 X 坐标，第 2 个参数为左顶点 Y 坐标，第 3、4 个参数分别为局部纹理区域的宽和高。其中，mGameData[j][i].mState 为当前栅格的状态值，基于前面枚举类型的设定，它同时对应其纹理在精灵表单上的序号。该序号乘以图案纹理的宽度值则能得到当前纹理的左顶点 X 坐标。

9.6.3　图形按钮绘制

SFML 并没有提供现成的按钮类库，因此窗口上的按钮需要自行绘制。我们需要设定每个按钮的宽、高和窗口上的位置。本案例中需要绘制简单、中等、困难、肤色、背景、重来和离开，共 7 个按钮。具体实现代码如下：

```
1. void Game::DrawButton()
2. {
3.     Vector2i LeftCorner;
```

```
4.      int ButtonWidth = 60;
5.      int ButtonHeight = 36;
6.      int detaX;
7.      detaX = (Window_width - ButtonWidth * 7) / 8; //7个按钮在界面上等分宽度
8.      LeftCorner.y = Window_height - GRIDSIZE * 3;   //指定高度
9.
10.     //ButtonRectEasy
11.     LeftCorner.x = detaX;
12.     sButtons.setTextureRect(IntRect(0 * ButtonWidth, 0, ButtonWidth, Butt
   onHeight));//读取按钮的纹理区域
13.     sButtons.setPosition(LeftCorner.x, LeftCorner.y); //设置按钮的位置坐标
14.     ButtonRectEasy.left = LeftCorner.x;
15.     ButtonRectEasy.top = LeftCorner.y;
16.     ButtonRectEasy.width = ButtonWidth;
17.     ButtonRectEasy.height = ButtonHeight;
18.     window.draw(sButtons);
19.     //ButtonRectNormal
20.     LeftCorner.x = detaX*2 + ButtonWidth;
21.     sButtons.setTextureRect(IntRect(1 * ButtonWidth, 0, ButtonWidth, Butt
   onHeight));//读取按钮的纹理区域
22.     sButtons.setPosition(LeftCorner.x, LeftCorner.y); //设置按钮的位置坐标
23.     ButtonRectNormal.left = LeftCorner.x;
24.     ButtonRectNormal.top = LeftCorner.y;
25.     ButtonRectNormal.width = ButtonWidth;
26.     ButtonRectNormal.height = ButtonHeight;
27.     window.draw(sButtons);
28.     //ButtonRectHard
29.     LeftCorner.x = detaX * 3 + ButtonWidth*2;
30.     sButtons.setTextureRect(IntRect(2 * ButtonWidth, 0, ButtonWidth, Butt
   onHeight));//读取按钮的纹理区域
31.     sButtons.setPosition(LeftCorner.x, LeftCorner.y); //设置按钮的位置坐标
32.     ButtonRectHard.left = LeftCorner.x;
33.     ButtonRectHard.top = LeftCorner.y;
34.     ButtonRectHard.width = ButtonWidth;
35.     ButtonRectHard.height = ButtonHeight;
36.     window.draw(sButtons);
37.     //ButtonRectBG
38.     LeftCorner.x = detaX * 4 + ButtonWidth*3;
```

```
39.     sButtons.setTextureRect(IntRect(3 * ButtonWidth, 0, ButtonWidth, Butt
                                onHeight));//读取按钮的纹理区域
40.     sButtons.setPosition(LeftCorner.x, LeftCorner.y); //设置按钮的位置坐标
41.     ButtonRectBG.left = LeftCorner.x;
42.     ButtonRectBG.top = LeftCorner.y;
43.     ButtonRectBG.width = ButtonWidth;
44.     ButtonRectBG.height = ButtonHeight;
45.     window.draw(sButtons);
46.     //ButtonRectSkin
47.     LeftCorner.x = detaX * 5 + ButtonWidth*4;
48.     sButtons.setTextureRect(IntRect(4 * ButtonWidth, 0, ButtonWidth, Butt
                                onHeight));//读取按钮的纹理区域
49.     sButtons.setPosition(LeftCorner.x, LeftCorner.y); //设置按钮的位置坐标
50.     ButtonRectSkin.left = LeftCorner.x;
51.     ButtonRectSkin.top = LeftCorner.y;
52.     ButtonRectSkin.width = ButtonWidth;
53.     ButtonRectSkin.height = ButtonHeight;
54.     window.draw(sButtons);
55.     //ButtonRectRestart
56.     LeftCorner.x = detaX * 6 + ButtonWidth*5;
57.     sButtons.setTextureRect(IntRect(5 * ButtonWidth, 0, ButtonWidth, Butt
                                onHeight));//读取按钮的纹理区域
58.     sButtons.setPosition(LeftCorner.x, LeftCorner.y); //设置按钮的位置坐标
59.     ButtonRectRestart.left = LeftCorner.x;
60.     ButtonRectRestart.top = LeftCorner.y;
61.     ButtonRectRestart.width = ButtonWidth;
62.     ButtonRectRestart.height = ButtonHeight;
63.     window.draw(sButtons);
64.     //ButtonRectQuit
65.     LeftCorner.x = detaX * 7 + ButtonWidth*6;
66.     sButtons.setTextureRect(IntRect(6 * ButtonWidth, 0, ButtonWidth, Butt
                                onHeight));//读取按钮的纹理区域
67.     sButtons.setPosition(LeftCorner.x, LeftCorner.y); //设置按钮的位置坐标
68.     ButtonRectQuit.left = LeftCorner.x;
69.     ButtonRectQuit.top = LeftCorner.y;
70.     ButtonRectQuit.width = ButtonWidth;
71.     ButtonRectQuit.height = ButtonHeight;
72.     window.draw(sButtons);
73. }
```

以第64～72行按钮绘制为例。其中，按钮左顶点的Y坐标已在第8行代码中声明(全部按钮在舞台窗口上水平排放，它们的Y坐标一致)；第65行代码获得当前按钮的左顶点坐标，第66行代码获得当前按钮精灵对象的纹理区域；第67行代码设置当前按钮精灵对象的位置坐标；第68～71行代码记录当前按钮在游戏窗口上的坐标区域，用于后续的鼠标交互判定；第72行代码将当前按钮的精灵对象绘制到显存。

9.6.4 游戏计数绘制

游戏绘制的字符输出可以采用字体库font的方式进行符号输出，也可以采用贴图的方式通过精灵绘制进行。本节介绍如何以精灵绘图的方式进行扫雷游戏的雷数显示。首先设置好计数器在游戏窗口的显示位置，然后用SetTextureRect()函数从sNum的大纹理中获取相应的数字字符图案。根据实际的雷数数字，将相应的数字图案绘制在个、十、百的计数位置上，以完成扫雷分数的绘制。具体代码如下：

```
1.  void Game::DrawScore()
2.  {
3.      Vector2i LeftCorner;
4.      LeftCorner.x = Window_width-sCounter.getLocalBounds().width * 1.25;
5.      LeftCorner.y = sCounter.getLocalBounds().height * 0.5;
6.      sCounter.setPosition(LeftCorner.x, LeftCorner.y); //计数器纹理的贴图位置
7.      window.draw(sCounter);
8.
9.      int NumSize = sNum.getLocalBounds().height;
10.     LeftCorner.x = LeftCorner.x + sCounter.getLocalBounds().width -
    NumSize;
11.     LeftCorner.y = LeftCorner.y + sCounter.getLocalBounds().height * 0.5
    - NumSize * 0.5;
12.
13.     int mScore = mMineNum - mFlagCalc;
14.     //绘制个位数的数字
15.     int a = mScore % 10;
16.     sNum.setTextureRect(IntRect(a * NumSize, 0, NumSize, NumSize));
    //在贴图上取对应数字字符的纹理贴图
17.     sNum.setPosition(LeftCorner.x, LeftCorner.y);
18.     window.draw(sNum);
19.     //绘制十位数的数字
20.     mScore = mScore / 10;
21.     a = mScore % 10;
```

```
22.     LeftCorner.x = LeftCorner.x - NumSize;
23.     sNum.setTextureRect(IntRect(a * NumSize, 0, NumSize, NumSize));
    //在贴图上取对应数字字符的纹理贴图
24.     sNum.setPosition(LeftCorner.x, LeftCorner.y);
25.     window.draw(sNum);
26.     //绘制百位数的数字
27.     mScore = mScore / 10;
28.     a = mScore % 10;
29.     LeftCorner.x = LeftCorner.x - NumSize;
30.     sNum.setTextureRect(IntRect(a * NumSize, 0, NumSize, NumSize));
    //在贴图上取对应数字字符的纹理贴图
31.     sNum.setPosition(LeftCorner.x, LeftCorner.y);
32.     window.draw(sNum);
33. }
```

其中，第 4～5 行代码获取计数显示的精灵 sCounter 的左顶点坐标；第 6～7 行代码用于设定 sCounter 的位置并将之绘入显示缓冲区；第 9～11 行代码获取个位数字字符的显示位置左顶点坐标;第 13 行代码获取剩余的雷数数值;第 15 行代码获取剩余雷数的个位数数值;第 16～18 行代码获取个位数数字对应的纹理贴图，并将之在显示缓冲区的指定位置进行绘制;第 20～25 行代码完成十位数数字的绘制;第 27～32 行代码完成百位数数字的绘制。

9.6.5　计时器绘制

在游戏开始后进行计时，游戏结束时停止计时。当计时超过 999 秒时，显示为 999(详见下面第 11～12 行代码)。游戏计时的绘制可同比雷数计数的数字绘制。首先设置好计数器的贴图位置,然后用 SetTextureRect()函数从 sNum 的大纹理中获取相应的数字字符图案,将之绘制在个、十、百的计数位置上，以完成计时器数字的绘制。具体代码如下：

```
1.  void Game::DrawTimer()
2.  {
3.      Vector2i LeftCorner;
4.      LeftCorner.x = sTimer.getLocalBounds().width*0.25;
5.      LeftCorner.y = sTimer.getLocalBounds().height*0.5;
6.      sTimer.setPosition(LeftCorner.x, LeftCorner.y); //计数器纹理的贴图位置
7.      window.draw(sTimer);
8.      if(isGameBegin)
9.          mTime = gameClock.getElapsedTime().asSeconds();
10.     int mScore = mTime;
11.     if (mScore > 999)
12.         mScore = 999;
```

```
13.     int NumSize = sNum.getLocalBounds().height;
14.     LeftCorner.x = LeftCorner.x + sTimer.getLocalBounds().width -
    NumSize*1.5;
15.     LeftCorner.y = LeftCorner.y + sTimer.getLocalBounds().height*0.5 -
    NumSize*0.5;
16.     //绘制个位数的数字
17.     int a = mScore % 10;
18.     sNum.setTextureRect(IntRect(a * NumSize, 0, NumSize, NumSize));//纹理
    上取数字纹理
19.     sNum.setPosition(LeftCorner.x, LeftCorner.y);//摆好位置
20.     window.draw(sNum);
21.     //绘制十位数的数字
22.     mScore = mScore / 10;
23.     a = mScore % 10;
24.     LeftCorner.x = LeftCorner.x - NumSize;
25.     sNum.setTextureRect(IntRect(a * NumSize, 0, NumSize, NumSize));//纹理
    上取数字纹理
26.     sNum.setPosition(LeftCorner.x, LeftCorner.y);//摆好位置
27.     window.draw(sNum);
28.     //绘制百位数的数字
29.     mScore = mScore / 10;
30.     a = mScore % 10;
31.     LeftCorner.x = LeftCorner.x - NumSize;
32.     sNum.setTextureRect(IntRect(a * NumSize, 0, NumSize, NumSize));//纹理
    上取数字纹理
33.     sNum.setPosition(LeftCorner.x, LeftCorner.y);//摆好位置
34.     window.draw(sNum);
35. }
```

9.6.6 游戏结束画面绘制

在游戏结束后，若游戏胜利，则绘制相应胜利画面的贴图；若游戏失败，则绘制相应失败贴图。具体代码如下：

```
1. void Game::DrawGameEnd()
2. {
3.     Vector2i LeftCorner;
4.     int ButtonWidth = 200;
5.     int ButtonHeight = sGameOver.getLocalBounds().height;
```

```
6.      LeftCorner.x = (Window_width - ButtonWidth) / 2;  //指定顶点坐标
7.      LeftCorner.y = (Window_height - ButtonHeight) / 2;//指定顶点坐标
8.
9.      sGameOver.setPosition(LeftCorner.x, LeftCorner.y);//设置按钮的位置坐标
10.
11.     if (isGameOverState == ncWIN)
12.         sGameOver.setTextureRect(IntRect(0 * ButtonWidth, 0, ButtonWidth,
    ButtonHeight));  //读取按钮的纹理区域
13.     if (isGameOverState == ncLOSE)
14.         sGameOver.setTextureRect(IntRect(1 * ButtonWidth, 0, ButtonWidth,
    ButtonHeight));  //读取按钮的纹理区域
15.
16.     window.draw(sGameOver);
17. }
```

习 题

1. 下方代码中第 27、28、29 行代码的作用，请分别进行描述。第 30 行代码中，变量 a 数值的对应数字贴图能够准确获取的前提条件是什么？

```
26.     //绘制百位数的数字
27.     mScore = mScore / 10;
28.     a = mScore % 10;
29.     LeftCorner.x = LeftCorner.x - NumSize;
30.     sNum.setTextureRect(IntRect(a * NumSize, 0, NumSize, NumSize));
31.     sNum.setPosition(LeftCorner.x, LeftCorner.y);
32.     window.draw(sNum);
33. }
```

2. 在 IniData()函数中，所有栅格的状态都被初始化为 ncUNDOWN。但本节 DrawGrid()函数在绘制栅格 ncUNDOWN 的状态时，并不是依据栅格的 mState 值为 ncUNDOWN 的，可能的原因是什么？既然如此，那么在 IniData()函数中将所有栅格的状态都初始化为 ncUNDOWN 的作用是什么？

3. 在游戏绘制中，先将多种素材以精灵表单的形式整合为一个纹理文件导入到纹理区，再由各个精灵对象在纹理图像的各个局部区域进行提取、绘制。此种纹理管理方式有什么优势？

4. 下方代码第 67、68、72 行代码中共出现 4 次 ButtonWidth 变量。每次该变量值起到的作用是什么？

```
66.    //ButtonRectQuit
67.    LeftCorner.x = detaX * 7 + ButtonWidth*6;
68.    sButtons.setTextureRect(IntRect(6 * ButtonWidth, 0, ButtonWidth,
   ButtonHeight));//读取按钮的纹理区域
69.    sButtons.setPosition(LeftCorner.x, LeftCorner.y);//设置按钮坐标
70.    ButtonRectQuit.left = LeftCorner.x;
71.    ButtonRectQuit.top = LeftCorner.y;
72.    ButtonRectQuit.width = ButtonWidth;
73.    ButtonRectQuit.height = ButtonHeight;
74.    window.draw(sButtons);
75. }
```

5. 游戏结束画面的绘制，可通过下方代码的方式进行实现。如第 12 行代码所示，当变量 isGameOverState 为 true 时，对结束画面进行绘制。但如果现在游戏分 3 个场景关卡，关卡变量为 StageLVL，请用伪代码重新实现 Draw()，使得程序能对指定 StageLVL 的内容进行绘制。

```
1. void Game::Draw()
2. {
3.     window.clear(); //清屏
4.     //绘制背景
5.     sBackground.setPosition(0, 0);
6.     window.draw(sBackground);
7.     //绘制舞台
8.     DrawGrid();
9.     DrawButton();
10.    DrawTimer();
11.    DrawScore();
12.    if (isGameOverState)
13.        DrawGameEnd();
14.    window.display(); //把显示缓冲区的内容，显示在屏幕上
15. }
```

9.7 输入模块

9.7.1 输入模块设计

扫雷游戏主要依靠鼠标操作来进行游戏交互。常见的操作有：左键单击翻开安全方块

显示周围地雷数，左键双击翻开周围方块和右键单击标记地雷。由于 SFML 的鼠标类中并没定义鼠标的双击事件或函数，用户需要自行定义鼠标的双击响应事件：根据两次鼠标点击的间隔时间来进行判定，两次点击间隔大于规定时间范围时判定为鼠标单击事件，小于规定时间范围时判定为双击事件。

本节通过 sf::Clock 类的实例对象 gameClock 和 mouseClickTimer 实现计时的功能，即双击的判断。对象声明如下：

```
1. //SFML 的 Clock 类在对象实例化的时候即开始计时
2. sf::Clock gameClock, mouseClickTimer;
```

为完成游戏的输入模块，本节将在 Game 类中添加 void RButtonDown(Vector2i mPoint)、void LButtonDown(Vector2i mPoint)、void LButtonDblClk(Vector2i mPoint)三个成员函数，分别对应鼠标右键单击、鼠标左键单击、鼠标左键双击，即 3 个鼠标操作的响应函数。在 Game 类头文件中声明如下：

```
1. void Input();
2. void RButtonDown(Vector2i mPoint);        //鼠标右击
3. void LButtonDown(Vector2i mPoint);        //鼠标左击
4. void LButtonDblClk(Vector2i mPoint);      //鼠标左键双击
```

9.7.2　鼠标点击响应

从 9.2 节可了解到，鼠标的输入信息主要表现为鼠标的位置信息和鼠标的按键信息。鼠标的位置信息可以直接通过 sf::Mouse::getPosition (const Window &relativeTo)函数获取；而鼠标的按键信息相对较复杂，按键状态有按下(MouseButtonPressed)和松开(MouseButtonReleased)两种。通常按键的响应判断是以松开(MouseButtonReleased)状态为判定条件的。本小节的重点在于实现鼠标的双击，为了不造成没必要的困扰，本节中鼠标单击的响应判断以按下(MouseButtonPressed)状态为判定条件。

Input()函数的示例代码如下：

```
1. void Game::Input()
2. {  sf::Event event;
3.     while (window.pollEvent(event))
4.     {
5.         if (event.type == sf::Event::Closed)
6.         {
7.             window.close();//窗口如果要关闭，需要自己去调用 close()函数
8.             gameQuit = true;
9.         }
10.        if(event.type == sf::Event::EventType::KeyReleased && event.key.
           code == sf::Keyboard::Escape)
```

```
11.         {
12.             window.close();
13.             gameQuit = true;
14.         }
15.         if (event.type == sf::Event::MouseButtonPressed &&  event.mouseBu
                tton.button == sf::Mouse::Left)
16.         {
17.             if (isGameOverState == ncNo)
18.             {
19.             if (mouseClickTimer.getElapsedTime().asMilliseconds() > 300)
20.                 LButtonDown(Mouse::getPosition(window));
                    //当两次点击的间隔大于 300 毫秒，则判定为鼠标单击
21.                 else
22.                     LButtonDblClk(Mouse::getPosition(window));
                        //当两次点击的间隔小于 300 毫秒，则判定为鼠标双击
23.             }
24.         }
25.         if (event.type == sf::Event::MouseButtonReleased && event.mouseBu
    tton.button == sf::Mouse::Left)
26.             if (isGameOverState == ncNo)
27.                 mouseClickTimer.restart();
28.         if(event.type == sf::Event::MouseButtonPressed && event.mouseButt
    on.button == sf::Mouse::Right)
29.             if (isGameOverState == ncNo)
30.                 RButtonDown(Mouse::getPosition(window));//-----》鼠标右击
31.     }
32. }
```

其中，第 28 行代码中判定鼠标右键是否按下；第 30 行代码执行右键响应函数 RButtonDown()。这里鼠标双击的定义是当鼠标左键松开时(见第 25 行代码)开始计时(见第 27 行代码)，当鼠标左键按下时(见第 15 行代码)，比较与前次计时之间的时间间隔是否足够长(见第 19 行代码)，若是，则为鼠标左键单击响应(见第 20 行代码)；若不是，则为鼠标左键双击响应(见第 22 行代码)。

9.7.3 右键单击函数

鼠标右键单击响应函数 void RButtonDown(Vector2i mPoint)的实现代码如下：

```
1.  void Game::RButtonDown(Vector2i mPoint)     //鼠标右击
2.  {
3.      int i, j;
4.      i = (mPoint.x - mCornPoint.x) / gridSize;
5.      j = (mPoint.y - mCornPoint.y) / gridSize;
6.  
7.      if (i >= 0 && i < stageWidth&&j >= 0 && j < stageHeight)//如果在舞台内
8.      {
9.          if (mGameData[j][i].isPress == false)
10.         {
11.             mGameData[j][i].isPress = true;
12.             mGameData[j][i].mStateBackUp = mGameData[j][i].mState;
13.             mGameData[j][i].mState = ncFLAG;
14.             mFlagCalc++;
15.         }
16.         else
17.         {
18.             if (mGameData[j][i].mState == ncFLAG)
19.             {
20.                 mGameData[j][i].isPress = true;
21.                 mGameData[j][i].mState = ncQ;
22.                 mFlagCalc--;
23.             }
24.             else if (mGameData[j][i].mState == ncQ)
25.             {
26.                 mGameData[j][i].isPress = false;
27.                 mGameData[j][i].mState = mGameData[j][i].mStateBackUp;
28.             }
29.         }
30.     }
31. }
```

Vector2 类型的形参用于传递鼠标所在的位置。如果该位置在方格的限定坐标范围内，见第 7 行代码，则开始以下判断：如果该方格未被右键单击过，则将该方格标记为旗子状态，增加旗子数量并把状态设置为 true，见第 9～15 行代码；如果被点击过，且状态为旗子，则将状态设置为疑问号(?)，并减少旗子数量，见第 18～23 行代码；如果已被点击过，且状态为疑问号(?)，则把状态设置为 false，并把状态设置为原始态(备用状态)，见第 24～28 行代码。

9.7.4 左键单击函数

鼠标左键单击响应函数 void LButtonDown(Vector2i mPoint)，实现翻开游戏舞台方格的操作。具体代码如下：

```
1.  void Game::LButtonDown(Vector2i mPoint)     //鼠标左击
2.  {
3.      int i, j;
4.      i = (mPoint.x - mCornPoint.x) / gridSize;//获取鼠标当前点击的块的位置
5.      j = (mPoint.y - mCornPoint.y) / gridSize;
6.
7.      if(i>=0 && i < stageWidth && j >= 0 && j<stageHeight)//如果在舞台内
8.      {
9.          if (isGameBegin == false)//如果游戏未开始
10.         {
11.             isGameBegin = true;//游戏开始
12.             gameClock.restart();
13.             MineSet(j, i);      //点击之后再随机布雷
14.         }
15.         if(mGameData[j][i].mState != ncFLAG)//如果状态不是旗子
16.             if (mGameData[j][i].isPress == false)
17.             {
18.                 mGameData[j][i].isPress = true; //当前块被点击
19.                 if (mGameData[j][i].mState == ncMINE)   //如果当前为雷
20.                 {
21.                     isGameBegin = false;
22.                     isGameOverState = ncLOSE;
23.                     mGameData[j][i].mState = ncBOMBING;
24.                     unCover();  //揭开剩下未被找到的雷
25.                 }
26.                 if (mGameData[j][i].mState == ncNULL) //如果当前块为空
27.                     NullClick(j, i);        //查找未被点击的空块
28.             }
29.     }
30. }
```

其中：

(1) 第 9～14 行代码用于判定是否游戏开始的鼠标左键第一次点击，将鼠标左键第一次点击的方格坐标传递给布雷函数进行坐标规避，避免鼠标第一次点击就触雷。

(2) 第 15 行代码的含义是，如果方块已经被标记为旗，则左键单击的操作不会有响应。

(3) 第 19～25 行代码判断点击翻开的方格是否是雷，如果是雷，则游戏结束。

(4) 第 24 行代码中 unCover()函数的作用是将还未被发现的雷全部标记出来。

(5) 第 26～27 行代码的作用是，如果点击处方格是空(即周边 8 个方格全都没有雷)，则执行 Nullclick()函数进行空操作。

9.7.5 左键双击函数

扫雷游戏设置左键双击的操作，是为了加快游戏的节奏。当鼠标左键双击方格时，将会遍历所选中位置周围 8 邻域的方块。其中，为旗子的方格不动，其他所有未标记的方格翻开(注：微软“扫雷”中，此处会先统计 8 邻域中旗子的数量与被点击方格上的数字是否一致，若一致则执行 8 邻域格子翻开操作；若不一致则不执行后续翻开操作。)。如果遇到方格标记旗子但原先状态并不是雷的情况，则意味着此处判定出错，游戏结束；如果遇到被埋雷但未被准确标记为旗子的格子被翻开，也意味着此处判定出错，游戏结束；如果没有遇到地雷，则继续遍历。鼠标左键双击函数 void LButtonDblClk(Vector2i mPoint)的具体代码如下：

```
1. void Game::LButtonDblClk(Vector2i mPoint)       //鼠标左键双击
2. {
3.    int i, j, k, l, lvl;
4.    i = (mPoint.x - mCornPoint.x) / gridSize;
5.    j = (mPoint.y - mCornPoint.y) / gridSize;
6.
7.    if (i >= 0 && i < stageWidth && j >= 0 && j < stageHeight)//若点在范围内
8.    {
9.        if (mGameData[j][i].isPress == true)//如果已被点击
10.       {
11.           if(mGameData[j][i].mState != ncFLAG)//如果当前块不是旗子
12.               for(k = j -1; k < j+2; k++)
13.                   for(l = i-1; l < i+2; l++)//遍历周围 8 个格子
14.               if (k>=0 && k<stageHeight && l>=0 && l<stageWidth)
15.                   {
16.                       if (mGameData[k][l].mState == ncFLAG)//若是旗子
17.                       {
18.                           if (mGameData[k][l].mStateBackUp!=ncMINE)
19.                           {
20.                               isGameOverState = ncLOSE;
21.                               isGameBegin = false;
22.                               unCover();
23.                           }
```

```
24.                         }
25.                         else //如果状态不是旗子
26.                         {
27.                             if (mGameData[k][l].isPress == false)
28.                             {
29.                                 mGameData[k][l].isPress = true;
30.                                 if (mGameData[k][l].mState == ncMINE)
31.                                 {
32.                                     isGameOverState = ncLOSE;
33.                                     isGameBegin = false;
34.                                     mGameData[k][l].mState=ncBOMBING;
35.                                     unCover();
36.                                 }
37.                                 if (mGameData[k][l].mState == ncNULL)
38.                                     NullClick(k, l);
39.                             }
40.                         }
41.                     }
42.             }
43.         }
44. }
```

9.7.6 按钮的交互

游戏界面设置有交互按钮。按钮的交互使用的是精灵类的 contains()函数，通过判断点击位置是否在矩形内部，来判断是否点中了此精灵(按钮)。Input()函数鼠标点击按钮操作的代码如下：

```
1. if (event.type==sf::Event::MouseButtonReleased && event.mouseButton.but-
   ton == sf::Mouse::Left)
2. {
3.     if (isGameOverState == ncNo)
4.     {   mouseClickTimer.restart();  P1 = Mouse::getPosition(window);
5.         //按钮判断
6.         if (isGameBegin == false)
7.         {
8.     if (ButtonRectEasy.contains(event.mouseButton.x, event.mouseButton.y))
9.                 gamelvl = 1;
```

```
10.    if (ButtonRectNormal.contains(event.mouseButton.x, event.mouseButton.y))
11.                gamelvl = 2;
12.    if (ButtonRectHard.contains(event.mouseButton.x, event.mouseButton.y))
13.                gamelvl = 3;
14.            Initial();//及时刷新舞台
15.        }
16.    }
17.    if (ButtonRectBG.contains(event.mouseButton.x, event.mouseButton.y))
18.     {
19.         imgBGNo++;
20.         if (imgBGNo > 7)//大于背景图的总数时候
21.             imgBGNo = 1;//重新轮换背景图
22.         LoadMediaData();
23.    }
24.    if (ButtonRectSkin.contains(event.mouseButton.x, event.mouseButton.y))
25.    {
26.         imgSkinNo++;
27.         if (imgSkinNo > 6)//大于皮肤图的总数时候
28.             imgSkinNo = 1;//重新轮换皮肤图
29.         LoadMediaData();
30.    }
31.    if(ButtonRectRestart.contains(event.mouseButton.x,event.mouseButton.y))
32.         Initial();
33.    if (ButtonRectQuit.contains(event.mouseButton.x, event.mouseButton.y))
34.       {window.close();  gameQuit = true;  }
```

其中：

(1) 第 6～15 行代码用于控制游戏难度，若鼠标点击到游戏难度按键，则游戏难度值进行相应赋值，并且重新调用初始化函数，按新的难度设定游戏的初始化。

(2) 第 17～30 行代码用于更换游戏的背景和皮肤，如果点击到相应更换按钮，则 imgBGno 或 imgSkinNo 数值增加，并重新调用 LoadMediaDeta()进行素材刷新；如果已经是最后一个背景或皮肤素材，再次点击按钮则重新回到第一个背景或皮肤素材。

(3) 第 31～34 行代码用于游戏的重新开始按键和离开按键。如果点击到重新开始，则调用初始化；如果点击到离开，则关闭窗口，并使变量 gameOuit 值为 true，退出游戏。

9.7.7 方格状态的其他描述方式

扫雷游戏中方格状态的描述方式可以有很多种。本节所采用的方式是利用 LEI 类的成员变量isPress和mStateBackUp对状态mState进行管理。当前方格若没被点击(isPress == false)，则绘制 ncUNDOWN 对应的状态；若被点击(isPress == true)，则需区分是左键点击，还是右键点击；若左键点击，则绘制空地、雷、数字中的一种状态；若右键点击，则绘制 ncUNDOWN、ncFLAG、ncQ 等对应的状态。

另一种常见的扫雷方格状态的描述方式，是将每个方格设置上下两层属性，分别用 mState_on 和 mState_under 表示。mState_on 保存方格的未按下时的表面状态(ncUNDOWN、ncFLAG、ncQ 这三个可以由用户操作的方格的状态，及其他与雷相关的状态)，用 mState_under 保存方格按下后的实际状态(ncNUlL、ncONE、ncMINE 等由程序运行生成的雷的实际状态)。

两种对方格状态描述里面，第一种的 mStateBackUp 和第二种的 mState_under 实际上是同一种表达，指向的都是方格的真实状态值。两种表达的区别是对于鼠标交互的响应有不同理解。第一种方案认为，没点击就是 ncUNDOWN 对应的状态，左键点击对应几个状态，右键点击对应另几个状态；第二种方案认为，发生左键点击则显示方格下层内容，右键点击则显示方格上层的内容。若将图 9-7 所示的 16 种方格纹理看做一个集合，左右键操作看做是对该集合进行分割，则两种方案本质上的区别仅仅是采用两种不同的分割方案，且各有利弊。

习 题

1. 游戏过程中，如果游戏窗口发生尺寸变化，则可能导致获取到的鼠标点击坐标出现偏差。请列举两种禁止游戏窗口大小缩放的方式。

2. 游戏过程中，如果游戏窗口发生尺寸变化，则可能导致获取到的鼠标点击坐标出现偏差。请设计一种解决方案使得游戏窗口发生缩放的时候，鼠标点击能够得到正常响应。

3. 在本节代码中，当快速在两处不同位置进行单击操作时，会被误判为双击操作。请给出一种解决方案，以规避该种误判。

4. 在扫雷游戏中，如果第一次鼠标点击为右键单击，请问游戏能否正常进行？如果能，请说明理由；如果不能，请尝试给出修正方案。

5. 经典扫雷游戏中，关于鼠标的双击方式有两种定义：一是鼠标左键快速点击两次，另一种是鼠标左右键同时按下。基于前面的内容，大家思考一下鼠标左右键同时按下的双击应该如何实现。

9.8 逻辑模块

9.8.1 逻辑调用

扫雷游戏主要通过鼠标进行交互，鼠标的点击会触发相应的响应函数。具体响应函数如下：

```
1. void RButtonDown(Vector2i mPoint);      //鼠标右击
2. void LButtonDown(Vector2i mPoint);      //鼠标左击
3. void LButtonDblClk(Vector2i mPoint);    //鼠标左键双击
```

上一节将这 3 个函数的调用放置在 Input 输入模块中进行，是为让交互响应的介绍能够更加直观。但实际上，这 3 个函数的内容是游戏逻辑的一部分，把它们放置在游戏逻辑模块中进行调用会更加合理。

具体的调整如下：

```
1. int mouseAction
2. Vector2i mousePoint
```

首先在头文件中创建 int 型变量 mouseAction 和 Vector2i 类型变量 mousePoint，用于在 Input 模块与 Logic 模块中传递用户输入信息。其具体作用是记录当前要激活哪个鼠标响应函数，并同时记录当前鼠标点位置。若在一个循环周期中存在多个响应函数调用的情况，则可以考虑创建相应的数组变量或 vector 类型变量，以构造消息队列。

定义枚举类型 mouseFunction，用于标记对应的鼠标点击消息。代码如下：

```
1. typedef enum MOUSEFUNCTION
2. {
3.     RButtonDownFunc;
4.     LButtonDownFunc;
5.     LButtonDblClkFunc
6. };
```

在 Input 模块中，原来进行鼠标响应函数调用的地方将原函数调用全部替换为响应函数信息记录，即用 mouseAction 记录所需响应函数的消息，用 mousePoint 记录当前鼠标点位置。示例如下：

```
1. void Game::Input()
2. { // ……
3. if(event.type == sf::Event::MouseButtonPressed && event.mouseButton.butto
   n == sf::Mouse::Right)
4.         if (isGameOverState == ncNo)
5.         {
6.             MouseAction = RButtonDownFunc;          //-----》响应函数信息记录
7.             mousePoint = Mouse::getPosition(window)//-----》响应函数信息记录
8.         }
9. //……}
```

在 Logic 模块中的响应函数调用，可以采用 switch()语句进行分类。具体实现如下方代码所示。该代码段也可用专门的函数进行封装。

```
1.  void Game::Logic()
2.  {
3.      switch(mouseAction)
4.      {
5.        case RButtonDownFunc:
6.             RButtonDown(mousePoint);
7.             break;
8.      // ……
9.      }
10.     // ……
11. }
```

9.8.2 Nullclick()函数

在微软扫雷游戏中经常发生鼠标左键点击一下，一片的格子被翻开。仔细观察则会发现该种情形是发生在“空”属性的格子被翻开的时候。根据布雷规则，“空”属性格子周边 8 领域是不存在格子的。因此，当“空”属性格子被翻开的时候，它周边 8 领域中还未揭开的格子可以直接翻开。如果揭开的格子中还存在未揭开的格子，这时候则会触发函数的递归调用，进入下一个 8 领域的格子揭开操作，进而出现鼠标左键点击一下，翻开一片格子的情形。

定义“空”属性格子翻开函数为 Nullclick()函数(函数声明在 Game 类的头文件进行)。它的作用是在游戏舞台的范围内，将被触发位置周边 8 领域的格子进行翻开操作，如果其中有“空”的格，则进行递归调用。具体代码如下：

```
1.  void Game::NullClick(int j, int i)  //查找空块
2.  {   int k, l;
3.      for (k = j - 1; k < j + 2; k++)
4.          for (l = i - 1; l < i + 2; l++)
5.              if (k >= 0 && k < stageHeight && l >= 0 && l < stageWidth)
6.              {
7.                  if (mGameData[k][l].isPress == false)
8.                  {
9.                      mGameData[k][l].isPress = true;
10.                     if (mGameData[k][l].mState == ncNULL)//如果状态为空
11.                         NullClick(k, l);                //递归调用,继续查找
12.                 }
13.             }
14. }
```

9.8.3　unCover()函数

当游戏失败结束时，为避免玩家质疑游戏舞台中雷的准确数量。需将剩余未被找出的雷的位置标记出来。将给玩家看剩余雷位置的函数命名为 unCover()函数。unCover()函数的声明在 Game 类的头文件进行。它的作用是将所有未被点击且是雷的方格全部标记显示出来。具体代码如下：

```
1.  void Game::unCover()
2.  {
3.      int i, j;
4.      for(j = 0; j <stageHeight; j++)
5.          for (i = 0; i < stageWidth; i++)
6.          {
7.              if(mGameData[j][i].isPress == false)
8.                  if (mGameData[j][i].mState == ncMINE)
9.                  {
10.                     mGameData[j][i].isPress = true;
11.                     mGameData[j][i].mState = ncUNFOUND;
12.                 }
13.         }
14. }
```

9.8.4　胜负判定

逻辑模块的另一个重要组成是游戏的胜负判定。我们在头文件中声明 isWin()函数用于判断游戏是否结束。用户的每次鼠标点击行为都会触发一次胜负判断。因此，我们在逻辑模块中做如下调用：

```
1.  void Game::Logic()
2.  {  //……
3.      isWin();
4.  }
```

当不考虑舞台上存在被标记为“问号”的格子时，isWin()函数的具体实现如下：

```
1.  void Game::isWin()
2.  {
3.      int i, j, c = 0;
4.      if (mFlagCalc == mMineNum)//判断插的所有旗是不是都是雷
5.      {
6.          for(i=0;i<stageWidth;i++)
```

```
7.             for (j = 0; j < stageHeight; j++)
8.             {
9.                 if (mGameData[j][i].mState == ncFLAG)
10.                    if (mGameData[j][i].mStateBackUp == ncMINE)
11.                        c++;
12.            }
13.     }
14.     else//判断剩下没插棋的块是不是都是雷
15.     {
16.         if (isGameOverState != ncLOSE)
17.         {
18.         for (i = 0; i < stageWidth; i++)
19.                 for (j = 0; j < stageHeight; j++)
20.                 {
21.         if(mGameData[j][i].isPress==false||mGameData[j][i].mState==ncFLAG)
22.                  c++;
23.                 }
24.         }
25.     }
26.     if (c == mMineNum)//如果所有旗子对应都是雷，游戏胜利并结束
27.     {
28.         isGameBegin = false;
29.         isGameOverState = ncWIN;
30.     }
31. }
```

此处，isWin()函数的逻辑是：当插旗的数量与雷的总数相等时，判断状态为“旗”的方格是不是都是“雷”，通过计数变量 c 的自加加进行统计；当“旗”的数量与“雷”的总数不相等时，判断剩下未点击的块是不是都是“雷”，对未被点击的方格数与“旗”数，通过计数变量 c 的自加加进行统计；如果计数变量 c 的累计值等于 mMineNum 雷的数量，则表明玩家已经找到所有的雷，游戏胜利，isGameOverState = ncWIN。

第 4～13 行代码的游戏胜利判定代码的优点在于便于理解。但该代码段具有一个判定漏洞。当游戏进行到最后，要在两个格子之间进行抉择的时候，“旗”插对时，游戏直接胜利，不对时，游戏也不失败。因此，可以考虑将这几行代码取消。下方代码的判定会更加严谨。

```
1.  void Game::isWin()
2.  {
3.      int i, j, c = 0;
```

```
4.      if (isGameOverState != ncLOSE)
5.      {
6.          for (i = 0; i < stageWidth; i++)
7.              for (j = 0; j < stageHeight; j++)
8.              {//这个条件很有意思，如果有旗子误插了，那该条件有没可能成立？
9.               if (mGameData[j][i].isPress==false || mGameData[j][i].mState
                    == ncFLAG)
10.                     c++;
11.             }
12.     }
13.
14.     if (c == mMineNum)//如果所有旗子对应都是雷，游戏胜利并结束
15.     {
16.         isGameBegin = false;
17.         isGameOverState = ncWIN;
18.     }
19. }
```

习 题

1. 如果要将 void RButtonDown(Vector2i mPoint)、void LButtonDown(Vector2i mPoint)、void LButtonDblClk(Vector2i mPoint)等 3 个函数放置在 Logic()函数中进行响应，程序的框架结构应该进行如何改动？

2. 为提升玩家的游戏体验，扫雷游戏采用了哪些提升游戏节奏的功能设置？

3. 请对下方代码中第 4～12 行代码进行逐行注释。

```
1.  void Game::NullClick(int j, int i)  //查找空块
2.  {
3.      int k, l;
4.      for (k = j - 1; k < j + 2; k++)
5.          for (l = i - 1; l < i + 2; l++)
6.              if (k >= 0 && k < stageHeight && l >= 0 && l < stageWidth)
7.                  if (mGameData[k][l].isPress == false)
8.                  {
9.                      mGameData[k][l].isPress = true;
10.                     if (mGameData[k][l].mState == ncNULL)
11.                         NullClick(k, l);
12.                 }
13. }
```

4. 下方 isWin()函数第 10～11 行代码的 if 判定条件有否存在漏洞，它能否判断剩下未点击的块是不是都是雷？请给出你的理由。

```
1.  void Game::isWin()
2.  {
3.      int i, j, c = 0;
4.  
5.      if (isGameOverState != ncLOSE)
6.      {
7.          for (i = 0; i < stageWidth; i++)
8.              for (j = 0; j < stageHeight; j++)
9.              {//这个条件很有意思，如果有旗子误插了，那该条件有没可能成立？
10.              if (mGameData[j][i].isPress == false || mGameData[j][i].
                     mState == ncFLAG)
11.                     c++;
12.             }
13.     }
14. 
15.     if (c == mMineNum)//如果所有旗子对应都是雷，游戏胜利并结束
16.     {
17.         isGameBegin = false;
18.         isGameOverState = ncWIN;
19.     }
20. }
```

5. 扫雷游戏进行胜负判定时，舞台上若同时存在“旗”、“问号”、未揭开格子的时候，胜负判定的 isWin()函数应该如何实现？请给出伪代码。

9.9 微软扫雷的双键点击规则

9.9.1 微软扫雷的双键点击规则

微软扫雷游戏中，鼠标双击响应的触发方式有两种：一种是鼠标左键快速点击两次；另一种是鼠标左右键同时按下。本节我们讲解后一种鼠标左右键同时按下的双击。微软扫雷在双键同时按下时，还未被揭开的格子会进入待揭开状态(如图 9-8 所示)。微软扫雷的鼠标双击响应还有一个触发前提：被点击方格上的数字与其 8 邻域中被标记的旗数一致。若不一致，则不执行鼠标双击响应。例如，图 9-8 中双键点击在箭头所指的“2”字位置，由于其周边 8 领域中标记的旗数量为 1，预示着寻“雷”工作未结束，还未被揭开的格子中有“雷”。此时，当鼠标双键的任意键松开时，双击操作取消，各格子的状态还原，如

图 9-9 所示。

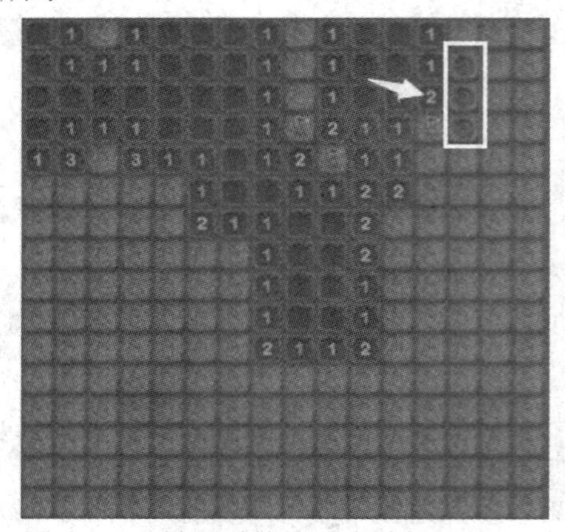

图 9-8　双键同时按下时未被揭开的格子进入待揭开状态

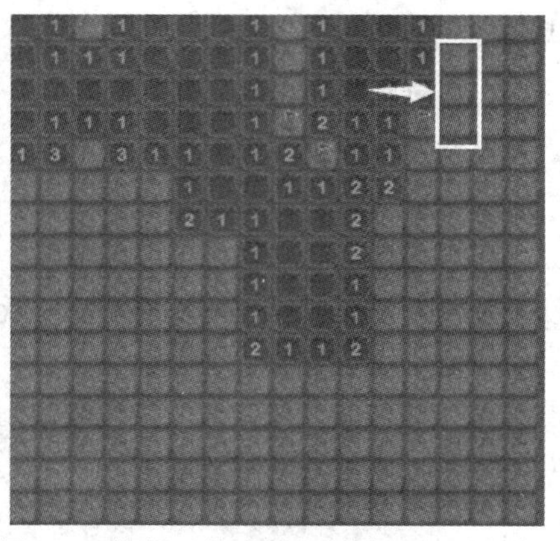

图 9-9　待揭开状态被还原为未揭开状态

当被点击方格上的数字与其 8 邻域中被标记的旗数一致(如图 9-10 中箭头指示位置)，且鼠标左右双键同时被按住时，周边未揭开的格子进入待揭开状态。当鼠标双键的任一键松开时，会执行鼠标双击操作，未揭开的格子则被翻开。具体如图 9-11 所示。

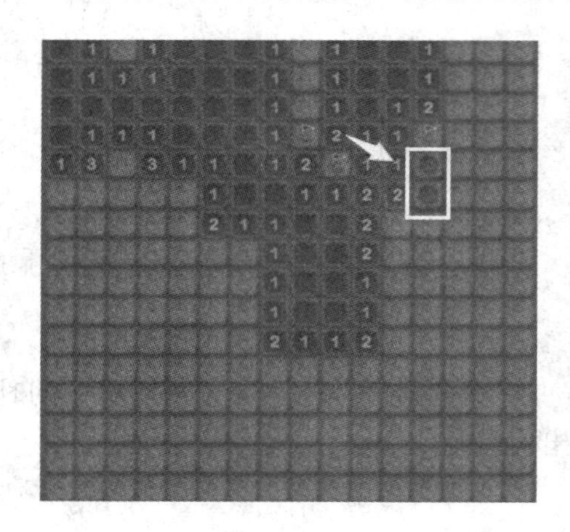

图 9-10　双键同时按下时未被揭开的格子进入待揭开状态

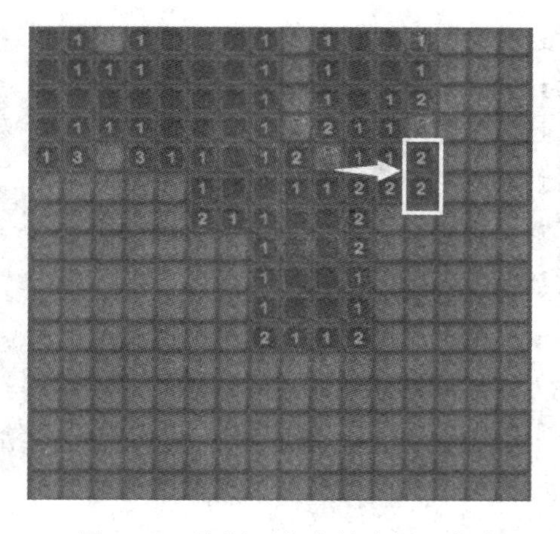

图 9-11　待揭开状态转为揭开状态

9.9.2　双键点击事件

为实现微软扫雷游戏的双键点击功能，我们在 Game 类中增加 bool 型变量 RL_ClkJudge_flag、int 型变量 mouse_RL_ClkReady 和 Vector2i RL_Point，并增加成员函数 void RL_ButtonDown(Vector2i mPoint);和 void RL_ClkJudge();。

在构造函数中进行初始化：

```
1.  mouse_RL_ClkReady = 0;
2.  RL_ClkJudge_flag = false;
```

在 Input()函数中实现 RL_ButtonDown()函数响应之前，先对左键的双击判定条件进行修正。代码如下：

```
1. if (event.type==sf::Event::MouseButtonPressed && event.mouseButton.button
   == sf::Mouse::Left)
2. {
3.     P2 = Mouse::getPosition(window);
4.     if (isGameOverState == ncNo)
5.     {
6.         if (mouseClickTimer.getElapsedTime().asMilliseconds()<500 && P2.x
           -P1.x<gridSize/4 && P2.y-P1.y<gridSize/4 && mouseDlbClkReady)
7.         {
8.           LButtonDblClk(P2);//当两次点击的间隔小于 300 毫秒，则判定为鼠标双击
9.             mouseDlbClkReady = false;
10.        }
11.        else
12.        {
13.          LButtonDown(P2);//当两次点击的间隔大于 300 毫秒，则判定为鼠标单击
14.          mouseDlbClkReady = true;
15.          mouse_RL_ClkReady ++; //左键按下则 RL 双击准备
16.          if (mouse_RL_ClkReady == 2)
17.              RL_ButtonDown(Mouse::getPosition(window));//-----》鼠标左右击
18.        }
19.    }
20. }
```

其中，第 6 行代码在原来左键双击条件的基础上增加先后两次左键点击位置的距离判定，当且仅当两次左键点击的屏幕距离和时间间隔均在指定限度内时，才进行左键双击响应。由于增加了点击的距离判定，故在第 3 行代码中增加鼠标位置记录。为了避免左键进行快速 3 次点击时发生 2 次双击响应的漏洞，在第 9 和 14 行代码中增加了 BOOL 变量 mouseDblClkReady 进行双击状态管制，确保在连续点击时只有偶数次的点击才会触发双击响应。

在双键点击的状态管理中，由于不确定左右两键哪个键会被先按下，所以它的管理比左键单键的双击管理稍微复杂一点。第 15～17 行代码提出的解决方案是将 mouse_RL_ClkReady 变量设置为 int 型，左右键的点击均会使得该变量+1，当该变量值为 2 时表示左右双键均已按下，可调用 RL_ButtonDown()函数进行双键响应操作。

右键按下的 RL 双击准备及响应调用的示例代码如下：

```
1. if(event.type==sf::Event::MouseButtonPressed && event.mouseButton.button
     == sf::Mouse::Right)
2. {
3.     if (isGameOverState == ncNo)
4.     {
5.         mouse_RL_ClkReady++;
6.
7.         if(mouse_RL_ClkReady == 2)
8.             RL_ButtonDown(Mouse::getPosition(window));//-----》鼠标左右击
9.         else
10.            RButtonDown(Mouse::getPosition(window));//-----》鼠标右击
11.    }
12. }
```

通过对前面两段示例代码的分析，我们能总结出：在 Input 函数中不管先按左键还是先按右键，只要按键累积次数达到 2 次(即 mouse_RL_ClkReady=2)，则调用 RL_ButtonDown()函数；当左右双键的任意键被松开时，则 mouse_RL_ClkReady = 0，进行归零。右键松开的代码示例如下：

```
1. if(event.type==sf::Event::MouseButtonReleased && event.mouseButton.button
     == sf::Mouse::Right)
2. {
3.     mouse_RL_ClkReady = 0;//状态清除
4. }
```

9.9.3　双键点击响应

左右双键点击响应函数 RL_ButtonDown()的代码如下：

```
1. void Game::RL_ButtonDown(Vector2i mPoint)        //鼠标左右击
2. {
3.     int i, j, k, l;
4.     i = (mPoint.x - mCornPoint.x) / gridSize;
5.     j = (mPoint.y - mCornPoint.y) / gridSize;
6.
7.     if (i >= 0 && i < stageWidth && j >= 0 && j < stageHeight)
8.     {
9.         if (mGameData[j][i].isPress == true)//如果已被点击
10.        {
11.    if (mGameData[j][i].mState!=ncFLAG && mGameData[j][i].mState!=ncQ)
```

```
12.              for (k = j - 1; k < j + 2; k++)
13.                for(l = i - 1; l < i + 2; l++)//遍历周围 8 个格子
14.                  if (k>=0 && k<stageHeight && l>=0 && l<stageWidth)
15.                  {
16.                      if (mGameData[k][l].isPress == false)/
17.                      {
18.                          mGameData[k][l].isPress = true;
19. //mGameData[k][l].mStateBackUp = mGameData[k][l].mState;
20.                          mGameData[k][l].mState = ncX;
21.                      }
22.                  }
23.        }
24.        else//微软规则，使得 RL 双击的优先级“好像”高于单击
25.        {
26.              for (k = j - 1; k < j + 2; k++)
27.                  for (l = i - 1; l < i + 2; l++)//遍历周围 8 个格子
28.                  if (k>=0 && k<stageHeight && l>=0 && l<stageWidth)
29.                  {
30.                      if (mGameData[k][l].isPress == false)
31.                      {
32.                          mGameData[k][l].isPress = true;
33. //mGameData[k][l].mStateBackUp = mGameData[k][l].mState;
34.                          mGameData[k][l].mState = ncX;
35.                      }
36.                  }
37.            mGameData[j][i].isPress = false;//微软规则，点击格，状态不变
38.        }
39.    }
40.    RL_Point = mPoint;
41.    RL_ClkJudge_flag = true;
42. }
```

其中：

(1) 第 4～5 行代码将函数形参的鼠标坐标转换为舞台的栅格坐标。

(2) 第 9～23 行代码表示：若被点击栅格方块已揭开，将其周边 8 领域的方块中未揭开的方格置为 ncX 备用状态。

(3) 第 24～39 行代码表示：若被点击栅格方块未被揭开，将其周边 8 领域的方块中未揭开的方格置为 ncX 备用状态。

其实第 9～23 行和第 24～39 行这两代码段的作用是相同的：若被点击栅格方块的内容不是已揭开的“旗”或“？”，则将其周边 8 领域的方块中未揭开的方格置为 ncX 备用状态。因此，这两段代码可以整合成一段代码。

(4) 第 40 行代码将左右双键点击的坐标点记录下来赋值给 RL_Point。

(5) 第 41 行代码将 bool 变量 RL_ClkJudge_flag 置为 true。

9.9.4 双键响应的逻辑和调用

从游戏框架的角度出发，扫雷游戏的按键响应应该归属逻辑模块。本节将左右双键点击响应的逻辑部分放在逻辑模块函数 Logic()中执行。通常情况下，按键响应的触发条件是按键松开。左右双键点击响应的触发条件是双键按下状态下任一按键松开。根据前面的按键逻辑设定，此时 mouse_RL_ClkReady 为 0。同时，若 RL_ClkJudge_flag 为 true，则双键响应的逻辑函数 RL_ClkJudge()执行。具体代码如下：

```
1.  void Game::Logic()
2.  {
3.      if (mouse_RL_ClkReady == 0 && RL_ClkJudge_flag == true)//20200416
4.          RL_ClkJudge();
5.  
6.      isWin();
7.  }
```

RL_ClkJudge 函数的代码如下：

```
1.  void Game::RL_ClkJudge()//左右键双击的判定 20200416
2.  {
3.      int i, j, k, l, mineNum = 0,flagNum = 0;
4.      i = (RL_Point.x - mCornPoint.x) / gridSize;
5.      j = (RL_Point.y - mCornPoint.y) / gridSize;
6.  
7.      if (i >= 0 && i < stageWidth && j >= 0 && j < stageHeight)
8.      {
9.          if (mGameData[j][i].isPress == true)//如果已被点击
10.         {
11.             if (mGameData[j][i].mState != ncFLAG)//如果当前块不是旗子
12.                 for (k = j - 1; k < j + 2; k++)
```

```
13.                         for (l = i - 1; l < i + 2; l++)//遍历周围 8 个格子
14.                             if (k>=0 && k<stageHeight && l>=0 && l<stageWidth)
15.                             {
16.                                 if (mGameData[k][l].mState == ncFLAG)
17.                                     flagNum++;
18.                                 if (mGameData[k][l].mState == ncX)
19.                                 {
20.                                     mGameData[k][l].isPress = false;
21.                         mGameData[k][l].mState = mGameData[k][l].mStateBackUp
22.                                 }
23.                             }
24.         }
25.         if (mGameData[j][i].mState == flagNum + 2)//数字 1-8 对应编号是 3-10
26.             LButtonDblClk(RL_Point);
27.     }
28.
29.     RL_ClkJudge_flag = false;
30. }
```

其中，第 16～17 行代码统计点击处周边 8 领域的旗数量；第 18～22 行代码将备用状态的方格还原(即取消该方格的备用状态)；第 25～26 行代码表示：若 8 领域内的“旗”数判定正确，则执行鼠标的双击响应。

9.9.5 规则细节完善

游戏的开发是根据游戏的内容在执行。微软扫雷游戏作为一款成熟的产品，在很多细节的处理上有成熟的考虑。例如：

(1) 允许鼠标右键进行游戏的第一次点击。

(2) 鼠标左或右键点击，则游戏开始计时。

(3) 鼠标左键第一下点击，开始布雷。

(4) 鼠标左右键同时按下，会进行双击预览；松开任意一键，则执行双击响应。

(5) 鼠标左右键双击的优先级响应，高于单击的优先级响应。

(6) 鼠标左键双击的计时间隔是从“第一下按下”到“第二下松开”。

(7) 游戏结束后，所有未揭开的格子均揭开。

(8) 初级难度时，格子的尺寸较大。

为此，本节对相应的函数进行改进。例如，右键响应函数 RbuttonDown()中增加游戏开始的代码段(见下方代码的第 9～13 行代码)。

```
1. void Game::RButtonDown(Vector2i mPoint)      //鼠标右击
2. {
3.     int i, j;
4.     i = (mPoint.x - mCornPoint.x) / gridSize;
5.     j = (mPoint.y - mCornPoint.y) / gridSize;
6.
7.     if (i >= 0 && i < stageWidth&&j >= 0 && j < stageHeight)
8.     {
9.         if (isGameBegin == false)//如果游戏未开始
10.        {
11.            isGameBegin = true;//游戏开始
12.            gameClock.restart();
13.        }
14.             //……
15.    }
16. }
```

在 LButtonDown()函数中，对游戏开始和布雷函数调用的条件进行重新梳理。具体代码如下：

```
1. void Game::LButtonDown(Vector2i mPoint)      //鼠标左击
2. {
3.     int i, j;
4.     i = (mPoint.x - mCornPoint.x) / gridSize; // 获取鼠标当前点击的块的位置
5.     j = (mPoint.y - mCornPoint.y) / gridSize;
6.
7.     if (i >= 0 && i < stageWidth && j >= 0 && j < stageHeight)
8.     {
9.         if (isGameBegin == false)//如果游戏未开始
10.        {
11.            isGameBegin = true;//游戏开始
12.            gameClock.restart();
13.        }
14.        if (isMineSetBegin == false)//如果未布雷
15.        {
16.            isMineSetBegin = true;
17.            MineSet(j, i);       //开始随机布雷
18.        }
19.                //……
20.    }
21. }
```

针对鼠标左右键双击的优先级响应高于单击优先级响应的问题，下方代码的第 10～16 行对按键关系进行了优化，如若双键均已按下，则优先执行左右双键的响应，不执行单键的响应。同时，对鼠标左键双击的计时步骤做了调整，将左键双击的响应放置在 MouseButtonReleased 条件判定中。具体代码如下：

```
1. if (event.type==sf::Event::MouseButtonPressed && event.mouseButton.button
       == sf::Mouse::Left)
2.         {
3.             if (isGameOverState == ncNo)
4.             {//20200423
5.                 if (mouseClickTimer.getElapsedTime().asMilliseconds()>500)
6.                 {
7.                     mouseClickTimer.restart();//重新计时
8.                     P2 = Mouse::getPosition(window);//获取鼠标位置
9.
10.                    if (sf::Mouse::isButtonPressed(sf::Mouse::Right))
11.                        RL_ButtonDown(P2);//-----》鼠标左右击
12.                    else
13.                    {
14.                        LButtonDown(P2);//或鼠标左键单击
15.                        mouseDlbClkReady = true;
16.                    }
17.                }
18.                mouse_RL_ClkReady++;
19.            }
20.        }
21. if (event.type==sf::Event::MouseButtonReleased && event.mouseButton.button
       == sf::Mouse::Left)
22.        {
23.            if (isGameOverState == ncNo)
24.            {//20200423
25.                if (mouseDlbClkReady)
26.                    mouseDlbClkReady = false;
27.                else
28.                {
29.                    P1 = Mouse::getPosition(window);
30.                    if (mouseClickTimer.getElapsedTime().asMilliseconds()
   < 500 && P2.x-P1.x<gridSize/4 && P2.y - P1.y<gridSize/4
```

```
31.                 LButtonDblClk(P2);//判定为鼠标双击
32.             }
33.
34.             mouse_RL_ClkReady = 0;//20200423
35.             //……
36. }
```

游戏结束后，将所有未揭开格子进行揭开的代码如下：

```
1.  void Game::isWin()
2.  {
3.          //……
4.      if (c == mMineNum)//如果所有旗子对应都是雷，游戏胜利并结束
5.      {
6.          isGameBegin = false;
7.          mFlagCalc = mMineNum;
8.          undownOpen();
9.          isGameOverState = ncWIN;
10.     }
11. }
12.
13. void Game::undownOpen()
14. {
15.     int i, j;
16.     for (j = 0; j < stageHeight; j++)
17.         for (i = 0; i < stageWidth; i++)
18.         {
19.             if (mGameData[j][i].isPress == false)
20.             {
21.                 mGameData[j][i].isPress = true;
22.                 if (mGameData[j][i].mState == ncMINE)
23.                     mGameData[j][i].mState = ncFLAG;
24.             }
25.
26.         }
27. }
```

关于不同难度等级下不同栅格尺寸的设置，分别在 Initial()函数和 LoadMediaData()函数中进行对应设置。Initial()函数中，对 gridSize 变量进行区别赋值的代码如下：

```
1. void Game::Initial()
2. {
3.     window.setFramerateLimit(10); //每秒设置目标帧数
4.     gridSize = GRIDSIZE; //点击的位置的块的大小
5.
6.     switch (gamelvl)
7.     {
8.     case 1:
9.         stageWidth = LVL1_WIDTH;
10.        stageHeight = LVL1_HEIGHT;
11.        mMineNum = LVL1_NUM;
12.        gridSize = GRIDSIZE*LVL2_WIDTH/LVL1_WIDTH;
               //简单难度的格子要放大，与难度中保持一致
13.        break;
14.    case 2:
15.        stageWidth = LVL2_WIDTH;
16.        stageHeight = LVL2_HEIGHT;
17.        mMineNum = LVL2_NUM;
18.        break;
19.    case 3:
20.        stageWidth = LVL3_WIDTH;
21.        stageHeight = LVL3_HEIGHT;
22.        mMineNum = LVL3_NUM;
23.        break;
24.    default:
25.        break;
26.    }
27.    ……
28. }
```

在 LoadMediaData()函数中根据不同的游戏难度等级，对素材纹理进行相应的缩放。具体代码如下：

```
1. sBackground.setTexture(tBackground);
2. sTiles.setTexture(tTiles);
3. if (gamelvl == 1)
4. {
5.     float scale =1.0 * LVL2_WIDTH / LVL1_WIDTH;
6.     sTiles.setScale(scale, scale); //难度 1 时候，栅格尺寸要放大
7. }
8. else
9.     sTiles.setScale(1.0, 1.0);//栅格尺寸取消缩放
```

DrawGrid()函数在进行栅格方块绘制时，要使用 gridSize 变量响应栅格尺寸的动态变化。具体代码如下：

```
1.  void Game::DrawGrid()
2.  {
3.      int i, j;
4.      for(j=0; j<stageHeight; j++)
5.          for (i = 0; i < stageWidth; i++)
6.          {
7.              if (mGameData[j][i].isPress == true)
8.              {
9.                  sTiles.setTextureRect(IntRect(mGameData[j][i].mState *
                    GRIDSIZE, 0, GRIDSIZE, GRIDSIZE));
10.                 sTiles.setPosition(mCornPoint.x+i*gridSize, mCornPoint.y
                    + j*gridSize);//简单难度的格子尺寸要放大
11.             }
12.             else
13.             {
14.                 sTiles.setTextureRect(IntRect(ncUNDOWN * GRIDSIZE, 0, GRI
                    DSIZE, GRIDSIZE));
15.                 sTiles.setPosition(mCornPoint.x+i*gridSize, mCornPoint.y
                    + j*gridSize);
16.             }
17.             window.draw(sTiles);
18.         }
19. }
```

习 题

1. 微软扫雷游戏的左右键双击操作是否允许点击在游戏舞台中未揭开的格子上？若可以，请说明会发生的结果；若不可以，请说明理由。

2. 阅读下方代码，并回答以下问题：

(1) 请解释一下第 15 行代码的判断条件是什么意思。

(2) 微软扫雷游戏的左右键双击操作的规则是：如果 8 领域中已插旗数不符合要求，则会将待揭开的格子状态还原；如果符合要求，则直接将对应格子揭开。第 17～21 行代码直接将相应格子状态还原，为什么？

(3) 请解释下第 24 行代码的判断条件是什么意思。

(4) 第 24～25 行代码直接调用鼠标左键的双击响应函数，会不会出现触雷的情况？

```
1. void Game::RL_ClkJudge()//左右键双击判定
2. {
3.     int i, j, k, l, mineNum = 0,flagNum = 0;
4.     i = (RL_Point.x - mCornPoint.x) / gridSize;
5.     j = (RL_Point.y - mCornPoint.y) / gridSize;
6.     if (i >= 0 && i < stageWidth && j >= 0 && j < stageHeight)
7.     {
8.         if (mGameData[j][i].isPress == true)//如果已被点击
9.         {
10.            if (mGameData[j][i].mState!=ncFLAG)//如果当前块不是旗子
11.                for (k = j - 1; k < j + 2; k++)
12.                    for (l = i - 1; l < i + 2; l++)//遍历周围 8 个格子
13.                    if (k>=0 && k<stageHeight && l>=0&&l<stageWidth)
14.                        {
15.                            if (mGameData[k][l].mState == ncFLAG ||
                               mGameData[k][l].mStateBackUp == ncMine)
16.                                flagNum++;
17.                            if (mGameData[k][l].mState == ncX)
18.                            {
19.                                mGameData[k][l].isPress = false;
20.                                mGameData[k][l].mState = mGameData[k][l].
                                   mStateBackUp;
21.                            }
22.                        }
23.        }
24.        if (mGameData[j][i].mState == flagNum + 2)
25.            LButtonDblClk(RL_Point);
26.     }
27.     RL_ClkJudge_flag = false;
28. }
```

3. 鼠标左右键双击操作是由左键、右键的单击所构成的。但微软扫雷游戏中鼠标左右键双击操作的优先级高于单击操作的优先级，即当判定为左右双键操作时，不执行单键的响应。请结合下方代码，对左右键的按键设定进行梳理，以思维导图的形式绘制左右键双击和各自单击的关系。提示：要把按键的“按下”和“释放”两种状态纳入，做统一考虑。

```
1. if (event.type == sf::Event::MouseButtonPressed && event.mouseButton.butt
   on == sf::Mouse::Left)
2.         {
3.             if (isGameOverState == ncNo)
4.             {//20200423
5.              if (mouseClickTimer.getElapsedTime().asMilliseconds() > 500)
6.                 {
7.                     mouseClickTimer.restart();//重新计时
8.                     P2 = Mouse::getPosition(window);//获取鼠标位置
9.
10.                    if (sf::Mouse::isButtonPressed(sf::Mouse::Right))
11.                        RL_ButtonDown(P2);//-----》鼠标左右击
12.                    else
13.                    {
14.                        LButtonDown(P2);//或鼠标左键单击
15.                        mouseDlbClkReady = true;
16.                    }
17.                }
18.                mouse_RL_ClkReady++;
19.            }
20.        }
21. if (event.type == sf::Event::MouseButtonReleased && event.mouseButton.but
   ton == sf::Mouse::Left)
22.        {
23.            if (isGameOverState == ncNo)
24.            {//20200423
25.                if (mouseDlbClkReady)
26.                    mouseDlbClkReady = false;
27.                else
28.                {
29.                    P1 = Mouse::getPosition(window);
30.                    if (mouseClickTimer.getElapsedTime().asMilliseconds()
    <500 && P2.x-P1.x < gridSize / 4 && P2.y - P1.y < gridSize / 4 && P2.x -
   P1.x > - gridSize / 4 && P2.y - P1.y > - gridSize / 4)
31.                        LButtonDblClk(P2);//判定为鼠标双击
32.                }
33.                mouse_RL_ClkReady = 0;//20200423
34.                //……
35. }
```

4. 案例中 undownOpen()函数的功能设定是什么？它与 unCover()函数的功能有没有重叠？

第 10 章 双人版俄罗斯方块

10.1 俄罗斯方块规则

10.1.1 俄罗斯方块规则

俄罗斯方块(Tetris)是一款由俄罗斯人阿列克谢·帕基特诺夫于 1984 年 6 月发明的休闲游戏。

它的基本规则是移动、旋转和摆放从游戏舞台上方落下来的各种图形块，使它们在游戏舞台底部拼出完整的一行或几行方块。这些完整的方块行会随即消失，给新落下来的图形块腾出空间。与此同时，玩家得到分数奖励。没有被消除掉的方块不断堆积起来，一旦堆到游戏舞台顶端，则游戏失败，于是游戏结束。

1. 游戏舞台

游戏舞台以每个小正方形方块为单位，行宽为 10，列高为 20。

2. 游戏对象

游戏对象是由 4 个小型方块组成的图形块，共有 7 种，如图 10-1 所示。这 7 种基本图形块分别用与之形状相似的字母 S、Z、L、J、I、O、T 来命名。

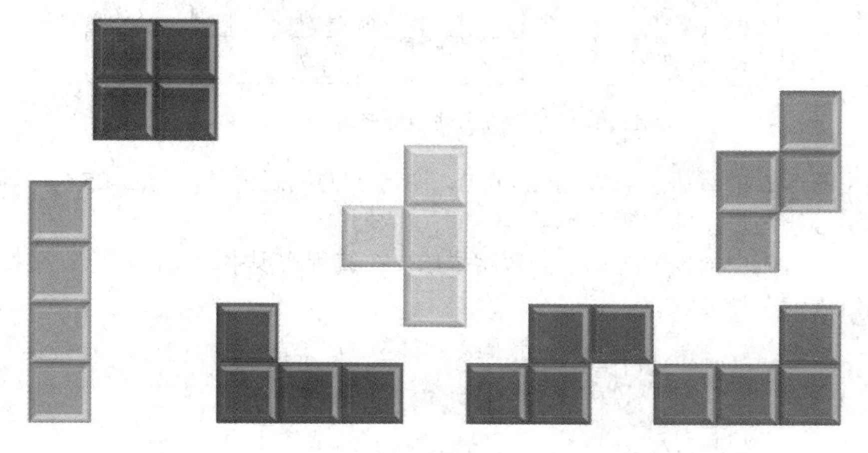

图 10-1 俄罗斯方块的 7 种基本图形块

3. 操作方法

玩家针对图形块可做的基本操作有三种：以 90 度为单位旋转图形块，以栅格为单位左右移动图形块，让图形块加速落下。

4. 其他说明

(1) 图形块移到舞台最下方或是落在其他图形块上无法移动时，就会固定在该处，而新的图形块将出现在舞台上方，并开始落下。

(2) 当舞台中某一行栅格全部由方块填满，则该行会消失，玩家得分。而且，删除的行数越多，得分指数越高。

(3) 当固定的方块堆到舞台最上方而无法消除时，则游戏结束。

10.1.2　图形方块的数字描绘

俄罗斯方块中的图形块的数字描绘方式并不是唯一的，通常通过一个 2×4 的矩阵区域来进行表示。现给出一种图形方块的数字描绘方式供参考，如图 10-2 所示的编码示例。其中，图形 I 对应编码(1,3,5,7)；图形 S 对应编码(2,4,5,7)；图形 Z 对应编码(3,4,5,6)；图形 T 对应编码(3,4,5,7)；图形 L 对应编码(2,3,5,7)；图形 J 对应编码(3,5,6,7)；图形 O 对应编码(2,3,4,5)。

		1,3,5,7		2,4,5,7		3,4,5,6	
0	1	0	1	0	1	0	1
2	3	2	3	2	3	2	3
4	5	4	5	4	5	4	5
6	7	6	7	6	7	6	7
3,4,5,7		2,3,5,7		3,5,6,7		2,3,4,5	
0	1	0	1	0	1	0	1
2	3	2	3	2	3	2	3
4	5	4	5	4	5	4	5
6	7	6	7	6	7	6	7

图 10-2　俄罗斯方块中图形块的编码示例

同理，图形 L 的编码也可以为(2,4,6,7)，图形 T 的编码也可以为(2,4,5,6)，等等。由此可见，数字描绘图形块的编码并不是唯一的。

基于上述示例中给出的图形块的数字描绘，在编程实现中，我们可以定义如下代码中的二维数组表示图形方块。

```
1.      int Figures[7][4] =
2.      {
3.          1,3,5,7, // I
```

```
4.          2,4,5,7, // S
5.          3,4,5,6, // Z
6.          3,4,5,7, // T
7.          2,3,5,7, // L
8.          3,5,6,7, // J
9.          2,3,4,5, // O
10.     };
```

在程序中若想获取某个图形块在 2×4 矩阵区域上的坐标，则可以采用如下代码：

```
1.          int n = rand() % 7;
2.          for (int i = 0; i < 4; i++)
3.          {
4.              a[i].x = Figures[n][i] % 2;
5.              a[i].y = Figures[n][i] / 2;
6.          }
```

对该代码进行验证得到下述结果：

(1) 当 n=0 时，有

a[0].x = 1；a[1].x = 1；a[2].x = 1；a[3].x = 1；

a[0].y = 0；a[1].y = 1；a[2].y = 2；a[3].y = 3。

对照区域编码，取值为(1,3,5,7)，得到 I 图形块，如图 10-3 所示。

(0,0)	(1,0)
(0,1)	(1,1)
(0,2)	(1,2)
(0,3)	(1,3)

图 10-3　图形块 I 的坐标与编码的验证示例

(2) 当 n=1 时，有

a[0].x = 0；a[1].x = 0；a[2].x = 1；a[3].x = 1；

a[0].y = 1；a[1].y = 2；a[2].y = 2；a[3].y = 3。

对照区域编码，取值为(2,4,5,7)，得到 S 图形块，如图 10-4 所示。

(0,0)	(1,0)
(0,1)	(1,1)
(0,2)	(1,2)
(0,3)	(1,3)

图 10-4　图形块 S 的坐标与编码的验证示例

(3) 当 n=2 时，有

a[0].x = 1；a[1].x = 0；a[2].x = 1；a[3].x = 0；

a[0].y = 1；a[1].y = 2；a[2].y = 2；a[3].y = 3。

对照区域编码，取值为(3,4,5,6)，得到 Z 图形块，如图 10-5 所示。

(0,0)	(1,0)
(0,1)	(1,1)
(0,2)	(1,2)
(0,3)	(1,3)

图 10-5　图形块 Z 的坐标与编码的验证示例

(4) 当 n=3 时，有

a[0].x = 1；a[1].x = 0；a[2].x = 1；a[3].x = 1；

a[0].y = 1；a[1].y = 2；a[2].y = 2；a[3].y = 3。

对照区域编码，取值为(3,4,5,7)，得到 T 图形块，如图 10-6 所示。

(0,0)	(1,0)
(0,1)	(1,1)
(0,2)	(1,2)
(0,3)	(1,3)

图 10-6　图形块 T 的坐标与编码的验证示例

(5) 当 n=4 时，有

a[0].x = 0；a[1].x = 1；a[2].x = 1；a[3].x = 1；

a[0].y = 1；a[1].y = 1；a[2].y = 2；a[3].y = 3。

对照区域编码，取值为(2,3,5,7)，得到 L 图形块，如图 10-7 所示。

(0,0)	(1,0)
(0,1)	(1,1)
(0,2)	(1,2)
(0,3)	(1,3)

图 10-7　图形块 L 的坐标与编码的验证示例

(6) 当 n=5 时，有

a[0].x = 1；a[1].x = 1；a[2].x = 0；a[3].x = 1；

a[0].y = 1；a[1].y = 2；a[2].y = 3；a[3].y = 3。

对照区域编码，取值为(3,5,6,7)，得到 J 图形块，如图 10-8 所示。

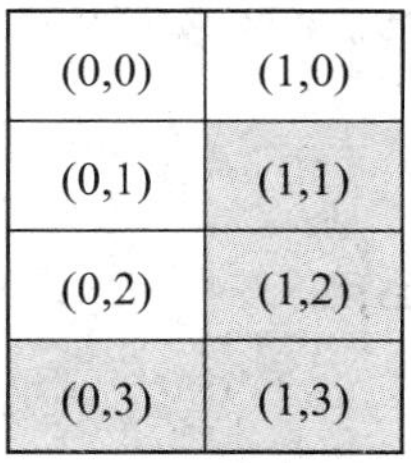

(0,0)	(1,0)
(0,1)	(1,1)
(0,2)	(1,2)
(0,3)	(1,3)

图 10-8 图形块 J 的坐标与编码的验证示例

(7) 当 n=6 时，有

a[0].x = 0；a[1].x = 1；a[2].x = 0；a[3].x = 1；

a[0].y = 1；a[1].y = 1；a[2].y = 2；a[3].y = 2。

对照区域编码，取值(为 2,3,4,5)，得到 O 图形块，如图 10-9 所示。

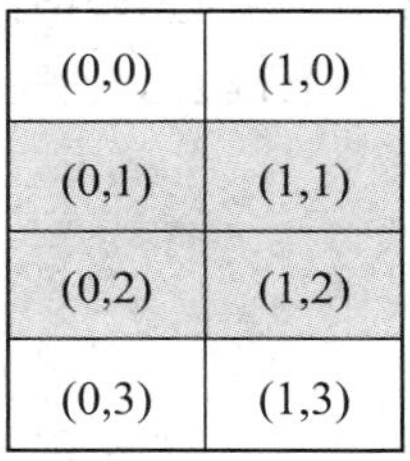

(0,0)	(1,0)
(0,1)	(1,1)
(0,2)	(1,2)
(0,3)	(1,3)

图 10-9 图形块 O 的坐标与编码的验证示例

10.1.3 框架构建

基于上述图形块的数字描绘，构建 Tetris 类。Tetris.h 的头文件如下：

```
1.  #pragma once
2.  #include <SFML/Graphics.hpp>
3.  #include <SFML/Audio.hpp>
4.  #include <windows.h>
5.  #include <iostream>
6.  #include <sstream>
7.  #define GRIDSIZE        35
8.  #define STAGE_WIDTH     10
9.  #define STAGE_HEIGHT    20
10. using namespace sf;
11. class Tetris
12. {
13. public:
14.     Tetris();
15.     ~Tetris();
```

```
16.     Vector2i mCornPoint;//游戏区域位置
17.
18.     int gridSize;//块大小（18）
19.     int imgBGno, imgSkinNo;
20.     Texture *tTiles;
21.     Texture tBackground, tButtons, tNum, tTimer, tCounter, tGameOver;
   //创建纹理对象
22.   Sprite sBackground, sTiles,sButtons, sNum, sTimer, sCounter, sGameOver;
   //创建精灵对象
23.
24.     int Field[STAGE_HEIGHT][STAGE_WIDTH] = { 0 };
25.     Vector2i currentSquare[4],nextSquare[4],holdSquare[4],tempSquare[4];
26.     int Figures[7][4] =
27.     {
28.         1,3,5,7, // I
29.         2,4,5,7, // S
30.         3,4,5,6, // Z
31.         3,4,5,7, // T
32.         2,3,5,7, // L
33.         3,5,6,7, // J
34.         2,3,4,5, // O
35.     };
36.     int dx;
37.     bool rotate;
38.     int colorNum;
39.     float timer, delay;
40.
41.     void Initial();
42.     void Input();
43.     void Logic();
44.     void Draw();
45.     bool hitTest();
46. }
```

Tetris 类的构造函数完成部分游戏数据的初始化，具体代码如下：

```
1. Tetris::Tetris()
2. {
3.     dx = 0; //X 方向偏移量
4.     rotate = false; //是否旋转
5.     colorNum = 1;   //色块的颜色
6.     timer = 0;
7.     delay = 0.3;    //下落的速度，
8. }
```

Tetris 的游戏规则体现在逻辑模块函数 Logic()中。图像块的水平移动逻辑代码如下：

```
1. void Tetris::Logic()
2. {
3.     //// <- 水平 Move -> ///
4.     for (int i = 0; i < 4; i++)
5.     {
6.         tempSquare[i] = currentSquare[i];
7.         currentSquare[i].x += dx;
8.     }
9.     if (!hitTest()) //如果撞上了
10.        for (int i = 0; i < 4; i++)
11.            currentSquare[i] = tempSquare[i];//到左右的边界，不能移出边界
```

其中，currentSquare 记录当前活动图形块的 4 个组成小方块的坐标信息；tempSquare 为临时数组变量，用于保存当前活动图形的位置信息；hitTest()函数为碰撞检测函数。hitTest()函数的具体代码如下：

```
1. bool Tetris::hitTest()
2. {
3.     for (int i = 0; i < 4; i++)
4.         if (currentSquare[i].x < 0 || currentSquare[i].x >= STAGE_WIDTH
   || currentSquare[i].y >= STAGE_HEIGHT)
5.             return false;
6.         else if (Field[currentSquare[i].y][currentSquare[i].x])
7.             return false;
8.
9.     return true;
10. }
```

如若图形块需要进行旋转操作，则实现代码段如下：

```
12. //////Rotate//////
13. if (rotate)
14. {
15.     Vector2i p = currentSquare[1]; //设置旋转中心点
16.     for (int i = 0; i < 4; i++)
17.     {//顺时针旋转 90 度
18.         int x = currentSquare[i].y - p.y;//原 Y 方向距离中心点的差值，作为新
    的差值，传递给 X 方向
19.         int y = currentSquare[i].x - p.x;//原 X 方向距离中心点的差值，作为新
    的差值，传递给 Y 方向
20.         currentSquare[i].x = p.x - x;//新坐标 X=中心点坐标-新的 X 方向差值
21.         currentSquare[i].y = p.y + y;//新坐标 Y=中心点坐标+新的 Y 方向差值
22.     }
23.     if (!hitTest()) //如果撞上了
24.         for (int i = 0; i < 4; i++)
25.             currentSquare[i] = tempSquare[i];
26. }
```

图形块做旋转操作时需要有旋转中心点。其中，第 15 行代码的矢量变量 p 为图形方块的旋转中心点，通常对应图形块中的第 2 个方格。图形旋转的具体方式请参见第 17～21 行代码的注解。

图形块下降、快速下落、出新牌等的逻辑代码如下：

```
27. ///////Tick 下落//////
28. if (timer > delay)
29. {
30.     for (int i = 0; i < 4; i++)
31.     {
32.         tempSquare[i] = currentSquare[i];
33.         currentSquare[i].y += 1;
34.     }
35.
36.     if (!hitTest())//如果撞上了
37.     {
38.         for (int i = 0; i < 4; i++)
39.             Field[tempSquare[i].y][tempSquare[i].x] = colorNum;
40.
41.         colorNum = 1 + rand() % 7;
42.         int n = rand() % 7;
```

```
43.         for (int i = 0; i < 4; i++)
44.         {
45.             currentSquare[i].x = Figures[n][i] % 2;
46.             currentSquare[i].y = Figures[n][i] / 2;
47.         }
48.     }
49.
50.     timer = 0;
51. }
```

其中，第 28 行代码中的变量 delay 用于控制图形方块的下落速度。delay 数值小则 if 条件被触发的频次高，图形下降速度快；数值大则对应的图形下降速度慢。第 36～48 行代码对应图形块触底后的图形块转变为背景及新图形块生成的代码段。如果想将原图形块的颜色留存在背景中，则需对背景相应位置方格进行颜色赋值(见第 38～39 行代码)。

当舞台上某行栅格被方格填满时，则进行消行操作。所谓的消行，指的是游戏舞台上某一行方格的数值被它上方行上的方格数值填充替代，使得该行原数值被抹除。具体实现代码如下：

```
52. ///////check lines//////////
53. int k = STAGE_HEIGHT - 1;
54. for (int i = STAGE_HEIGHT - 1; i > 0; i--)
55. {
56.     int count = 0;
57.     for (int j = 0; j < STAGE_WIDTH; j++)
58.     {
59.         if (Field[i][j])
60.             count++;
61.         Field[k][j] = Field[i][j];
62.     }
63.     if (count < STAGE_WIDTH) k--;
64. }
65.
66. //dx = 0; delay = 0.3;
67. rotate = 0;
```

习 题

1. 已知俄罗斯方块的数字描绘方式并不是唯一的，那么在如图 10-10 所示的图形块编码中，图形 T 的编码(3,4,5,7)能否改为(1,2,3,5)？可能会有什么影响？

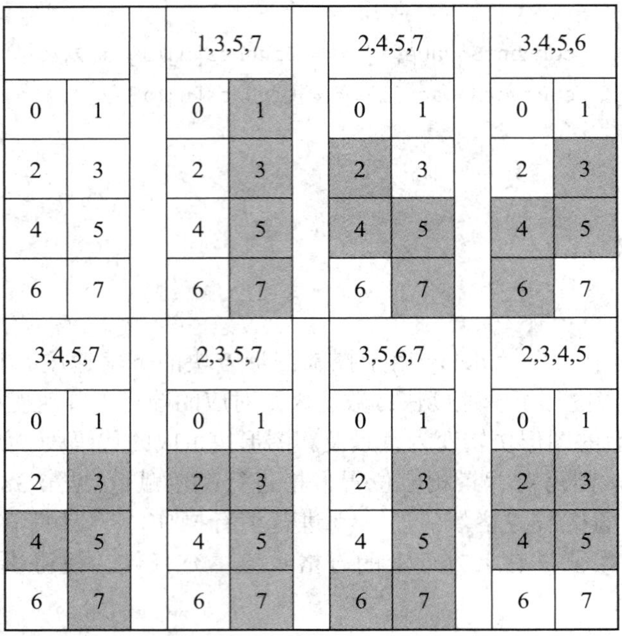

		1,3,5,7		2,4,5,7		3,4,5,6	
0	1	0	1	0	1	0	1
2	3	2	3	2	3	2	3
4	5	4	5	4	5	4	5
6	7	6	7	6	7	6	7

3,4,5,7		2,3,5,7		3,5,6,7		2,3,4,5	
0	1	0	1	0	1	0	1
2	3	2	3	2	3	2	3
4	5	4	5	4	5	4	5
6	7	6	7	6	7	6	7

图 10-10　俄罗斯方块的数字描绘示例

2. 用二维数组对俄罗斯方块的 7 种图形块进行存储，如下方代码。我们在绘制图形时，需要知道图形的显示坐标。当对图形 T 进行绘制时，如何提取图形 T 的 4 个方格的坐标？

```
1.  int Figures[7][4] ={
2.          1,3,5,7, // I
3.          2,4,5,7, // S
4.          3,4,5,6, // Z
5.          3,4,5,7, // T
6.          2,3,5,7, // L
7.          3,5,6,7, // J
8.          2,3,4,5, // O
9.      };
```

3. 俄罗斯方块游戏中有 7 种基本的图形块，常见颜色有 7 种。在准备游戏素材时，需要准备 7×7 一共 49 种的图形块图案吗？请给出你的解决思路。

4. 俄罗斯方块游戏中有 7 种基本的图形块，每个图形块均由 4 个标准方块构成，但标准方块的坐标编码均不相同。如何控制它们在舞台上移动？请给出俄罗斯方块图形在游戏中的移动思路，最好以伪代码的形式表达。

5. 俄罗斯方块游戏中有 7 种基本的图形块，每个图形块均由 4 个标准方块构成，但标准方块的坐标编码均不相同。当它们在舞台上运动时，如竖直掉落，7 种图形需要有 7 种运动轨迹计算方式吗？请给出 7 种图形在游戏中做竖直掉落的代码设计。

6. 请绘制一个示意图，用图解法绘制下方俄罗斯方块旋转代码的算法逻辑。

```
12. //////Rotate//////
13. if (rotate)
14. {
15.     Vector2i p = currentSquare[1]; //设置旋转中心点
16.     for (int i = 0; i < 4; i++)
17.     {//顺时针旋转 90 度
18.         int x = currentSquare[i].y - p.y;//原 Y 方向距离中心点的差值，作为新
    的差值，传递给 X 方向
19.         int y = currentSquare[i].x - p.x;//原 X 方向距离中心点的差值，作为新
    的差值，传递给 Y 方向
20.         currentSquare[i].x = p.x - x;//新坐标 X=中心点坐标-新的 X 方向差值
21.         currentSquare[i].y = p.y + y;//新坐标 Y=中心点坐标+新的 Y 方向差值
22.     }
23.     if (!hitTest()) //如果撞上了
24.         for (int i = 0; i < 4; i++)
25.             currentSquare[i] = tempSquare[i];
26. }
```

7. 在俄罗斯方块游戏中，运动的图形块与场景发生碰撞后，如何由运动对象转变为静止对象，成为场景的一部分呢？请给出设计方案和伪代码示例。

8. 在俄罗斯方块游戏中，当出现消行时，如何让消除行上方的方块降下来？请给出相应代码，并用文字说明其算法逻辑。

10.2 俄罗斯方块的双人架构

10.2.1 游戏平台类

双人游戏，顾名思义就是可以两个人一起玩的游戏。针对本章的俄罗斯方块(Tetris)游戏，若开发双人版，则要直面的问题是：游戏的逻辑要写几个？能不能将 Tetris 封装成类，然后实例化两个对象分别供两位玩家操作？针对 Tetris 游戏的双人架构，本章主要讲解程序入口、游戏平台类和游戏 Tetris 类的封装、对象管理。双人 Tetris 游戏的界面如图 10-11 所示。

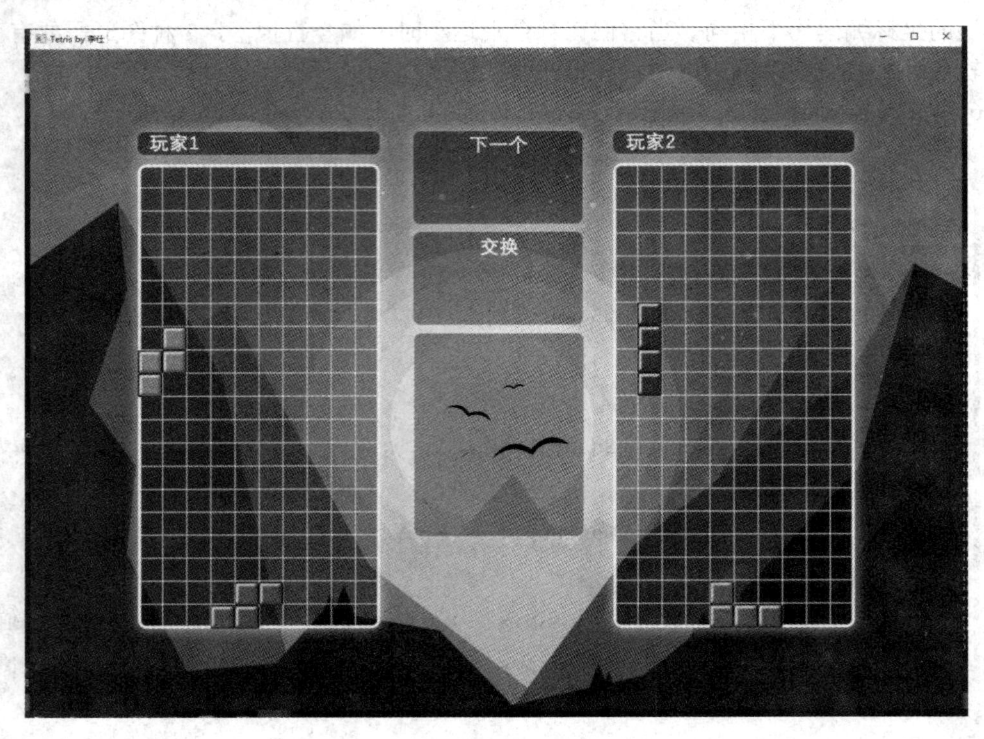

图 10-11　双人 Tetris 游戏的界面

游戏平台类作为 Tetris 游戏运行的平台，需要负责游戏资源的加载、管理，以及游戏初始化、输入、逻辑、绘制的调度工作。

游戏平台类的头文件 Game.h 代码如下所示。与前面章节中提到的游戏 Game 类头文件相比较，本章游戏平台类具有相似的成员变量和成员函数。与其主要的区别在于本章游戏平台类承载 Tetris 游戏对象，扮演的是调度管理游戏资源的角色。如下方第 16 行代码所示，平台类中包含两个 Tetris 类的实例对象 player1 和 player2。

```
1.  #pragma once
2.  #include <SFML/Graphics.hpp>
3.  #include <SFML/Audio.hpp>
4.  #include <windows.h>
5.  #include <iostream>
6.  #include <sstream>
7.  #include "Tetris.h"
8.  using namespace sf;
9.
10. class Game
11. {
12. public:
13.     Game();
```

```
14.     ~Game();
15.     sf::RenderWindow window;
16.     Tetris player1, player2;
17.     bool gameOver, gameQuit;
18.     Clock clock;
19.     int Window_width, Window_height, stageWidth, stageHeight;
20.     bool isGameBegin;//------->游戏是否开始
21.     int isGameOverState;//------->游戏结束的状态
22.     Vector2i mCornPoint;//游戏区域位置
23.     int gridSize;//块大小（15）
24.     int imgBGno, imgSkinNo;
25.     Texture tBackground, tTiles, tButtons, tSwitcher, tFrame, tCover, 
    tScore, tGameOver;        //创建纹理对象
26.     Sprite  sBackground, sTiles, sButtons, sSwitcher, sFrame, sCover, 
    sScore, sGameOver;        //创建精灵对象
27.     sf::IntRect ButtonRectStart, ButtonRectHold, ButtonRectLeft,ButtonRe-
    ctRight;
28.     int ButtonState_Start, ButtonState_Hold;
29.     SoundBuffer sbWin, sbBoom;
30.     Sound soundWin, soundBoom;
31.     Music bkMusic;
32.     sf::Clock gameClock, mouseClickTimer;
33.     void gameInitial();
34.     void LoadMediaData();
35.
36.     void gameInput();
37.     void gameLogic();
38.     void gameDraw();
39.     void gameRun();
40. };
```

10.2.2 游戏初始化

Game 平台类的搭建从构造函数的初始化开始。首先需创建一个共用的游戏窗口 window 对象。具体代码如下：

```
1.  #include "Game.h"
2.
3.  Game::Game()
4.  {
5.      Window_width = 1350;
6.      Window_height = 1000;
7.
8.      imgBGno = 1;
9.      imgSkinNo = 1;
10.     window.create(sf::VideoMode(Window_width, Window_height), L"Tetris");
11. }
```

然后在 gameInitial()函数中通过调用 LoadMediaData()函数进行游戏资源的加载。代码如下：

```
1.  void Game::gameInitial()
2.  {
3.      window.setFramerateLimit(15);    //每秒设置目标帧数
4.      LoadMediaData();                 //先加载素材
5.  }
```

LoadMediaData()函数中关于资源加载的实现与前面章节的内容相似，其代码如下所示。如果游戏中两个玩家有加载不同游戏皮肤的需要，则可对下方第 30 行代码进行注释，并交由 Tetris 类自行实现该游戏资源的加载。

```
1.  void Game::LoadMediaData()
2.  {
3.      std::stringstream ss;
4.      ss << "data/images/bg" << imgBGno << ".jpg";
5.
6.      if (!tBackground.loadFromFile(ss.str()))//加载纹理图片
7.      {
8.          std::cout << "BK image 没有找到" << std::endl;
9.      }
10.
11.     ss.str("");//清空字符串
12.     ss << "data/images/tiles" << imgSkinNo << ".jpg";
13.     if (!tTiles.loadFromFile(ss.str()))
14.     {
```

```
15.         std::cout << "tiles.png 没有找到" << std::endl;
16.     }
17.     if (!tFrame.loadFromFile("data/images/frame.png"))
18.     {
19.         std::cout << "frame.png 没有找到" << std::endl;
20.     }
21.     if (!tCover.loadFromFile("data/images/cover.png"))
22.     {
23.         std::cout << "cover.png 没有找到" << std::endl;
24.     }
25.     if (!tGameOver.loadFromFile("data/images/end.png"))
26.     {
27.         std::cout << "end.png 没有找到" << std::endl;
28.     }
29.     sBackground.setTexture(tBackground);          //设置精灵对象的纹理
30.   //sTiles.setTexture(tTiles);//由 Tetris 对象绘制方块，两个玩家各自绘自己的
    方块
31.     sFrame.setTexture(tFrame);
32.     sCover.setTexture(tCover);
33.     sGameOver.setTexture(tGameOver);
34. }
```

游戏类 Tetris 是游戏内容实现的主体，它服从平台对它的调度和管理。在 Tetris 头文件中增加一个玩家的角色变量，用于玩家角色的标记，其实现代码如下：

```
1. int role;
```

根据游戏素材上各玩家的游戏舞台的位置信息，进行如下代码所示的宏定义。同时构建枚举类型 PLAYROLE，以对玩家角色信息进行规范。

```
1. #define  P1_STAGE_CORNER_X      156
2. #define  P1_STAGE_CORNER_Y      174
3. #define  P2_STAGE_CORNER_X      844
4. #define  P2_STAGE_CORNER_Y      174
5.
6. typedef enum PLAYROLE {
7.     roleNONE,                //空
8.     rolePLAYER1,             //玩家 1
9.     rolePLAYER2,             //玩家 2
10. };
```

在 Tetris.h 头文件中增加相应函数的形参，用于记录 Game 平台类传递过来的游戏资源。具体代码如下：

```
1. void Initial(Texture *tex);
2. void Input(sf::Event event);
3. void Draw(sf::RenderWindow* window);
```

Tetris::Initial(Texture *tex)能够接收平台类 Game 传递过来的纹理变量的指针，以便实现相应纹理的加载，具体实现如下方第 8 行代码所示。其中，第 9～16 行代码实现初始 Tetris 方块的赋值。

```
1. void Tetris::Initial(Texture *tex)
2. {
3.     tTiles = tex;
4.     if (role == rolePLAYER1)
5.         mCornPoint = { P1_STAGE_CORNER_X, P1_STAGE_CORNER_Y };
6.     if (role == rolePLAYER2)
7.         mCornPoint = { P2_STAGE_CORNER_X, P2_STAGE_CORNER_Y };
8.     sTiles.setTexture(*tTiles);
9.     //初始化方块图形
10.    colorNum = 1 + rand() % 7;
11.    int n = rand() % 7;
12.    for (int i = 0; i < 4; i++)
13.    {
14.        currentSquare[i].x = Figures[n][i] % 2;
15.        currentSquare[i].y = Figures[n][i] / 2;
16.    }
17. }
```

当 Tetris::Initial 具有初始功能后，在 Game 类中，通过 gameInitial()函数对之进行调度管理。其中，下方第 5～6 行代码标记 Tetris 类实例对象的玩家角色，使得各个 Tetris 类实例知道自己是平台类的哪个玩家。

```
1. void Game::gameInitial()
2. {
3.     window.setFramerateLimit(15);    //每秒设置目标帧数
4.     LoadMediaData();                 //先加载素材
5.     player1.role = rolePLAYER1;      //定义 Tetris 对象为 player1
6.     player2.role = rolePLAYER2;      //定义 Tetris 对象为 player1
7.     player1.Initial(&tTiles);        //将方块的素材传给 Tetris 对象，由
                                          Tetris 对象绘制方块
8.     player2.Initial(&tTiles);        //将方块的素材传给 Tetris 对象，由
                                          Tetris 对象绘制方块
9. }
```

10.2.3 游戏输入

Game 类作为一个调度平台，它的 Game::gameInput()函数实际扮演一个操作系统的输入消息的中转站角色，具体如下方代码所示。其中，第 12～13 行代码是直接通过形参将输入消息传递给两个玩家对象 player1 和 player2 的。

```
1.  void Game::gameInput()
2.  {
3.      sf::Event event;
4.      window.setKeyRepeatEnabled(false);//按键按下只响应一次
5.      while (window.pollEvent(event))
6.      {
7.          if (event.type == sf::Event::Closed)
8.          {
9.              window.close();     //窗口可以移动、调整大小和最小化。但是如果要
                                     关闭，需要自己去调用 close()函数
10.             gameQuit = true;
11.         }
12.         player1.Input(event);
13.         player2.Input(event);
14.     }
15. }
```

Tetris 类当接收到输入消息后，则甄别消息是传递给哪个玩家角色的。不同的玩家角色对相同的消息有不同的响应处理。具体实现代码如下：

```
1.  void Tetris::Input(sf::Event event)
2.  {
3.      if (role == rolePLAYER1)//玩家 1 的按键响应
4.      {
5.          if (event.type == Event::KeyPressed)
6.          {
7.              if (event.key.code == Keyboard::W)
8.                  rotate = true;
9.              if (event.key.code == Keyboard::A)
10.                 dx = -1;
11.             else if (event.key.code == Keyboard::D)
12.                 dx = 1;
13.             if (event.key.code == Keyboard::S)
14.                 delay = 0.05;
```

```
15.             }
16.             if (event.type == Event::KeyReleased)
17.             {
18.         if (event.key.code == Keyboard::A || event.key.code == Keyboard::D)
19.                     dx = 0;
20.                 if (event.key.code == Keyboard::S)
21.                     delay = 0.3;
22.             }
23.         }
24.         if (role == rolePLAYER2)//玩家 2 的按键响应
25.         {
26.             if (event.type == Event::KeyPressed)
27.             {
28.                 if (event.key.code == Keyboard::Up)
29.                     rotate = true;
30.                 if (event.key.code == Keyboard::Left)
31.                     dx = -1;
32.                 else if (event.key.code == Keyboard::Right)
33.                     dx = 1;
34.                 if (event.key.code == Keyboard::Down)
35.                     delay = 0.05;
36.             }
37.             if (event.type == Event::KeyReleased)
38.             {
39.                 if (event.key.code == Keyboard::Left || event.key.code ==
                   Keyboard::Right)
40.                     dx = 0;
41.                 if (event.key.code == Keyboard::Down)
42.                     delay = 0.3;
43.             }
44.         }
45. }
```

10.2.4　游戏逻辑

本章的 Game 类作为调度平台，在 Game::gameLogic()中完成主要调度工作，代码如下所示。其中，第 3～6 行代码记录每次游戏循环的时间间隔，并将间隔值反馈给玩家对象；然后通过 Tetris 类实例对象的 player1、player2 各自的 Logic()函数调用(见第 8～9 行代码)。

```
1. void Game::gameLogic()
2. {
3.     float time = clock.getElapsedTime().asSeconds();
4.     clock.restart();
5.     player1.timer += time;
6.     player2.timer += time;
7.
8.     player1.Logic();
9.     player2.Logic();
10. }
```

10.2.5 游戏绘制

Game 类作为调度平台，要负责游戏画面的绘制。下方代码中第 3～7 行代码实现了游戏背景的绘制。游戏主体对象的绘制，则交由实例对象的 Draw()函数进行完成，如第 8～9 行代码所示。为让实例对象能明确知道在哪个 window 进行绘制，在第 8～9 行代码中将 window 的指针地址作为形参传送给具体实例对象。这里需要注意的是，在 gameDraw 函数中，当所有内容绘制完毕后需要调用 display()函数进行显示操作，如第 11 行代码所示。

```
1. void Game::gameDraw()
2. {
3.     window.clear(); //清屏
4.     //绘制背景
5.     sBackground.setPosition(0, 0);
6.     window.draw(sBackground);
7.     window.draw(sFrame);
8.     player1.Draw(&window);
9.     player2.Draw(&window);
10.
11.    window.display(); //把显示缓冲区的内容，显示在屏幕上
12. }
```

Tetris::Draw(sf::RenderWindow* window)函数通过形参获得指定的游戏绘制窗口后，则只需进行常规绘制就行。具体实现代码如下：

```
1.  void Tetris::Draw(sf::RenderWindow* window)
2.  {
3.      //绘制固定的方块
4.      for (int i = 0; i < STAGE_HEIGHT; i++)
5.          for (int j = 0; j < STAGE_WIDTH; j++)
6.          {
7.              if (Field[i][j] == 0)
8.                  continue;
9.              sTiles.setTextureRect(IntRect(Field[i][j] * GRIDSIZE,0,GRID-
    SIZE, GRIDSIZE));
10.             sTiles.setPosition(j * GRIDSIZE, i * GRIDSIZE);
11.             sTiles.move(mCornPoint.x, mCornPoint.y); //offset
12.             window->draw(sTiles);
13.         }
14.     //绘制活动的方块
15.     for (int i = 0; i < 4; i++)
16.     {
17.         sTiles.setTextureRect(IntRect(colorNum * GRIDSIZE, 0, GRIDSIZE,
    GRIDSIZE));
18.         sTiles.setPosition(currentSquare[i].x*GRIDSIZE, currentSquare[i].
    y * GRIDSIZE);
19.         sTiles.move(mCornPoint.x, mCornPoint.y); //offset
20.         window->draw(sTiles);
21.     }
22. }
```

需要注意的是，窗口显示函数 display()在一次游戏循环中只被调用一次。因此，统一在 gameDraw 函数中调用窗口显示函数。这里 Tetris 对象要服从 Game 平台对它的调度和管理，不要在 Tetris::Draw(sf::RenderWindow* window)函数中再次调用 window 类的 display()函数。

10.2.6 游戏循环

游戏循环的主体，放置在平台类 Game 的 gameRun()函数中实现。具体代码如下：

```
1.  void Game::gameRun()
2.  {
3.      do {
4.
5.          gameInitial();
```

```
6.
7.          while (window.isOpen() && gameOver == false)
8.          {
9.              gameInput();
10.
11.             gameLogic();
12.
13.             gameDraw();
14.         }
15.     } while (!gameQuit);
16. }
```

10.2.7 游戏入口

游戏平台类的实例化及运行调用，可放在 main 函数中实现。由于平台类 Game 的 gameRun()函数中已经布置有游戏循环，因此下方第 6 行代码的 while 循环实际上是可以取消的。

```
1.  #include "Game.h"
2.
3.  int main()
4.  {
5.      Game tetris;
6.      while (tetris.window.isOpen())
7.      {
8.          tetris.gameRun();
9.      }
10.
11.     return 0;
12. }
```

习 题

1. 游戏平台类和游戏类各自实现的功能是什么？

2. 如何让游戏类的实例对象知道自己在游戏平台上是哪个对象，以便正确接收平台传递的输入消息，并作出正确的响应呢？

3. 游戏 Tetris 类的实例对象，如何知道平台转过来的某一个按键输入是发给自己的？

4. Game 类绘制背景，Tetris 实例对象绘制各自的游戏画面。如何确保它们的内容是绘制在同一个 window 窗口上的？

5. 在 Input 函数中调用 window.setKeyRepeatEnabled(false);的作用是什么？

10.3　Next 区和 Bag7

10.3.1　Next 区初始化

前面代码在执行时，当图形块落下发生碰撞后，会有新的图形块在舞台的上方出现。从程序流程图的角度来看，这个逻辑顺序是正确的。但从玩家的体验角度来看，事先不知道新的图形块是哪个图形，其突然在舞台上方出现，显得游戏的人机交互不够友好。

为了提升游戏的人机交互体验，本节将在游戏中增加一个图形块的生成缓冲区，即 Next 区，从而让玩家事先知道下一个方块是哪个图形。Next 区功能的实现包含以下几步操作：

(1) 增设 Next 区，随机存储玩家的下一个方块图形。

(2) 当方块碰撞着地后，用 Next 区的方块图形对新方块进行赋值，即新产生的方块来自 Next 区。

(3) 当 Next 区的方块图形被提取时，在 Next 区随机生成下一个方块图形。

游戏窗口中的 Next 区如图 10-12 所示。

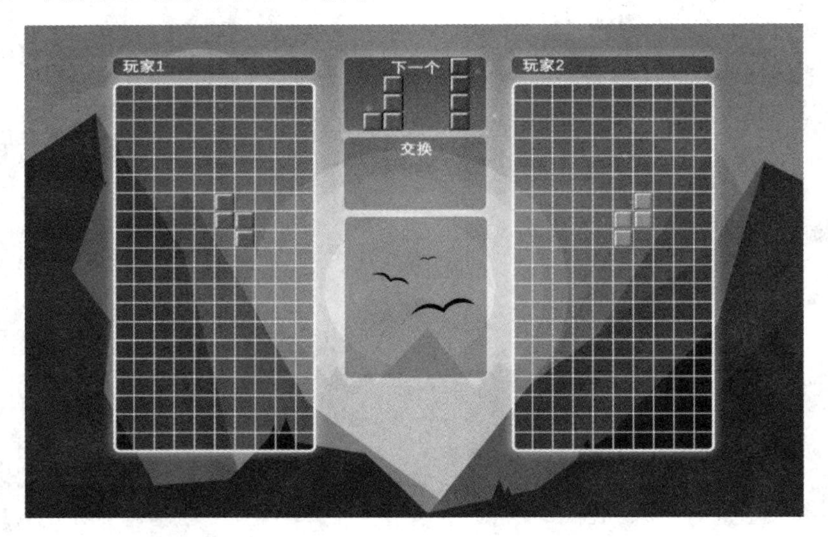

图 10-12　俄罗斯方块的 Next 区示意图

根据素材的尺寸，在 Photoshop 软件中可以丈量到 Next 区显示区域的坐标。在 Tetris.h 头文件中增加 Next 显示区域左顶点坐标的宏定义。示例代码如下：

```
1.  #define  P1_NEXT_CORNER_X      587
2.  #define  P1_NEXT_CORNER_Y      125
3.  #define  P2_NEXT_CORNER_X      702
4.  #define  P2_NEXT_CORNER_Y      125
```

同时，增加Next显示区域左顶点坐标变量及Next图形的属性变量。具体实现代码如下：

```
1. Vector2i mCornPoint, nextSquareCornPoint;//游戏区域位置
2. int colorNum, nextcolorNum,tempcolorNum;
3. int currentShapeNum, nextShapeNum, tempShapeNum;
```

在 Tetris::Initial 函数中进行 Next 区变量的赋值设定。具体代码如下：

```
1. void Tetris::Initial(Texture *tex)
2. {
3.     tTiles = tex;
4.     dx = 0; //X 方向偏移量
5.     rotate = false; //是否旋转
6.     colorNum = 1;   //色块的颜色
7.     timer = 0;
8.     delay = DALAYVALUE; //下落的速度
9.     b7Int = 0;
10.
11.    if (role == rolePLAYER1)
12.    {
13.        mCornPoint = { P1_STAGE_CORNER_X,   P1_STAGE_CORNER_Y };
14.        nextSquareCornPoint = { P1_NXET_CORNER_X, P1_NXET_CORNER_Y };
15.    }
16.    if (role == rolePLAYER2)
17.    {
18.        mCornPoint = { P2_STAGE_CORNER_X,   P2_STAGE_CORNER_Y };
19.        nextSquareCornPoint = { P2_NXET_CORNER_X, P2_NXET_CORNER_Y };
20.    }
21.    sTiles.setTexture(*tTiles);
22.    //初始化方块图形
23.    colorNum = 1 + rand() % 7;
24.    currentShapeNum = rand() % 7;
25.    //更新下一个方块图形
26.    nextcolorNum = 1 + rand() % 7;
27.    nextShapeNum = rand() % 7;
28.
29.    for (int i = 0; i < 4; i++)
30.    {
31.        currentSquare[i].x=Figures[currentShape-eNum][i]%2+STAGE_WIDTH/2;
```

```
32.         currentSquare[i].y = Figures[currentShapeNum][i] / 2;
33.         nextSquare[i].x = Figures[nextShapeNum][i] % 2;
34.         nextSquare[i].y = Figures[nextShapeNum][i] / 2;
35.     }
36. }
```

10.3.2 Next 区逻辑设定

先对前面 Logic()函数代码进行模块整理。在 Tetris.h 头文件中增加如下 yMove()函数定义：

```
1. void yMove();
```

将原 Logic()函数中的 Tick 下落模块封装在 yMove()函数中，代码如下：

```
1. void Tetris::Logic()
2. {
3.     …
4.     ///////Tick 下落//////
5.     if (timer > delay)
6.     {
7.         yMove();
8.         timer = 0;
9.     }
10.    …
11. }
```

yMove()函数的示例代码如下所示。当图形块发生碰撞后，通过下方第 14～27 行代码完成从 Next 区获取新图形块，并在 Next 区随机生成新图形块的操作。

```
1. void Tetris::yMove()
2. {
3.     for (int i = 0; i < 4; i++)
4.     {
5.         tempSquare[i] = currentSquare[i];
6.         currentSquare[i].y += 1;
7.     }
8.
9.     if (!hitTest())//如果撞上了
10.    {
11.        for (int i = 0; i < 4; i++)
```

```
12.             Field[tempSquare[i].y][tempSquare[i].x] = colorNum;
13.
14.         //取下一个方块图形
15.         colorNum = nextcolorNum;
16.         currentShapeNum = nextShapeNum;
17.         //更新下一个方块图形
18.         nextcolorNum = 1 + rand() % 7;
19.         nextShapeNum = rand() % 7; //Bag7();
20.
21.         for (int i = 0; i < 4; i++)
22.         {
23.             currentSquare[i] = nextSquare[i];
24.             currentSquare[i].x = currentSquare[i].x + STAGE_WIDTH / 2;
25.             nextSquare[i].x = Figures[nextShapeNum][i] % 2;
26.             nextSquare[i].y = Figures[nextShapeNum][i] / 2;
27.         }
28.     }
29. }
```

图形块的属性主要是图形的颜色(nextcolorNum)和图形的形状(nextShapeNum)。尤其当图形的形状被确定后，可以通过前面图形块的构建模型获得图形块中 4 个方块 nextSquare[i]的 x、y 坐标值。其实，这里大家可以尝试构建图形块类，对之进行封装。第 19 行代码中 nextShapeNum 的赋值可以进行随机函数的直接赋值，也可以在后续通过 Bag7 算法进行赋值。

10.3.3 Bag7 算法

在新方块图形生成模块中，由于随机算法的不可控特性，可能出现某个图形块迟迟不出现的情况。为避免出现该现象，在生成模块中引入 Bag7 的思想，即取 7 个基本图形块各 1 个打包成 Bag，每次从 Bag 中随机提出 1 个图形，当一个 Bag 中的图形全部被取出时，重新生成下一个 Bag 包，以此确保每 14 个图形块中各图形块至少出现 1 次(该算法能确保连续 14 个图形块至少包含 1 个完整的 Bag 包)。

因此在 Bag7 算法实现之前，需要定义一个数组对 Bag 包中的图形块进行标识。具体头文件中的变量声明如下：

```
1. int b7array[7] = { 0 }, b7Int;
2. int Bag7();
```

在 Initial()函数中对 b7Int 赋初值：

b7Int = 0;

Bag7 有以下两种实现方式：

(1) 静态分配：将 7 个图形块随机排序，一次性存放在 b7array[]数组中，然后按序读取；

(2) 动态分配：每次随机生成一个图形块之前未得到随机数，然后以返回值的形式传递。

下面给出动态分配的实现方法：

```
1. int Tetris::Bag7()
2. {
3.     int num;
4.     srand(time(NULL));
5.     num = rand() % 7;
6.     for (int i = 0; i < b7Int; i++)
7.     {
8.         if (b7array[i] == num)
9.         {
10.            i = -1;//i++后归零，数组重新遍历
11.            num = rand() % 7;
12.        }
13.    }
14.    b7array[b7Int] = num;
15.
16.    b7Int++;
17.    if (b7Int == 7)
18.    {
19.        b7Int = 0;
20.        for( int i = 0; i < 7; i++)
21.            b7array[i] = 0;
22.    }
23.    return num;
24. }
```

其中，第 4～5 行代码得到一个表示图形形状的随机数 num；第 6～13 行代码比对该随机数在前面是否出现过；第 14 行代码将新的随机图形存入 b7array[]数组；第 17～22 行代码表示当 Bag 包遍历完毕后 b7array[]数组重新进行初始化。

10.3.4　Next 区绘制

Draw()函数中 Next 区绘制的示例代码如下：

```
1.  void Tetris::Draw(sf::RenderWindow* window)
2.  {
3.      …
4.      //绘制 Next 区的方块
5.      for (int i = 0; i < 4; i++)
6.      {
7.          sTiles.setTextureRect(IntRect(nextcolorNum*GRIDSIZE,0,GRIDSIZE,
    GRIDSIZE));
8.          sTiles.setPosition(nextSquare[i].x * GRIDSIZE, nextSquare[i].y *
    GRIDSIZE);
9.          sTiles.move(nextSquareCornPoint.x,nextSquareCornPoint.y);//offset
10.         window->draw(sTiles);
11.     }
12.     …
13. }
```

习 题

1. 在双人版的 Tetris 游戏中，每个玩家都应该有自己的 Next 区显示下一个方块图形。但本节中为何只设置一个 Next 显示区域的左顶点坐标变量呢？最可能的原因是(　　)。

A. 漏定义了一个顶点坐标变量

B. 两个玩家共用一个 Next 区，一个顶点坐标变量够用了

C. 两个玩家是 Tetris 类的两个对象，Tetris 类中定义一个顶点坐标变量，不妨碍它的实例对象拥有自己的顶点坐标

D. 图形的尺寸是事先定义的，在玩家 1 的 Next 图形的左顶点坐标的基础上做适当偏移，就能得到玩家 1 的 Next 图形的左顶点坐标，一个顶点坐标变量够用了

2. 俄罗斯方块的图形块通常具有一些属性变量，如颜色(Color)、图形(Shape)、4 个方块坐标(Square Position)。请尝试构建一个类 TetrisObject，将它们封装起来。

3. Bag7()函数通常先对 b7array[]数组进行初始化。下述代码用于对 b7array[]数组赋初值为 0。当第 5 行代码随机到 0 号图形块时，会不会由于第 8 行的条件判断而导致 0 号图形块被重置为下一个随机图形块？理由是什么？如果会被重置，有何改进建议？

```
1.  int Tetris::Bag7()
2.  {
3.      int num;
```

```
4.      srand(time(NULL));
5.      num = rand() % 7;
6.      for (int i = 0; i < b7Int; i++)
7.      {
8.          if (b7array[i] == num)
9.          {
10.             i = -1;//i++后归零，数组重新遍历
11.             num = rand() % 7;
12.         }
13.     }
14.     b7array[b7Int] = num;
15.
16.     b7Int++;
17.     if (b7Int == 7)
18.     {
19.         b7Int = 0;
20.         for( int i = 0; i < 7; i++)
21.             b7array[i] = 0;
22.     }
23.     return num;
24. }
```

4. 请以静态分配的方式实现 Bag7 算法，并给出 b7array[]数组的赋值方案，以及相应的使用方案。

10.4　高阶之 Hold 区

游戏对象之间及对象与游戏平台之间，难免存在游戏数据交换。本节借助 Tetris 游戏双人版的 Hold 功能来讲解游戏中的数据交换。

10.4.1　Hold 区设计

Tetris 游戏的 Hold 功能通常是指玩家可以通过 Hold 功能将自己暂时不需要的图形块存放在 Hold 区，在需要的时候再通过 Hold 功能交换出来使用。本节的 Hold 功能只设置 1 个 Hold 区供两位玩家共同使用，如图 10-13 所示。玩家 1(或玩家 2)可以通过 Hold 按键，将当前方块与 Hold 交换区中的图形块进行交换，以达到暂存图形块的目的。Hold 交换区中的图形块是公共资源，两位玩家均可与之进行交换，使得游戏会出现两玩家之间交换图形块，或者破坏对方暂存图形块的操作，从而提升了游戏的互动性。

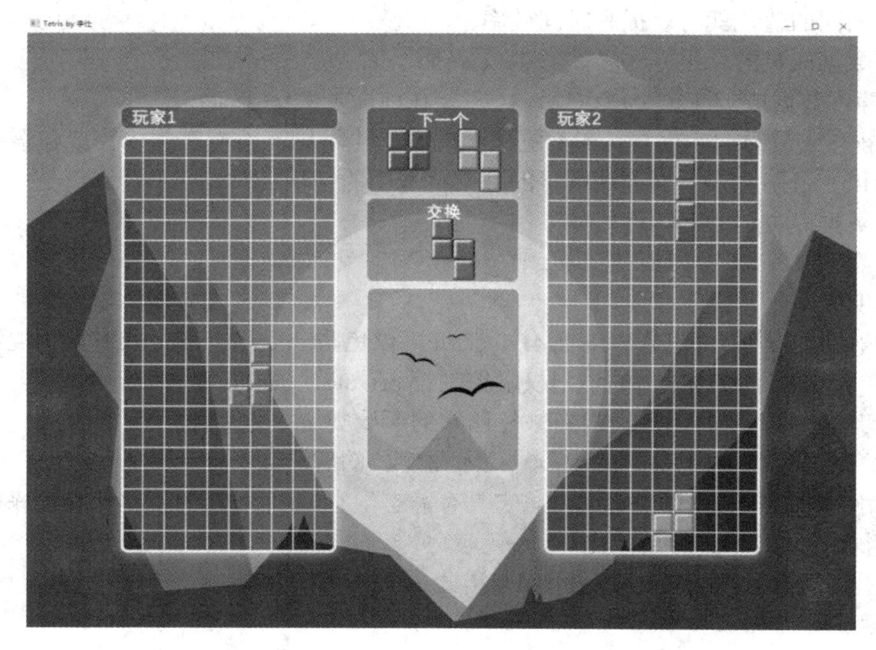

图 10-13　俄罗斯方块的 Hold 区示意图

图形块在 Hold 区中显示时，需要指定图形块显示的坐标变量。依据美工素材图中 Hold 区的位置设计，在 Tetris.h 中宏定义 Hold 区的显示坐标，具体实现代码如下：

```
1. #define  HOLD_CORNER_X          660
2. #define  HOLD_CORNER_Y          275
```

声明坐标变量 holdSquareCornPoint 和 bool 变量 hold，代码如下：

```
1. Vector2i mCornPoint, nextSquareCornPoint,holdSquareCornPoint;//游戏区域位置
2. bool rotate, hold; // hardDrop
```

10.4.2　对象间数据交换与静态变量

在本案例中，玩家 player1 和 player2 作为 Tetris 类的对象存在。它们之间要发生数据共享，其实现方法有很多，比如设置全局性的变量或对象，采用静态成员。全局变量或对象是有局限性的，容易出现安全性问题。为了提升程序的强壮性，本节将介绍如何通过类的静态成员来实现数据的共享。

静态成员属于静态存储方式，其存储空间为内存中的静态数据区(在静态存储区内分配存储单元)，该区域中的数据在整个程序运行期间一直占用这些存储空间(在程序整个运行期间都不释放)，也可以认为其内存地址不变，直到整个程序运行结束。

在类中，静态成员是类的所有对象共享的成员，而不是某个对象的成员。对多个对象来说，静态数据成员只存储在一处，供所有对象共用。静态数据成员的值对每个对象都是一样的，但它的值是可以更新的。只要对静态数据成员的值更新一次，保证所有对象存取

更新后的相同的值，就可以提高时间效率。

静态数据成员的使用方法和注意事项如下：

(1) 静态数据成员在定义或说明时，需要在前面加关键字 static。

(2) 静态成员的初始化与一般数据成员的初始化不同，不能在类中完成，需要在类外进行初始化，否则会提示“无法解析的外部符号”的错误。

静态数据成员初始化的格式如下：

<数据类型><类名>::<静态数据成员名>=<值>

这表明：

① 初始化在类体外进行，前面不加 static，以免与一般静态变量或对象相混淆。

② 初始化时不加该成员的访问权限控制符 private、public 等。

③ 初始化时使用作用域运算符来标明它的所属类。

因此，静态数据成员是类的成员，而不是对象的成员。

(3) 静态数据成员是静态存储的，它具有静态生存期(即对象的生存期和程序的运行期相同)，所以必须对它进行初始化。

(4) 引用静态数据成员时，采用如下格式：

<类名>::<静态成员名>

如果静态数据成员的访问权限允许(即为 public 的成员)，则可在程序中按上述格式来引用静态数据成员。

10.4.3 Hold 功能实现

1. 变量的初始化

为使两玩家 Hold 区的图形块能够互换，我们在 Tetris.h 头文件中将 Hold 区的图形块的相关变量设为静态变量，代码如下：

```
1.  static int holdcolorNum, holdShapeNum;
2.  static Vector2i holdSquare[4];
```

同时在 Tetris.cpp 文件的类外进行如下初始化：

```
1.  int Tetris::holdcolorNum = 0, Tetris::holdShapeNum = 0;
2.  Vector2i Tetris::holdSquare[4] = { { 0,0 },{ 0,0 },{ 0,0 },{ 0,0 } };
```

在 Initial 函数中，对 Hold 功能的相关变量进行赋值，如下方代码的第 6、11、14 行代码。因为游戏一开始 Hold 区是空的，所以为了不在初期显示 Hold 区的图形块，我们在第 14 行代码中将变量赋值为异常值。

```
1.  void Tetris::Initial(Texture *tex)
2.  {
3.      tTiles = tex;
4.      dx = 0; //X 方向偏移量
```

```
5.      rotate = false; //是否旋转
6.      hold = false;   //是否有 hold 块图形
7.
8.      colorNum = 1;   //色块的颜色
9.      timer = 0;
10.     delay = DALAYVALUE; //下落的速度
11.     holdSquareCornPoint = { HOLD_CORNER_X, HOLD_CORNER_Y };
12.     sTiles.setTexture(*tTiles);
13.   //…
14.     holdShapeNum = -1;//在游戏初始，将 hold 区的图形设置为一个异常值
15. }
```

2. Hold 区图形的绘制

在 Draw 函数中，我们进行 Hold 区图形的绘制，代码如下：

```
1. void Tetris::Draw(sf::RenderWindow* window)
2. {
3.      …
4.      //绘制 Hold 区的方块
5.      if(holdShapeNum > -1)//hold 区图形正常时进行绘制
6.          for (int i = 0; i < 4; i++)
7.          {
8.              sTiles.setTextureRect(IntRect(holdcolorNum * GRIDSIZE, 0,
                GRIDSIZE, GRIDSIZE));
9.              sTiles.setPosition(holdSquare[i].x*GRIDSIZE, holdSquare[i].y
                * GRIDSIZE);
10.             sTiles.move(holdSquareCornPoint.x, holdSquareCornPoint.y);
                //offset
11.             window->draw(sTiles);
12.         }
13. }
```

其中，第 5 行代码表示：当 Hold 区的图形块的值为正常值时绘制 Hold 区的图形块，若异常则不做图形块处理，以此确保在 Hold 操作之前 Hold 区的图形块为空。

3. Hold 的输入消息的处理

Hold 操作涉及键盘输入。在 Input 函数中增加相应的按键操作，具体如下方代码第 19～20 行和第 43～44 行所示。玩家 1 通过 Ctrl 左键进行 Hold 操作，玩家 2 通过 Ctrl 右键进行 Hold 操作。

```
1.  void Tetris::Input(sf::Event event)
2.  {
3.          if (role == rolePLAYER1)//玩家 1 的按键响应
4.          {
5.              if (event.type == Event::KeyPressed)
6.              {
7.                  if (event.key.code == Keyboard::W)
8.                      rotate = true;
9.  
10.                 if (event.key.code == Keyboard::A)
11.                     dx = -1;
12.                 else if (event.key.code == Keyboard::D)
13.                     dx = 1;
14.                 if (event.key.code == Keyboard::S)
15.                     delay = DALAYVALUE / 10;
16.             }
17.             if (event.type == Event::KeyReleased)
18.             {
19.                 if (event.key.code == Keyboard::LControl)
20.                     hold = true;
21.                 if (event.key.code == Keyboard::A || event.key.code ==
                      Keyboard::D)
22.                     dx = 0;
23.                 if (event.key.code == Keyboard::S)
24.                     delay = DALAYVALUE;
25.             }
26.         }
27.         if (role == rolePLAYER2)//玩家 2 的按键响应
28.         {
29.             if (event.type == Event::KeyPressed)
30.             {
31.                 if (event.key.code == Keyboard::Up)
32.                     rotate = true;
33.  
34.                 if (event.key.code == Keyboard::Left)
35.                     dx = -1;
36.                 else if (event.key.code == Keyboard::Right)
37.                     dx = 1;
```

```
38.                 if (event.key.code == Keyboard::Down)
39.                     delay = DALAYVALUE/10;
40.             }
41.             if (event.type == Event::KeyReleased)
42.             {
43.                 if (event.key.code == Keyboard::RControl)
44.                     hold = true;
45.                 if (event.key.code == Keyboard::Left || event.key.code ==
                        Keyboard::Right)
46.                     dx = 0;
47.                 if (event.key.code == Keyboard::Down)
48.                     delay = DALAYVALUE;
49.             }
50.         }
51. }
```

4. Hold 函数

在头文件中声明函数，代码如下：

```
1. void holdFunc();
```

在下方 Hold 函数代码示例中，Hold 函数分为几个模块。

```
1. void Tetris::holdFunc()
2. {
3.     Vector2i backUpSquare[4];
4.     tempcolorNum = holdcolorNum;
5.     tempShapeNum = holdShapeNum;
6. 
7.     holdcolorNum = colorNum;
8.     holdShapeNum = currentShapeNum;
9. 
10.    for (int i = 0; i < 4; i++)
11.    {
12.        holdSquare[i].x = Figures[holdShapeNum][i] % 2;
13.        holdSquare[i].y = Figures[holdShapeNum][i] / 2;
14.        tempSquare[i].x = Figures[tempShapeNum][i] % 2;
15.        tempSquare[i].y = Figures[tempShapeNum][i] / 2;
16.        backUpSquare[i] = currentSquare[i];
17.    }
```

```
18. if (tempShapeNum < 0)//hold 区的异常值表示 hold 区为空的状态，所以要从 Next 区
    取值
19. {//如果原 hold 区为空，则当前图形从 Next 区取
20.     colorNum = nextcolorNum;
21.     currentShapeNum = nextShapeNum;
22.     //更新下一个方块图形
23.     nextcolorNum = 1 + rand() % 7;
24.     nextShapeNum = Bag7();
25.     for (int i = 0; i < 4; i++)
26.     {
27.         currentSquare[i] = nextSquare[i];//当前块更新
28.         currentSquare[i].x = currentSquare[i].x + STAGE_WIDTH / 2;
29.         nextSquare[i].x = Figures[nextShapeNum][i] % 2;
30.         nextSquare[i].y = Figures[nextShapeNum][i] / 2;
31.     }
32. }
33. else//当前图形块取原来 hold 图形块的值，即发生交换
34. {
35.     colorNum = tempcolorNum;
36.     currentShapeNum = tempShapeNum;
37.     //为从 hold 区置换过来的方块图形计算其在舞台上的坐标
38.     int minCurrentX = currentSquare[0].x,
39.         minCurrentY = currentSquare[0].y,
40.         minTempX = tempSquare[0].x,
41.         minTempY = tempSquare[0].y;
42.     int dx, dy;
43.     for (int i = 1; i < 4; i++)
44.     {
45.         if (currentSquare[i].x < minCurrentX)
46.             minCurrentX = currentSquare[i].x;
47.         if (currentSquare[i].y < minCurrentY)
48.             minCurrentY = currentSquare[i].y;
49.         if (tempSquare[i].x < minTempX)
50.             minTempX = tempSquare[i].x;
51.         if (tempSquare[i].y < minTempY)
52.             minTempY = tempSquare[i].y;
53.     }
54.     dx = minCurrentX - minTempX;
```

```
55.     dy = minCurrentY - minTempY;
56.     for (int i = 0; i < 4; i++)
57.     {
58.         currentSquare[i].x = tempSquare[i].x + dx;
59.         currentSquare[i].y = tempSquare[i].y + dy;
60.         holdSquare[i].x = Figures[holdShapeNum][i] % 2;
61.         holdSquare[i].y = Figures[holdShapeNum][i] / 2;
62.     }
63. }
64. if (!hitTest())    //如果撞上了
65. {
66.     colorNum = holdcolorNum;
67.     holdcolorNum = tempcolorNum;
68.     holdShapeNum = tempShapeNum;
69.     for (int i = 0; i < 4; i++)
70.    {
71.         currentSquare[i] = backUpSquare[i];
72.         holdSquare[i].x = Figures[holdShapeNum][i] % 2;
73.         holdSquare[i].y = Figures[holdShapeNum][i] / 2;
74.     }
75. }
```

其中：

(1) 第 3～17 行代码为 Hold 区存入模块。其中，第 4～5 行代码用于暂存原 Hold 区图形块的属性，第 7～8 行代码用于将舞台上的活动方块赋值给 Hold 区；第 10～17 行代码分别记录了原 Hold 区图形块、当前 Hold 区图形块、当前舞台活动图形块中 4 个小方块的坐标。

(2) 第 18～32 行代码为 Hold 区初始化模块。在游戏初始时，Hold 区是空的。这个时候，理论上前一个模块(见第 4～5 行代码)是拿不到有效的 Hold 图形块的。这会导致没有 Hold 区的图形块可以交换到舞台中。该模块的处理方式是将 Next 区的图形块属性赋值给舞台。因此，该模块的内容与之前 Next 区的代码逻辑上相近。

(3) 第 33～63 行代码为 Hold 区取出模块。其中，第 35～36 行代码表示得到了原 Hold 区图形块属性；第 38～62 行代码用于对交换到的图形块的坐标进行修正处理，尽量使得交换前后的图形块的坐标位置能够相近。

(4) 第 64～75 行代码是一种异常的提出。如果经过图形交换之后出现碰撞现象，则要终止之前的交换操作。

10.4.4　Hold 函数的调用

基于前面的代码实现，Hold 函数在 Logic()函数中的调用方式如下：

```
1. void Tetris::Logic()
2. {     //hold 方块图形
3.     if (hold)
4.     {
5.         holdFunc();
6.         hold = false;
7.     }
8.     …
9. }
```

习 题

1. 在 Tetris 游戏一开始，Hold 区是空的。此时应该如何避免 Hold 区出现图形块绘制情况呢？请列举 2 种以上方案。

2. 在 Tetris 游戏中完成 Hold 区图形块的交换之后，交换前后的图形块在舞台上的坐标应该如何传递？请在本节方案的基础上给出不同的方案。

10.5　旋转和踢墙

10.5.1　图形编码

常规俄罗斯方块游戏共有以下 7 种图形块，均可分解为 4 个标准尺寸的方格图形。图 10-14 是它的一种数学表达方式。它的一个特点是 7 种图形块的重心或旋转中心点被设置在 5 号位。当图形块进行旋转时，旋转前后 5 号位在舞台上的坐标是不发生变化的。

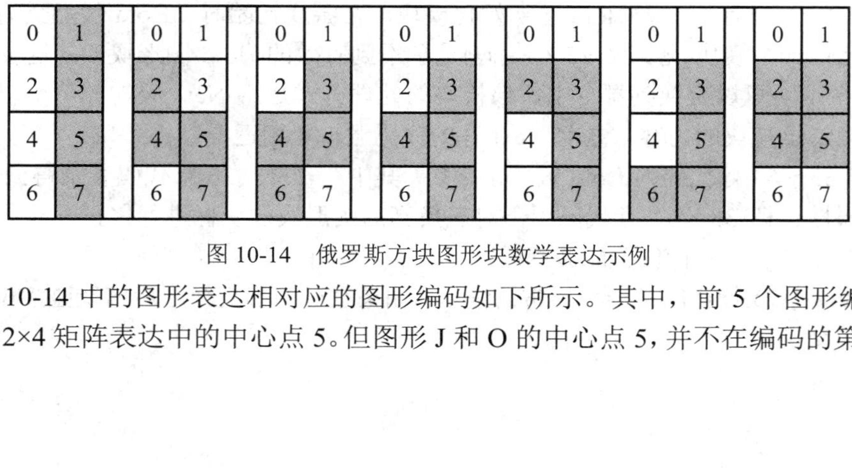

0	1		0	1		0	1		0	1		0	1		0	1		0	1
2	3		2	3		2	3		2	3		2	3		2	3		2	3
4	5		4	5		4	5		4	5		4	5		4	5		4	5
6	7		6	7		6	7		6	7		6	7		6	7		6	7

图 10-14　俄罗斯方块图形块数学表达示例

与图 10-14 中的图形表达相对应的图形编码如下所示。其中，前 5 个图形编码的第 3 位均指向 2×4 矩阵表达中的中心点 5。但图形 J 和 O 的中心点 5，并不在编码的第 3 位上。

当旋转代码的旋转中心点指向编码中的固定位(如编码的第 3 位)时，则会出现个别图形的旋转中心不在图形真正的中心点。

```
1.    int Figures[7][4] =
2.    {
3.        1,3,5,7, // I
4.        2,4,5,7, // S
5.        3,4,5,6, // Z
6.        3,4,5,7, // T
7.        2,3,5,7, // L
8.        3,5,6,7, // J
9.        2,3,4,5, // O
10.   };
```

为解决上述问题，我们回顾图 10-14 中每个图形的编码与构成图形的 4 个方块之间的对应关系。如下方代码所示，根据图形第 i 个编码的值，能够求取对应第 i 个标准方格的 x、y 坐标值。4 个编码的先后顺序，只影响对应 4 个方格的坐标求取的先后顺序。

```
1.        int n = rand() % 7;
2.        for (int i = 0; i < 4; i++)
3.        {
4.            a[i].x = Figures[n][i] % 2;
5.            a[i].y = Figures[n][i] / 2;
6.        }
```

基于以上分析，得知在俄罗斯方块编码的数组中每个图形编码顺序是可以进行适当调整的。因此，我们可以将作为图形旋转中心的方格编码统一设置为第一位。具体代码如下：

```
1.    int Figures[7][4] =
2.    {
3.        5,1,3,7, // I
4.        5,2,4,7, // S
5.        5,3,4,6, // Z
6.        5,3,4,7, // T
7.        5,2,3,7, // L
8.        5,3,6,7, // J
9.        5,2,3,4  // O
10.   };
```

因此，采用下方代码可以让图形块沿着旋转中心点进行旋转。其中，第 15 行代码选取第一位编码作为旋转中心点；第 16～22 行代码对之后的 3 个图形块进行绕旋转中心点的旋转操作。

```
12. //////Rotate//////
13. if (rotate)
14. {
15.     Vector2i p = currentSquare[0]; //设置旋转中心点
16.     for (int i = 1; i < 4; i++)
17.     {//顺时针旋转 90 度
18.         int x = currentSquare[i].y - p.y;//原 Y 方向距离中心点的差值，作为新
    的差值，传递给 X 方向
19.         int y = currentSquare[i].x - p.x;//原 X 方向距离中心点的差值，作为新
    的差值，传递给 Y 方向
20.         currentSquare[i].x = p.x - x;//新坐标 X=中心点坐标-新的 X 方向差值
21.         currentSquare[i].y = p.y + y;//新坐标 Y=中心点坐标+新的 Y 方向差值
22.     }
23.     if (!hitTest()) //如果撞上了
24.         for (int i = 0; i < 4; i++)
25.             currentSquare[i] = tempSquare[i];
26. }
```

但在游戏中，当图形块贴近舞台边缘时，希望也能够对其进行旋转。此时，若图形块会出现踢墙(Wall Kick)旋转，则需要切换图形的旋转中心点，并对各图形潜在的旋转中心点按优先顺序进行排列。依据先中心后两端的策略，本节图形中心点优先顺序的示例代码如下：

```
1.  int Figures[7][4] =
2.  {
3.      3,5,1,7, // I
4.      4,5,2,7, // S
5.      4,5,3,6, // Z
6.      5,3,4,7, // T
7.      5,3,2,7, // L
8.      5,7,3,6, // J
9.      2,3,4,5 // O
10. };
```

10.5.2　图形的标记与管理

俄罗斯方块的 7 种图形，前面一直是通过整数数值 0～6 来进行表示的。本节在头文件中定义图形形状的枚举类型，并用具有语义的枚举常量来取代代码中表征图形的具体数值。具体代码如下：

```
1. typedef enum gridShape {
2.     shapeI, // I
3.     shapeS, // S
4.     shapeZ, // Z
5.     shapeT, // T
6.     shapeL, // L
7.     shapeJ, // J
8.     shapeO, // O
9. };
```

俄罗斯方块的 7 种图形中，图形 O 是 2×2 的正方形，它的旋转中心较难指定。因此，建议禁止图形 O 参与旋转操作，可在函数 void Tetris::Input(sf::Event event)中进行设定。具体代码如下：

```
1.  if (event.type == Event::KeyPressed)
2.  {
3.      if (event.key.code == Keyboard::W)
4.          if (currentShapeNum != shapeO)
5.              rotate = true;
6.  //…
7.  }
```

10.5.3 Logic()函数的模块化整理

本小节对 Logic()函数进行模块化完善工作。首先在 Tetris.h 头文件中声明三个函数，代码如下：

```
1. void xMove();
2. void rotateFunc();
3. void checkLine();
```

对 Logic 函数进行规整，代码如下：

```
1. void Tetris::Logic()
2. {
3.     //hold 方块图形
4.     if (hold)
5.     {
6.         holdFunc();
```

```
7.          hold = false;
8.      }
9.      //// <- 水平 Move -> ///
10.     xMove();
11.
12.     //////Rotate//////
13.     if (rotate)
14.     {
15.         rotateFunc();
16.         rotate = false;
17.     }
18.     ///////Tick 下落//////
19.     if (timer > delay)
20.     {
21.         yMove();
22.         timer = 0;
23.     }
24.
25.     ///////check lines//////////
26.     checkLine();
27. }
```

其中，xMove()函数封装原来的水平移动模块，代码如下：

```
1.  void Tetris::xMove()
2.  {
3.      for (int i = 0; i < 4; i++)
4.      {
5.          tempSquare[i] = currentSquare[i];
6.          currentSquare[i].x += dx;
7.      }
8.      if (!hitTest()) //如果撞上了
9.          for (int i = 0; i < 4; i++)
10.             currentSquare[i] = tempSquare[i];//到左右的边界，不能移出边界
11. }
```

CheckLine()函数封装原来的 checkLines 消行模块，代码如下：

```
1. void Tetris::checkLine()
2. {
3.     int k = STAGE_HEIGHT - 1;
4.     for (int i = STAGE_HEIGHT - 1; i > 0; i--)
5.     {
6.         int count = 0;
7.         for (int j = 0; j < STAGE_WIDTH; j++)
8.         {
9.             if (Field[i][j])
10.                count++;
11.            Field[k][j] = Field[i][j];
12.        }
13.        if (count < STAGE_WIDTH) k--;
14.    }
15. }
```

rotateFunc()函数封装原来的图形旋转模块。

10.5.4 踢墙

踢墙的原因在于，当图形块贴近墙壁时，基于原来的旋转中心会出现图形旋转后与墙体相撞的情况(见图 10-15 中的②)。这时若想强制图形进行旋转，则需要进行踢墙操作。常规踢墙思路有两种：

(1) 对旋转后有干涉的图形进行平移，使之不发生碰撞(见图 10-15 中的③)；

(2) 在图形中寻找不会产生碰撞干涉的旋转中心，并使用新的旋转中心进行旋转操作。(见图 10-15 中的④)

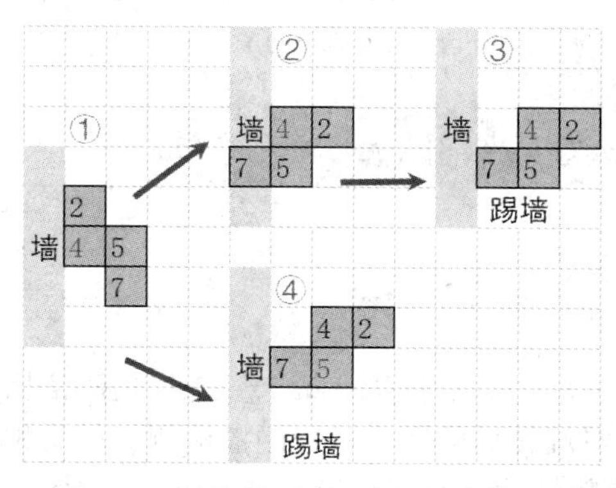

图 10-15　俄罗斯方块的踢墙情形图示

本节将对基于旋转中心切换的踢墙算法进行介绍。当原定旋转中心无法实现旋转时，切换到下一个旋转中心，直到顺利完成旋转操作为止。由于先前在方块编码中已对各图形潜在的旋转中心点按优先顺序进行了排列；因此，只需挨个进行遍历即可。具体代码如下：

```
1. void Tetris::rotateFunc()
2. {
3.     for (int j = 0; j < 4; j++)//wall kick 中心偏移
4.     {
5.         Vector2i p = currentSquare[j]; //设置旋转中心点
6.         for (int i = 0; i < 4; i++)
7.         {//顺时针旋转 90 度
8.             int x = currentSquare[i].y - p.y;//原 Y 方向距离中心点的差值，作为新的差值，传递给 X 方向
9.             int y = currentSquare[i].x - p.x;//原 X 方向距离中心点的差值，作为新的差值，传递给 Y 方向
10.            currentSquare[i].x = p.x - x;//新坐标 X=中心点坐标-新的 X 方向差值
11.            currentSquare[i].y = p.y + y;//新坐标 Y=中心点坐标+新的 Y 方向差值
12.        }
13.        if (!hitTest()) //如果撞上了
14.             for (int i = 0; i < 4; i++)
15.                 currentSquare[i] = tempSquare[i];
16.        else
17.        {
18.             if (currentShapeNum == shapeS)
19.                 if (j != 0) //如果中心发生偏移，则切换中心。头文件的预设值按中心的潜在可能做了排序
20.                 {
21.                     p = currentSquare[0];
22.                     currentSquare[0] = currentSquare[1];
23.                     currentSquare[1] = p;
24.                 }
25.             break;  //  结束循环
26.        }
27.     }
28. }
```

其中，第 3 行代码完成了旋转中心的遍历；第 5～12 行代码依据当前的旋转中心进行旋转操作；第 13～15 行代码对旋转后的图形进行碰撞检测，如果相撞，则取消旋转操作；第 16～26 行代码表示：如果旋转后不发生相撞，则通过第 25 行代码结束遍历的循环。

当图形发生踢墙旋转时，旋转中心会发生变化。此时，图形原有的旋转中心是否要做变更，是一个比较有意思的问题。如图 10-16 所示，若发生踢墙，则旋转中心不做切换，只将图形快速进行 4 次旋转。此时，图形的中心坐标会偏离原来的中心坐标位置。

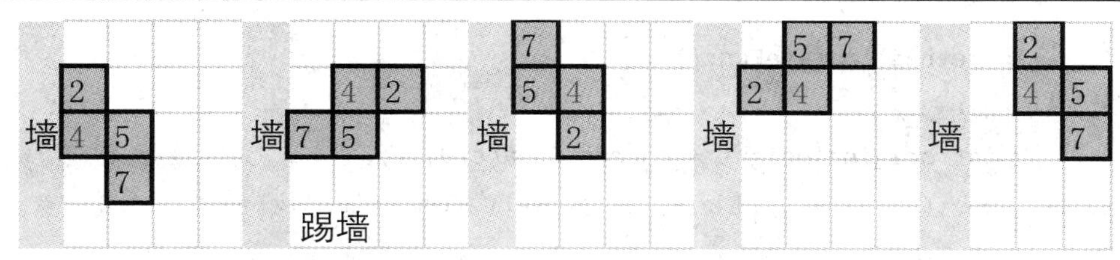

图 10-16　图形块做 4 次旋转后图形坐标上移的案例示意图

如图 10-17 所示，若图形发生踢墙，则旋转中心由 4 号位切换为 5 号位，并将图形快速进行 4 次旋转。此时，则新图形能与原图形的位置重叠。

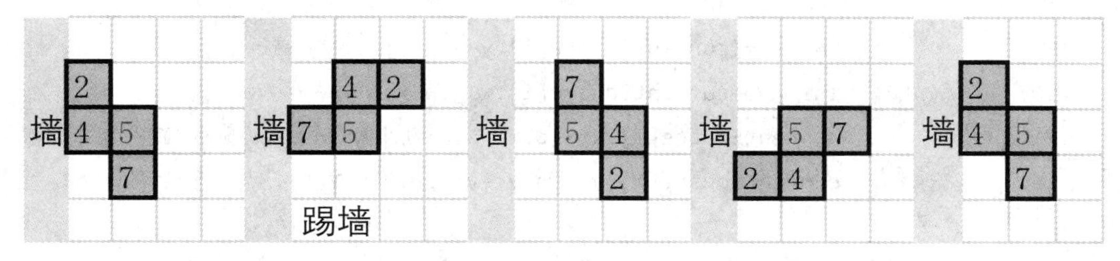

图 10-17　通过旋转中心切换解决旋转 1 周后图形坐标上移的案例示意图

要解决图 10-17 中图形 S 踢墙后旋转中心切换的问题，可以参考上方第 18～24 行代码的实现。图形 Z、L、J 也可以借鉴该方式。但此代码若用于图形 I 的踢墙，快速 4 次旋转，还是会造成旋转中心坐标发生高度偏移(图形 T 也存在类似问题)，如图 10-18 所示。图形 I 快速 4 次旋转后若不切换中心点，坐标高度差反而还小一点，如图 10-19 所示。

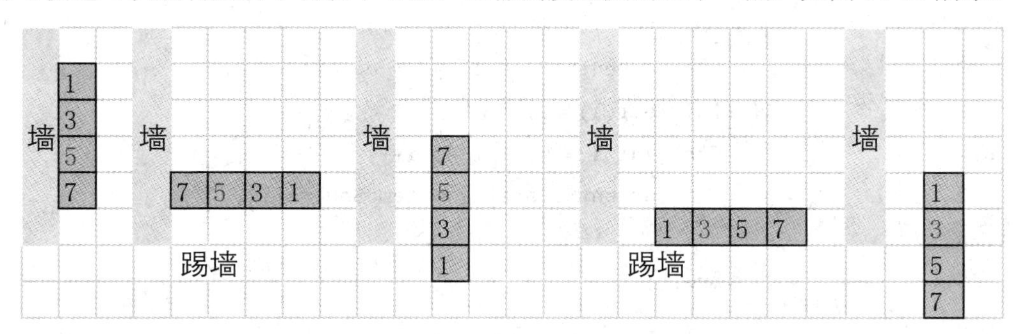

图 10-18　图形 I 踢墙又旋转的图形坐标上移的示意图

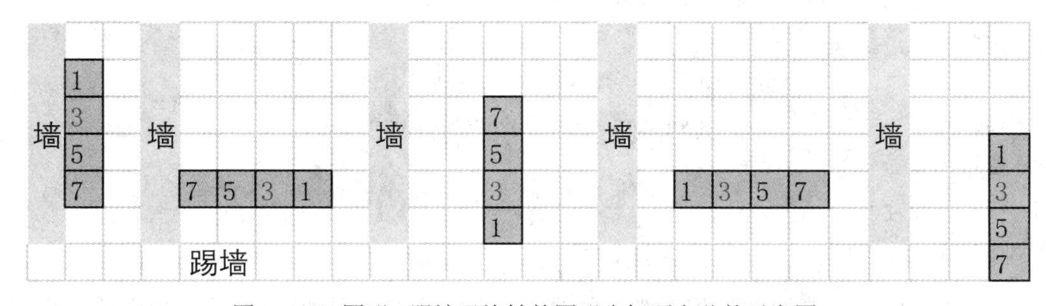

图 10-19　图形 I 踢墙又旋转的图形坐标不上移的示意图

因此，我们采用旋转中心不切换，只对 Y 轴坐标偏移量进行补偿的方式，来解决踢墙后的高度落差问题。具体参考代码如下：

```
1.  void Tetris::rotateFunc()
2.  {
3.      int originalHeight = currentSquare[0].y;
4.      for (int j = 0; j < 4; j++)//wall kick 中心偏移遍历
5.      {
6.          Vector2i p = currentSquare[j];//设置旋转中心点
7.          for (int i = 0; i < 4; i++)
8.          {//顺时针旋转 90 度
9.              int x = currentSquare[i].y - p.y;
10.             int y = currentSquare[i].x - p.x;
11.             currentSquare[i].x = p.x -x;//新坐标 X=中心点坐标-新的 X 方向差值
12.             currentSquare[i].y = p.y +y;//新坐标 Y=中心点坐标+新的 Y 方向差值
13.         }
14.         if (hitTest())//如果没撞上了
15.         {
16.             int detaY = 0;
17.             detaY = currentSquare[0].y - originalHeight;//新老重心的高度差
18.             if (detaY != 0)
19.                 for (int i = 0; i < 4; i++)
20.                     currentSquare[i].y -= detaY;//对高度差进行修正
21.             if (!hitTest())//如果撞上了
22.                 for (int i = 0; i < 4; i++)
23.                     currentSquare[i] = tempSquare[i];
24.             else
25.                 break;
26.         }
27.         else
28.         {
29.             for (int i = 0; i < 4; i++)
30.                 currentSquare[i] = tempSquare[i];
31.         }
32.     }
33. }
```

其中，第 3 行代码记录原图形旋转中心的高度坐标；第 17 行代码记录前后中心的高度差；第 18～20 行代码对前后中心的 Y 方向偏移进行补偿；第 21～25 行再次进行碰撞检测，若撞上，则取消本次旋转操作；若未撞上，则踢墙成功。

习 题

1. 在 2×4 的矩阵中，我们标记编号为(1,3,5,7)的方格构成的图形为 Tetris 中的图形 I。为了便于图形做踢墙旋转，并对旋转中心点进行切换。图形 I 的编码值取(　　)比较合适。

A. (1,3,5,7)　　B. (7,1,3,5)　　C. (3,1,5,7)　　D. (5,3,1,7)

2. 图形 S 位于左边靠墙时(见图 10-20)，踢墙旋转的可能结果会是(　　)。

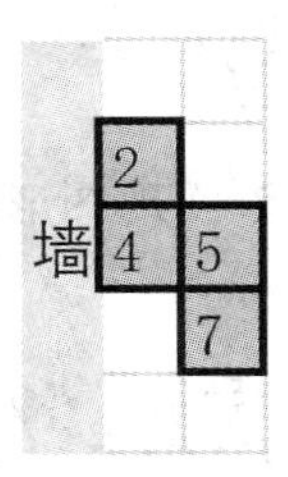

图 10-20　图形 S 位于左边靠墙的示意图

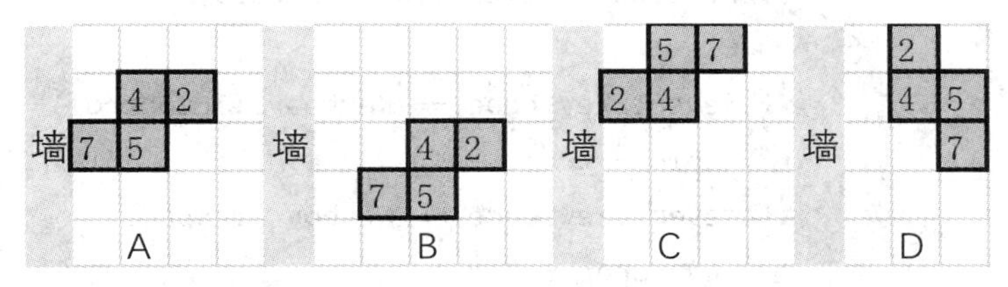

3. 图 10-21 中的 6 种图形均以 5 号位为旋转中心。其中，图形 S、Z、T、L、J 的其他 3 方格均处于 5 号位的周边 8 领域内，图形旋转时它们能够依然处于 5 号位的周边 8 领域内；并且图形旋转后的位置偏移量较小。但图形 I 并不具备上述特性。当图形 I 进行两次旋转时，会给人一种图形在快速下降的感觉。请尝试给出一种方案，解决图形 I 旋转时位置偏移量过大的问题。

图 10-21　俄罗斯方块中 6 种图形块的编码示例

10.6　速降、底部缓冲与投影

10.6.1　辅助设计

前面各节中针对实现图形块的自然下落和快速下落进行了讲解。本节将继续针对游戏节奏变化讲解图形块的速降、缓冲和投影。首先在 Tetris.h 头文件中对下面 3 个函数进行声明。代码如下：

```
1. void slowLoading();
2. void hardDropFunc();
3. void shadow();
```

创建 bool 变量 hardDrop，以便后面记录图形块的速降操作。代码如下：

```
1. bool rotate, hold, hardDrop;
```

在 Initial 函数中，进行初始化：

hardDrop = false; //是否速降

在 Input 函数中设置玩家 1 按空格键实现图形块速降，玩家 2 按回车键实现图形块速降。具体代码如下：

```
1.          if (role == rolePLAYER1)//玩家 1 的按键响应
2.          { ……
3.              if (event.type == Event::KeyReleased)
4.              {
5.                  if (event.key.code == Keyboard::LControl)
6.                      hold = true;
7.                  if (event.key.code == Keyboard::Space)
8.                      hardDrop = true;
9.           ……}
10.         }
11.         if (role == rolePLAYER2)//玩家 2 的按键响应
12.         { ……
13.             if (event.type == Event::KeyReleased)
14.             {
15.                 if (event.key.code == Keyboard::RControl)
16.                     hold = true;
17.                 if (event.key.code == Keyboard::Enter)
18.                     hardDrop = true;
19.          …… }
20.         }
```

hardDropFunc()、slowLoading()和 shadow()函数在 Logic()函数中的调用代码如下：

```
1. void Tetris::Logic()
2. {
3.     //hold 方块图形
4.     if (hold)
```

```
5.     {
6.         holdFunc();
7.         hold = false;
8.     }
9.     //// <- 水平 Move -> ///
10.    xMove();
11.
12.    //////Rotate//////
13.    if (rotate)
14.    {
15.        rotateFunc();
16.        rotate = false;
17.    }
18.
19.    slowLoading();
20.    ///////Tick 下落//////
21.    if (timer > delay)
22.    {
23.        yMove();
24.        timer = 0;
25.    }
26.    shadow();
27.    if (hardDrop)
28.    {
29.        hardDropFunc();
30.        hardDrop = false;
31.    }
32.    ///////check lines//////////
33.    checkLine();
34. }
```

10.6.2 速降

HardDrop 通常称为速降、硬降或瞬降，是省略图形块的下降过程将其直接放置在下方会发生碰撞接触的地方。因此，首先需要判断，如果进行无人为干预的自然下降，则图形块将从当前位置下落，欲停留在最终位置。这时，需要知道该图形块的触底位置，然后将触底的位置坐标赋值给图形块，实现图形块的瞬移。图形块的整个探底过程不能影响到游戏的正常运行节奏。

hardDrop 函数的代码如下：

```
1.  void Tetris::hardDropFunc()
2.  {
3.      for (int j = 0; j < STAGE_HEIGHT; j++)    //一直下落
4.      {
5.          for (int i = 0; i < 4; i++)
6.          {
7.              currentSquare[i].y += 1;
8.          }
9.          if (!hitTest()) //如果撞上了
10.         {
11.             for (int i = 0; i < 4; i++)       //到底了，返回上一次位置
12.             {
13.                 currentSquare[i].y -= 1;
14.             }
15.             break;
16.         }
17.     }
18. }
```

其中，第 5～8 行代码让图形块进行自然下降；第 9～16 行代码寻找最终下降停留的位置。

10.6.3　底部缓冲

底部缓冲模块的目的是避免图形块触底碰撞之后直接变成背景图形块，希望在碰撞的瞬间给玩家一点反应缓冲的时间。因此，需要在图形块正常下落过程中，不断地去确认当前位置是否触底。是否触底的判断条件是图形块下一步是否会碰撞。下方代码第 3～12 行是检测图形块当前位置再下移一格是否发生碰撞。若下一步会触底碰撞，则表示当前位置已经与底接触，需要给出底部缓冲时间。这里我们将缓冲时间设置为正常下落时间的两倍间隔，见下方第 11 行代码。

```
1.  void Tetris::slowLoading()//底部缓冲
2.  {
3.      for (int i = 0; i < 4; i++)
4.      {
5.          tempSquare[i] = currentSquare[i];
6.          currentSquare[i].y += 1;
7.      }
8.
9.      if (!hitTest())//如果撞上了
```

```
10.     {
11.         delay = DALAYVALUE*2;
12.     }
13.     for (int i = 0; i < 4; i++)
14.         currentSquare[i] = tempSquare[i];
15. }
```

其中，第3～12行代码毕竟是属于预判断。因此，需要在判断结束后将图形块的坐标进行还原，如第13～14行代码所示。

当 slowLoading()函数对变量 delay 的数值进行变更后，要记得用某种机制再将 delay 变量的值改回来；否则游戏会一直处于底部缓冲模式。本着模块化管理的思想，我们选择在 slowLoading ()函数中进行更改。函数 slowLoading 的代码如下：

```
1.  void Tetris::slowLoading()
2.  {
3.      for (int i = 0; i < 4; i++)
4.      {
5.          tempSquare[i] = currentSquare[i];
6.          currentSquare[i].y += 1;
7.      }
8.      if (!hitTest())//如果撞上了
9.          delay = DELAYVALUE * 2;//触底时候，时间延长，形成缓冲
10.     else
11.         delay = DELAYVALUE;//非触底时候，则正常下落时间
12.     for (int i = 0; i < 4; i++)
13.         currentSquare[i] = tempSquare[i];
14. }
```

10.6.4 投影

所谓投影，是指舞台上的活动图形块在舞台底部上的投影。投影的形状与活动图形块相同，像活动图形块的阴影一样随着图形块水平方向的移动而移动。它可以辅助玩家判断活动图形块在垂直下落时，会落在舞台的哪个位置。

我们先在 Tetris.h 头文件中定义 shadowSquare 数组。

```
1.  Vector2i currentSquare[4], nextSquare[4], tempSquare[4], shadowSquare[4];
```

图形块投影通常需要知道投影的距离。因此，先获取当前图形块各方格的坐标位置(见下方第3～4行代码)，再通过遍历的方式去寻找投影距离(见下方第5～15行代码)，以此确定图形块投影最终会停留的位置。第16～21行代码赋予 currentSquare 和 shadowSquare

数组各自正确的数值。

```
1.  void Tetris::shadow()
2.  {
3.      for (int i = 0; i < 4; i++)
4.          shadowSquare[i] = currentSquare[i];
5.      for (int j = 0; j < STAGE_HEIGHT; j++)    //一直下落
6.      {
7.          for (int i = 0; i < 4; i++)
8.              currentSquare[i].y += 1;
9.          if (!hitTest()) //如果撞上了
10.         {
11.             for (int i = 0; i < 4; i++)      //到底了，返回上一次位置
12.                 currentSquare[i].y -= 1;
13.             break;
14.         }
15.     }
16.     for (int i = 0; i < 4; i++)
17.     {
18.         tempSquare[i] = currentSquare[i];
19.         currentSquare[i] = shadowSquare[i];
20.         shadowSquare[i] = tempSquare[i];
21.     }
22. }
```

投影的显示代码如下：

```
1.  void Tetris::Draw(sf::RenderWindow* window)
2.  {
3.  //……
4.      //绘制 Shadow 的方块
5.      for (int i = 0; i < 4; i++)
6.      {
7.          sTiles.setTextureRect(IntRect(colorNum * GRIDSIZE, 0, GRIDSIZE,
    GRIDSIZE));
8.          sTiles.setPosition(shadowSquare[i].x*GRIDSIZE, shadowSquare[i].y
    * GRIDSIZE);
9.          sTiles.setColor(Color(50, 50, 50, 255));    //设置阴影的颜色
10.         sTiles.move(mCornPoint.x, mCornPoint.y); //offset
11.         window->draw(sTiles);
```

```
12.         sTiles.setColor(Color(255, 255, 255, 255));//颜色改回原色
13.     }
14. }
```

因为 Shadow 与 hardDropFunc 的代码有部分重叠，在 Logic 函数中保持 Shadow 与 hardDropFunc 两函数调用顺序的情况下可对 hardDropFunc 进行调整。其具体代码如下：

```
1.  void Tetris::hardDropFunc()
2.  {
3.      for (int i = 0; i < 4; i++)
4.          currentSquare[i] = shadowSquare[i];
5.  }
```

习 题

1. 在俄罗斯方块游戏中，为了避免图形块直接撞击底部，通常会在 Logic 函数中设置底部缓冲模块 slowLoading。在 Logic 函数中，关于 slowLoading 模块的论述正确的是(　　)。

A. 底部缓冲模块主要是预测图形块下一步是否撞击底部，影响的是下一个周期的移动，应处于下降模块 yMove 的后面

B. 底部缓冲模块会决定图形块后续的下降响应时间，应处于下降模块 yMove 的前面

C. 底部缓冲模块是独立存在的，与其他模块不存在必然的先后关系，处于任意位置均可

D. 以上都不对

2. Hard Drop 通常称为速降、硬降或瞬降，是省略图形块的下降过程的，并将图形块直接放置在下方会发生碰撞接触的地方。在对图形块行进路径进行判定的过程中，如下方第 3 行代码，将遍历的范围设置为 0 至 STAGE_HEIGHT，即舞台的高度。原因是什么？

```
1.  void Tetris::hardDropFunc()
2.  {
3.      for (int j = 0; j < STAGE_HEIGHT; j++)    //一直下落
4.      {
5.          for (int i = 0; i < 4; i++)
6.          {
7.              currentSquare[i].y += 1;
8.          }
9.          if (!hitTest()) //如果撞上了
```

```
10.         {
11.             for (int i = 0; i < 4; i++)      //到底了，返回上一次位置
12.             {
13.                 currentSquare[i].y -= 1;
14.             }
15.             break;
16.         }
17.     }
18. }
```

3. 在俄罗斯方块游戏中，为避免图形块直接撞击底部，通常会在 Logic 函数中设置底部缓冲模块 slowLoading。请简述 slowLoading 模块是怎样实现底部缓冲功能的。

4. 在下方俄罗斯方块的投影 shadow()函数中，第 7～21 行代码中为什么不直接用 shadowSquare 数组存储投影的最终位置，而是通过 currentSquare 参与遍历计算，并由第 22～27 行代码实现数值的中转？

```
1. void Tetris::shadow()
2. {
3.     for (int i = 0; i < 4; i++)
4.     {
5.         shadowSquare[i] = currentSquare[i];
6.     }
7.     for (int j = 0; j < STAGE_HEIGHT; j++)    //一直下落
8.     {
9.         for (int i = 0; i < 4; i++)
10.         {
11.             currentSquare[i].y += 1;
12.         }
13.         if (!hitTest()) //如果撞上了
14.         {
15.             for (int i = 0; i < 4; i++)      //到底了，返回上一次位置
16.             {
17.                 currentSquare[i].y -= 1;
18.             }
19.             break;
20.         }
21.     }
```

```
22.     for (int i = 0; i < 4; i++)
23.     {
24.         tempSquare[i] = currentSquare[i];
25.         currentSquare[i] = shadowSquare[i];
26.         shadowSquare[i] = tempSquare[i];
27.     }
28. }
```

5. 底部缓冲模块中，delay 变量值的改回其实可以在 Logic()块中完成。本节中为什么采用在底部缓冲中进行 delay 的变量改回呢？

10.7 功能按钮

10.7.1 界面按钮设定

本节将开始完善游戏界面。在第 9 章的扫雷游戏界面上共有 7 个按钮。从用户对人机交互体验的角度考虑，扫雷游戏界面上按钮有点偏多。这里我们将按钮的数量和功能进行优化，如图 10-22 所示。

图 10-22　俄罗斯方块的界面

在俄罗斯方块的界面中，我们设计了 4 个按钮。其中，左右两个按钮用于切换游戏界面的素材；中间两个按钮用于控制游戏的开始、结束、暂停、继续。我们依据各按钮在界面上的位置坐标进行游戏界面的优化设置。若由 Game 平台进行管理比较妥当，则在 Game.h 头文件中对按钮位置坐标进行定义。代码如下：

```
1. #define  B_START_CORNER_X            621
2. #define  B_START_CORNER_Y            763
3. #define  B_HOLD_CORNER_X             621
4. #define  B_HOLD_CORNER_Y             822
5. #define  B_LEFT_CORNER_X             70
6. #define  B_LEFT_CORNER_Y             460
7. #define  B_RIGHT_CORNER_X            1295
8. #define  B_RIGHT_CORNER_Y            460
```

由于中间的两个按钮均是乒乓设置，为了便于描述按钮的各个状态，进行按钮状态的枚举类型定义：

```
1. typedef enum ButtonState {
2.     Continue_Dark,  // 继续暗
3.     Continue_Light, // 继续亮
4.     Hold_Dark,      // 暂停暗
5.     Hold_Light,     // 暂停亮
6.     Close_Dark, // 结束暗
7.     Close_Light, // 结束亮
8.     Start_Dark, // 开始暗
9.     Start_Light, // 开始亮
10. };
```

在头文件中声明界面绘制相关的变量和函数。代码如下：

```
1. bool isGameBegin, isGameHold;//------->游戏是否开始
2. int imgSetNo;
3. Texture tBackground, tTiles, tButtons, tSwitcher, tFrame, tCover, tScore,
   tGameOver;         //创建纹理对象
4. Sprite  sBackground, sTiles, sButtons, sSwitcher, sFrame, sCover, sScore,
    sGameOver;         //创建精灵对象
5. sf::IntRect ButtonRectStart, ButtonRectHold,ButtonRectLeft,ButtonRectRi-
   ght;
6. int ButtonState_Start, ButtonState_Hold;
7. void DrawButton();
```

其中，第 1 行代码的变量记录游戏开始和暂停的状态；第 2 行代码变量记录游戏的素材编号；第 3～5 行代码对应游戏素材的管理；第 6 行代码的变量记录按钮的状态。

10.7.2 初始化模块更新

在 gameInitial()中添加变量的初始化。代码如下：

```
1.  void Game::gameInitial()
2.  {
3.      window.setFramerateLimit(15);    //每秒设置目标帧数
4.      LoadMediaData();                 //先加载素材
5.
6.      isGameBegin = false;
7.      isGameHold = false;
8.      ButtonState_Start = Start_Dark;
9.      ButtonState_Hold = Hold_Dark;
10.     player1.role = rolePLAYER1;      //定义 Tetris 对象为 player1
11.     player2.role = rolePLAYER2;      //定义 Tetris 对象为 player1
12.     player1.Initial(&tTiles);//将方块的素材传给 Tetris 对象进行绘制
13.     player2.Initial(&tTiles);// /将方块的素材传给 Tetris 对象进行绘制
14. }
```

由于我们只设定了两个与素材的切换功能相对应的按钮，因此不方便对原来的游戏背景和游戏皮肤进行分别控制。这里我们将它们的变量统一为 imgSetNo，并将它的初始化放在构造函数中。

关于素材的加载管理，我们将在 LoadMediaData()函数中进行相应的设置。该函数代码如下：

```
1.  void Game::LoadMediaData()
2.  {
3.      std::stringstream ss;
4.      ss << "data/images/bg" << imgSetNo << ".jpg";
5.
6.      if (!tBackground.loadFromFile(ss.str()))//加载纹理图片
7.           std::cout << "BK image 没有找到" << std::endl;
8.
9.      ss.str("");//清空字符串
10.     ss << "data/images/tiles" << imgSetNo << ".jpg";
11.     if (!tTiles.loadFromFile(ss.str()))
12.         std::cout << "tiles.png 没有找到" << std::endl;
13.  //……
14.     if (!tButtons.loadFromFile("data/images/button.png"))
15.         std::cout << "button.png 没有找到" << std::endl;
```

```
16.     if (!tSwitcher.loadFromFile("data/images/bgSwitch.png"))
17.         std::cout << "bgSwap.png 没有找到" << std::endl;
18.     sBackground.setTexture(tBackground);                //设置精灵对象的纹理
19.     sFrame.setTexture(tFrame);
20.     sCover.setTexture(tCover);
21.     sGameOver.setTexture(tGameOver);
22.     sButtons.setTexture(tButtons);
23.     sSwitcher.setTexture(tSwitcher);
24.     sSwitcher.setOrigin(sSwitcher.getLocalBounds().width/2.0, sSwitcher.
getLocalBounds().height / 2.0);
25.
26.     if (!font.loadFromFile("data/fonts/simsun.ttc"))
27.         std::cout << "字体没有找到" << std::endl;
28.     text.setFont(font);
29. }
```

其中，第 14 行代码加载按钮素材；第 16 行代码加载切换箭头图标素材。因为在界面上有左右两个箭头按钮，所以在后续操作中需要进行素材的翻转操作，并在第 24 行代码中对相应的精灵对象 sSwitcher 进行旋转中心点的设置。这里第 20 行代码的 sCover 对应游戏舞台上的边框遮盖对象。

10.7.3　按钮绘制

按钮的绘制代码如下：

```
1.  void Game::DrawButton()
2.  {
3.      int ButtonWidth, ButtonHeight;
4.      ButtonWidth = 110;
5.      ButtonHeight = sButtons.getLocalBounds().height;
6.      //ButtonRectStart
7.      sButtons.setTextureRect(IntRect(ButtonState_Start * ButtonWidth, 0,
ButtonWidth, ButtonHeight));//读取按钮的纹理区域
8.      sButtons.setPosition(B_START_CORNER_X, B_START_CORNER_Y);
9.      ButtonRectStart.left = B_START_CORNER_X;
10.     ButtonRectStart.top = B_START_CORNER_Y;
11.     ButtonRectStart.width = ButtonWidth;
12.     ButtonRectStart.height = ButtonHeight;
13.     window.draw(sButtons);
14.     //ButtonRectHold
```

```
15.     sButtons.setTextureRect(IntRect(ButtonState_Hold * ButtonWidth, 0,
        ButtonWidth, ButtonHeight));//读取按钮的纹理区域
16.     sButtons.setPosition(B_HOLD_CORNER_X, B_HOLD_CORNER_Y);
17.     ButtonRectHold.left = B_HOLD_CORNER_X;
18.     ButtonRectHold.top = B_HOLD_CORNER_Y;
19.     ButtonRectHold.width = ButtonWidth;
20.     ButtonRectHold.height = ButtonHeight;
21.     window.draw(sButtons);
22.     //背景素材切换
23.     ButtonWidth = sSwitcher.getLocalBounds().width;
24.     ButtonHeight = sSwitcher.getLocalBounds().height;
25.     //ButtonRectLeft
26.     sSwitcher.setPosition(B_LEFT_CORNER_X, B_LEFT_CORNER_Y);
27.     ButtonRectLeft.left = B_LEFT_CORNER_X - ButtonWidth/2;
28.     ButtonRectLeft.top = B_LEFT_CORNER_Y - ButtonHeight/2;
29.     ButtonRectLeft.width = ButtonWidth;
30.     ButtonRectLeft.height = ButtonHeight;
31.     window.draw(sSwitcher);
32.     //ButtonRectRight
33.     sSwitcher.setPosition(B_RIGHT_CORNER_X, B_RIGHT_CORNER_Y);
34.     ButtonRectRight.left = B_RIGHT_CORNER_X - ButtonWidth/2;
35.     ButtonRectRight.top = B_RIGHT_CORNER_Y - ButtonHeight / 2;
36.     ButtonRectRight.width = ButtonWidth;
37.     ButtonRectRight.height = ButtonHeight;
38.     sSwitcher.rotate(180);//只有一个箭头素材，需代码生成另一个
39.     window.draw(sSwitcher);
40.     sSwitcher.rotate(180);//还原角度
41. }
```

其中：

(1) 第 7～13 行代码绘制“开始/结束”按钮。这里第 9～12 行代码记录按钮的坐标范围，以便人机交互时用于鼠标是否在按钮上的判定设置。

(2) 第 15～21 行绘制“暂停/继续”按钮。同理，第 17～20 行代码用于记录该按钮的坐标范围。

(3) 第 26～40 行代码绘制左右箭头按钮。前节提到，若我们的箭头按钮素材只准备了 1 个，则需要通过翻转素材得到另一个方向的箭头。因此，在第 39 行代码 draw 操作的前后分别对箭头的精灵进行了旋转操作。

在 gameDraw()函数中对 DrawButton()函数进行调用的代码如下：

```
1.  void Game::gameDraw()
2.  {
3.   //……
4.      sCover.setPosition(P1_STAGE_CORNER_X, P1_STAGE_CORNER_Y);
5.      window.draw(sCover);
6.      sCover.setPosition(P2_STAGE_CORNER_X, P2_STAGE_CORNER_Y);
7.      window.draw(sCover);
8.
9.      DrawButton();
10.
11.     window.display();//把显示缓冲区的内容,显示在屏幕上。SFML 采用的是双缓冲机制
12. }
```

其中，第 4～7 行代码对左右玩家的游戏舞台进行加“盖子”的操作，用于解决部分位于舞台边缘的图形块跑出原游戏舞台边框的问题。

10.7.4　输入模块更新

在 gameInput()函数中增加鼠标、键盘操作。具体代码如下：

```
1.  void Game::gameInput()
2.  {
3.      sf::Event event;
4.      window.setKeyRepeatEnabled(false);
5.      while (window.pollEvent(event))
6.      {
7.          if (event.type == sf::Event::Closed)
8.          {
9.              window.close();
10.             gameQuit = true;
11.         }
12.         if (event.type == sf::Event::EventType::KeyReleased && event.key.
                code == sf::Keyboard::Escape)
13.         {
14.             window.close();
15.             gameQuit = true;
16.         }
17.         if (event.type==sf::Event::MouseButtonReleased && event.mouseBu-
                tton.button == sf::Mouse::Left)
```

```
18.         {
19.             if (ButtonRectStart.contains(event.mouseButton.x,event.mouse-
                    Button.y))
20.                 if (isGameBegin == false)
21.                 {
22.                     isGameBegin = true;
23.                     ButtonState_Start = Close_Light;
24.                     //gameInitial();//游戏开始
25.                 }
26.                 else
27.                 {
28.                     isGameBegin = false;
29.                     ButtonState_Start = Start_Light;
30.                 }
31.             if (ButtonRectHold.contains(event.mouseButton.x,event.mouseB-
                    utton.y))
32.                 if (isGameHold == false)
33.                 {
34.                     isGameHold = true;
35.                     ButtonState_Hold = Continue_Light;
36.                 }
37.                 else
38.                 {
39.                     isGameHold = false;
40.                     ButtonState_Hold = Hold_Light;
41.                 }
42.
43.             if (ButtonRectLeft.contains(event.mouseButton.x,event.mouseB-
                    utton.y))
44.             {
45.                 imgSetNo--;
46.                 if (imgSetNo < 1)//小于 1 的时候从皮肤 4 开始再循环
47.                     imgSetNo = 4;//重新轮换皮肤图
48.                 LoadMediaData();
49.             }
50.             if (ButtonRectRight.contains(event.mouseButton.x,event.mouse-
                    Button.y))
51.             {
```

```
52.                 imgSetNo++;
53.                 if (imgSetNo > 4)//大于皮肤图的总数时候
54.                     imgSetNo = 1;//重新轮换皮肤图
55.                 LoadMediaData();
56.             }
57.         }
58.         if (event.type == sf::Event::MouseMoved)
59.         {
60.             if (ButtonRectStart.contains(event.mouseMove.x,event.mouseMo-
                 ve.y))
61.                 if(isGameBegin == false)
62.                     ButtonState_Start = Start_Light;
63.                 else
64.                     ButtonState_Start = Close_Light;
65.             else
66.                 if (isGameBegin == false)
67.                     ButtonState_Start = Start_Dark;
68.                 else
69.                     ButtonState_Start = Close_Dark;
70.
71.             if (ButtonRectHold.contains(event.mouseMove.x,event.mouseMov-
                 e.y))
72.                 if (isGameHold == false)
73.                     ButtonState_Hold = Hold_Light;
74.                 else
75.                     ButtonState_Hold = Continue_Light;
76.             else
77.                 if (isGameHold == false)
78.                     ButtonState_Hold = Hold_Dark;
79.                 else
80.                     ButtonState_Hold = Continue_Dark;
81.         }
82.         player1.Input(event);
83.         player2.Input(event);
84.     }
85. }
```

其中：

(1) 因为游戏界面的尺寸较大，在分辨率低的显示器上，比较不方便对游戏进行退出操作，所以添加了第 12～16 行代码，应用按键 Esc 退出游戏。

(2) 第 17 行代码对应鼠标在界面按钮的操作响应判断，当鼠标左键释放时，执行后续代码段 18～57 行。

(3) 第 19～30 行代码对应“开始/结束”按钮的乒乓设置。

(4) 第 31～41 行代码对应“暂停/继续”按钮的乒乓设置。

(5) 第 43～49 行代码对应左键按钮的响应。

(6) 第 50～56 行代码对应右键按钮的响应。

(7) 第 58～81 行代码块对应鼠标移入移出按钮区域的判定。俄罗斯方块游戏主要是键盘操作。这里第 58 行代码是判定鼠标是否有发生移动事件，即鼠标不动时不进入代码块，当鼠标发生移动时再进入代码块，以此避免该功能块在每次游戏循环时均被调用。

(8) 第 60～69 行代码对应“开始/结束”按钮的状态变更。

(9) 第 71～80 行代码对应“暂停/继续”按钮的状态变更。

10.7.5 游戏的开始与结束

我们通过 bool 变量 isGameBegin 控制游戏的开始与结束，当 isGameBegin 为 true 时游戏循环执行 gameLogic()函数，让游戏进入常规运行状态；当 isGameBegin 为 false 时游戏循环执行 gameInitial()函数，让游戏回到初始状态。isGameBegin 的具体取值由“开始/结束”按钮的鼠标点击响应进行控制。具体代码如下：

```
1.  void Game::gameRun()
2.  {
3.      do {
4.
5.          gameInitial();
6.
7.          while (window.isOpen() && gameOver == false)
8.          {
9.              gameInput();
10.
11.             if(isGameBegin == true)
12.                 gameLogic();
13.             else
14.                 gameInitial();
15.
16.             gameDraw();
17.         }
18.     } while (!gameQuit);
19. }
```

上方代码有这么一个问题：当游戏未开始时(即 isGameBegin=false)鼠标移动到按钮时按钮并不会产生高亮。其原因是：当游戏未开始时程序不断运行 gameInitial()函数给 ButtonState_Start 赋初值，使得 gameInput()函数中得到的 ButtonState_Start 状态被初始化重置，从而导致“开始/结束”按钮不会产生高亮状态。因此，需将 ButtonState_Start = Start_Dark 的初始化工作放到构造函数 Game()中进行，以免被 gameInitial()函数的重复调用所重置。

10.7.6　游戏的暂停与继续

游戏暂停通过 bool 变量 isGameHold 进行控制，如下方代码所示。当 isGameHold 变量为 true 时直接 return，即不执行后续的游戏逻辑代码，从而实现游戏进程的冻结。

```
1.  void Game::gameLogic()
2.  {
3.      if (isGameHold == true)
4.          return;
5.      float time = clock.getElapsedTime().asSeconds();
6.      clock.restart();
7.      player1.timer += time;
8.      player2.timer += time;
9.  
10.     player1.Logic();
11.     player2.Logic();
12. }
```

习　题

1. 游戏的状态通常有 3 种，分别为游戏初始状态、游戏运行状态和游戏结束状态。在下方的游戏循环代码中，当 isGameBegin 为 true 时游戏循环执行 gameLogic()函数，让游戏进入常规运行状态；当 isGameBegin 为 false 时游戏循环执行 gameInitial()函数，让游戏回到初始状态。游戏的结束状态应该如何设置？

```
1.  void Game::gameRun()
2.  {
3.      do {
4.          gameInitial();
5.          while (window.isOpen() && gameOver == false)
6.          {   gameInput();
7.              if(isGameBegin == true)
```

```
8.                  gameLogic();
9.              else
10.                 gameInitial();
11.
12.             gameDraw();
13.         }
14.     } while (!gameQuit);
15. }
```

2. 在游戏界面中绘制箭头时，通常是对单个箭头素材进行复用。例如，在绘制左右箭头时，通常是绘制好一个箭头后将素材旋转180度，接着绘制另一个箭头。下方代码中为什么出现了两次rotate(180)的操作？第8、10行代码的作用分别是什么？

```
1.  void Game::DrawButton()
2.  {
3.      //ButtonRectLeft
4.      sSwitcher.setPosition(B_LEFT_CORNER_X, B_LEFT_CORNER_Y);
5.      window.draw(sSwitcher);
6.      //ButtonRectRight
7.      sSwitcher.setPosition(B_RIGHT_CORNER_X, B_RIGHT_CORNER_Y);
8.      sSwitcher.rotate(180);
9.      window.draw(sSwitcher);
10.     sSwitcher.rotate(180);
11. }
```

3. 在如图10-23所示的俄罗斯方块游戏界面中，游戏舞台边缘处的方块超出了原游戏舞台边框。请设计一个方案解决该问题。

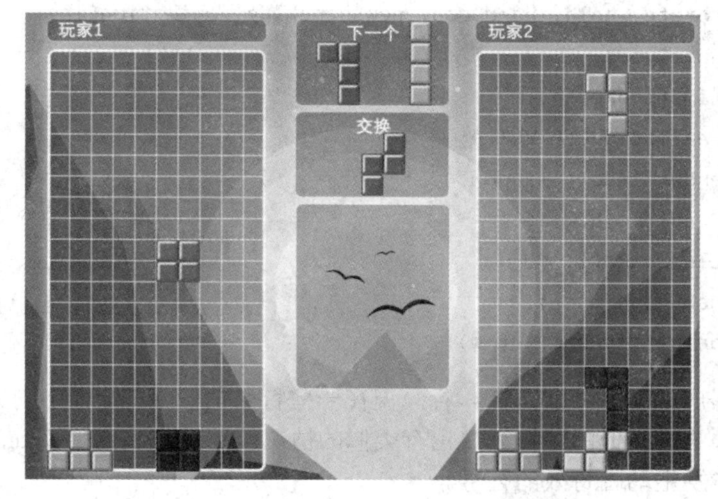

图10-23　俄罗斯方块游戏界面的图例

10.8 游 戏 动 画

为了调节游戏节奏，激励玩家，同时提升游戏画面的视觉效果，Tetris 游戏在消除方块时，通常会播放方块的消除动画特效。从游戏开发角度出发，播放动画特效有个时间点的问题，有动画特效与游戏逻辑的关系问题，还有相应游戏节奏处理问题。本节采用的方案是：在判定方块消行时，游戏进程暂停，先播放完整的消行动画特效，再继续游戏进程。右边舞台区消行特效的效果图如图 10-24 所示。

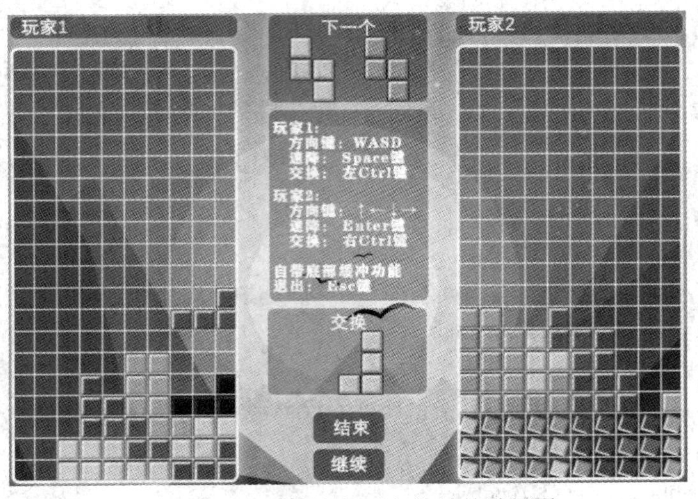

图 10-24　俄罗斯方块消行特效的效果图

10.8.1 预定义

在 Tetris.h 头文件中新增几个变量定义和函数声明。具体代码如下：

```
1.  bool rotate, hold, hardDrop, newShapeFlag, animationFlag;
2.  bool gameOver;
3.  int animationRow[4];
4.  float animationCtrlValue;
5.  sf::RenderWindow* window;
6.  void traditionLogic();
7.  void clearLine();
8.  void newShapeFunc();
9.  void animationFunc(int i);
```

理论上，图形 I 最多可以消除 4 行。但在一些特殊情况下，4 行中间的某几行可能是不满足消行要求的。其他的图形方块也有类似的情况。因此，我们定义 animationRow[]数组用于标记具体发生动画特效的行号。

在 Tetris::Initial(Texture *tex)函数中进行变量初始化，代码如下所示。其中，第 11 行代码将 animationRow[]数组的初值赋值为异常值-1。

```
1.  animationFlag = true; //动画开启,由游戏是否开始决定
2.  animationCtrlValue = 1.0;
3.  //……
4.  for (int i = 0; i < 4; i++)
5.  {
6.      currentSquare[i].x = Figures[currentShapeNum][i] % 2+STAGE_WIDTH/2;
7.      currentSquare[i].y = Figures[currentShapeNum][i] / 2;
8.      nextSquare[i].x = Figures[nextShapeNum][i] % 2;
9.      nextSquare[i].y = Figures[nextShapeNum][i] / 2;
10.
11.     animationRow[i] = -1;//要播放动画的行数, -1 为异常值，表待定的意思
12. }
13.
14. for (int i = 0; i < STAGE_HEIGHT; i++)
15. {
16.     for (int j = 0; j < STAGE_WIDTH; j++)
17.     {
18.         Field[i][j] = 0;
19.     }
20. }
```

10.8.2 逻辑函数调整

由于本节在功能上设定当特效动画播放时，游戏进程暂停，即此时游戏逻辑不执行。因此为了更好地实现代码模块的管理，就对原来 Logic()函数的内容进行了封装。具体代码如下：

```
1.  void Tetris::traditionLogic()
2.  {
3.      //hold 方块图形
4.      if (hold)
5.      {
6.          holdFunc();
7.          hold = false;
8.      }
9.      //// <- 水平 Move -> ///
```

```
10.     xMove();
11.
12.     //////Rotate//////
13.     if (rotate)
14.     {
15.         rotateFunc();
16.         rotate = false;
17.     }
18.
19.     slowLoading();
20.     ///////Tick 下落//////
21.     if (timer > delay)
22.     {
23.         yMove();
24.         timer = 0;
25.     }
26.
27.     shadow();
28.
29.     if (hardDrop)
30.     {
31.         hardDropFunc();
32.         hardDrop = false;
33.     }
34. }
```

Logic()函数的实现代码如下所示。

```
1. void Tetris::Logic()
2. {
3.     if (!animationFlag)
4.         traditionLogic();
5.     //如果有发生新方块生成请求，则先判定是否有动画播放，再 new 新的方块
6.     if (newShapeFlag)
7.     {
8.         if (animationFlag == false)
9.         {
10.            //////check lines//////////
11.            checkLine();
```

```
12.             if (animationFlag == false)
13.                 newShapeFunc();//落地应该就要生成新的方块;图形生成函数里面再
    更新 Flag 的状态
14.         }else
15.         {
16.             animationCtrlValue -= 0.1;
17.             if (animationCtrlValue < 0)
18.             {
19.                 animationFlag = false;
20.                 animationCtrlValue = 1.0;
21.                 for (int i = 0; i < 4; i++)
22.                     animationRow[i] = -1;//本来应该动画播放完之后就清零，但容
    易造成框架结构混乱；这里-1 为异常值，表待定的意思
23.
24.                 clearLine();
25.                 newShapeFunc();
26.             }
27.         }
28.     }
29. }
```

其中，第 3～4 行代码表示：当游戏动画播放时游戏逻辑不执行。此处引出一个问题，即新图形块的生成时机放在消行动画的前后问题。活动的图形块都会有一个投影，发生消行时都会有一个消行动画。在消行动画产生时，如果舞台上存在新图形块，则按照规则会有相应的投影。此时，画面就会比较怪异。因此，本节设定动画结束后再生成新的图形块。这样，原先将生成新的图形块代码放置在 yMove()函数中实现的方案就不再适用了。

由于动画管理的需要，第 4 行代码 traditionLogic()函数中的 yMove()函数的代码块需进行重新封装。我们将原来的新图形块生成模块，封装在 newShape()函数中，并通过变量 newShapeFlag 的取值对新图形的生成进行管理。当有新的图形生成请求发生时，Logic()函数的第 6 行代码则允许程序进入代码块 8～25 行。

```
1. void Tetris::yMove()
2. {
3.     for (int i = 0; i < 4; i++)
4.     {
5.         tempSquare[i] = currentSquare[i];
6.         currentSquare[i].y += 1;
7.     }
8.
9.     if (!hitTest())//如果撞上了
```

```
10.     {
11.         for (int i = 0; i < 4; i++)
12.             Field[tempSquare[i].y][tempSquare[i].x] = colorNum;
13.         //newShape();//由于动画管理的需要，此处进行了代码封装，并移到外部，
                      等动画结束后再 new 新的图形
14.         newShapeFlag = true; //撞上了就要有新的图形生成
15.     }
16. }
```

Logic()函数代码的第 6～28 行中，如果有发生新图形块生成的请求，则先判定是否有动画播放，再生成新的图形块。其中，第 8～14 行代码的功能是执行游戏循环的常规方块行的消除检测，若有消行事件，则 animationFlag 变量为 true，此时第 13 行代码不执行；第 15～27 行代码执行动画特效，由变量 animationCtrlValue 控制动画播放进度，当动画播放结束时进行变量重置。例如，第 19 行代码可以激活第 3 行代码的执行条件。第 20～22 行代码对动画变量进行复位。第 24 行代码执行 clearLine()函数，即在动画结束后将相应行方块进行消除。

在 Logic()函数代码的第 6～28 行中的两个模块，均需在模块的尾部调用 newShape()函数，以响应新图形块的生成请求。

10.8.3　消行检测与消行执行

在本节需对消行检测函数 checkLine()的功能定位做一些变更。原先的消行执行代码被封装到 clearLine()函数中，具体代码如下所示。当消行的动画特效结束后执行消行操作，即将应该消除的方块行进行移除。新的 checkLine()函数的功能是记录被消除行的行号，并统计消除的行数。

```
1.  void Tetris::clearLine()
2.  {
3.      int k = STAGE_HEIGHT - 1;
4.      for (int i = STAGE_HEIGHT - 1; i > 0; i--)
5.      {
6.          int xCount = 0;
7.          for (int j = 0; j < STAGE_WIDTH; j++)
8.          {
9.              if (Field[i][j])
10.                 xCount++;
11.             Field[k][j] = Field[i][j];//下降
12.         }
13.         if (xCount < STAGE_WIDTH)
14.             k--;
15.     }
16. }
```

新的 checkLine()函数的功能是记录被消除行的行号，并统计消除的行数。checkLine()函数的代码如下：

```
1. void Tetris::checkLine()
2. {
3.     int k = STAGE_HEIGHT - 1;
4.     int yCount = 0;
5.     for (int i = STAGE_HEIGHT - 1; i > 0; i--)
6.     {
7.         int xCount = 0;
8.         for (int j = 0; j < STAGE_WIDTH; j++)
9.         {
10.            if (Field[i][j])
11.                xCount++;
12.            //Field[k][j] = Field[i][j];//下降
13.        }
14.        if (xCount < STAGE_WIDTH)
15.            k--;
16.        else
17.        {
18.            animationRow[yCount] = i;//要播放动画的行数
19.            yCount++;
20.            animationFlag = true;
21.        }
22.    }
23.    switch (yCount)
24.    {
25.    case 1:
26.        score += 10;
27.        break;
28.    case 2:
29.        score += 30;
30.        break;
31.    case 3:
32.        score += 60;
33.        break;
34.    case 4:
35.        score += 100;
36.        break;
37.    }
38.    //得分后的动画策略
39. }
```

其中，第 4 行代码中的变量 yCount 用于记录该次检测可能被消除的行数。当出现满行情况时，第 16～21 行代码将对应的行号存储到数组 animationRow[]中，并对符合条件的行进行计数，同时完成消行动画特效的标记。在 Tetris 游戏中，每次消除的行数不一样，得分也不同。因此在第 23～37 行代码中，我们将消行数与得分值进行了关联。

10.8.4　新图形生成函数

新图形生成函数的代码主要是从 yMove()函数中分割出来的。具体代码如下：

```
1. void Tetris::newShapeFunc()
2. {
3.     //取下个方块图形
4.     colorNum = nextcolorNum;
5.     currentShapeNum = nextShapeNum;
6.
7.     //更新下个方块图形
8.     nextcolorNum = 1 + rand() % 7;
9.     nextShapeNum = Bag7();
10.
11.     for (int i = 0; i < 4; i++)
12.     {
13.         currentSquare[i] = nextSquare[i];//当前块更新
14.         currentSquare[i].x = currentSquare[i].x + STAGE_WIDTH / 2;
15.         nextSquare[i].x = Figures[nextShapeNum][i] % 2;
16.         nextSquare[i].y = Figures[nextShapeNum][i] / 2;
17.     }
18.
19.     shadow();
20.
21.     newShapeFlag = false;//这样下次才能再进来
22. }
```

其中，第 4～17 行代码完成了新图形的生成；第 19 行代码中调用 shadow()函数的目的是对 shadowSquare[]数组的坐标进行更新，使之与 currentSquare[]的更新保持同步；第 21 行代码在 newShape()函数执行完毕时将 newShapeFlag 设置为 false，避免该函数被无序调用。

新图形生成函数 newShapeFunc()经过封装后，也可以被复用在其他地方，如 void Tetris::holdFunc()的代码模块。具体代码如下：

```
1. void Tetris::holdFunc()
2. {
3. //……
4.     if (tempShapeNum < 0)//hold 区图形的异常值表示 hold 区为空的状态，所以要从
   Next 区取值
5.     {//如果原 hold 区为空，则当前图形从 Next 取
6.         newShapeFunc();//此处代码进行了封装 20191122 李仕
7.     }
8. //……
9. }
```

10.8.5 消行动画特效

Tetris 的消行动画的表现形式可以有很多种。最原始的方式是将要删除的行进行闪烁处理。目前也有用粒子算法进行爆炸消除的。本节介绍的动画效果是对应行的每个方格均按顺序做旋转、缩小、消失。具体代码如下：

```
1. void Tetris::animationFunc(int i)
2. {
3.     Vector2f p;
4.     sTiles.scale(animationCtrlValue, animationCtrlValue);
5.     p = sTiles.getOrigin();
6.     sTiles.setOrigin(GRIDSIZE / 2, GRIDSIZE / 2);
7.     sTiles.rotate(360 * animationCtrlValue);
8.     for (int j = 0; j < STAGE_WIDTH; j++)
9.     {
10.        sTiles.setTextureRect(IntRect(Field[i][j]*GRIDSIZE, 0, GRIDSIZE,
   GRIDSIZE));
11.        sTiles.setPosition(j * GRIDSIZE, i * GRIDSIZE);
12.        sTiles.move(mCornPoint.x + GRIDSIZE / 2, mCornPoint.y + GRIDSIZE
   / 2); //offset
13.        //让方块旋转并缩小
14.        window->draw(sTiles);
15.    }
16.    sTiles.scale(1.0 / animationCtrlValue, 1.0 / animationCtrlValue);
17.    sTiles.rotate(-360 * animationCtrlValue);
18.    sTiles.setOrigin(p);
19. }
```

其中：

(1) 第 4 行代码以 animationCtrlValue 动画播放进度控制参数为 scale 的缩放参数，实现标准方格的尺寸缩小。

(2) 方格图形旋转，需要指定旋转中心。由于 Draw()函数中不仅仅绘制消行动画中的方格，为避免动画中方格的旋转中心偏移，影响其他方格单元，在设定新的旋转中心之前，先通过第 5 行代码记录原来的旋转中心，等动画绘制结束后，再由第 18 行代码对旋转中心进行复原。

(3) 第 6～7 行代码指定新的中心为方格的中心点，并指定方格图形块的旋转角度。该角度值通过 animationCtrlValue 动画播放进度的控制参数进行调节。

(4) 第 8～15 行代码绘制动画过程中的方格；第 16～17 行代码对之前尺寸和旋转角度发生改变的方格进行还原。其中，第 8～15 行代码前后的代码段类似堆栈的操作。执行该代码段之前先将各属性值 PUSH 进堆栈，用完之后再回到原始状态。

函数 animationFunc()在 Draw()函数中的调用代码如下：

```
1.  void Tetris::Draw(sf::RenderWindow* w)
2.  {
3.      window = w;
4.      if (animationFlag == false)//动画管控
5.      {
6.          //绘制 Shadow 的方块
7.          //绘制活动的方块
8.      }
9.      //绘制固定的方块
10.     for (int i = 0; i < STAGE_HEIGHT; i++)
11.             if (i == animationRow[0]|| i == animationRow[1] || i==anima-
    tionRow[2] || i == animationRow[3])
12.                 animationFunc(i);//遇到动画行的时候，执行特效动画
13.             else
14.                 for (int j = 0; j < STAGE_WIDTH; j++)
15.                 {
16.                     if (Field[i][j] == 0)
17.                         continue;
18.                     sTiles.setTextureRect(IntRect(Field[i][j]*GRIDSIZE,0,
    GRIDSIZE, GRIDSIZE));
19.                     sTiles.setPosition(j * GRIDSIZE, i * GRIDSIZE);
20.                     sTiles.move(mCornPoint.x, mCornPoint.y); //offset
21.                     //animationFlag = false;
22.                     window->draw(sTiles);
23.                 }
```

```
24.     //绘制 Next 区的方块
25.     //绘制 Hold 区的方块
26. }
```

其中，第 4 行代码表明，当进行消行动画时，shadow 模块和活动方块模块停止绘制；第 11 行代码表明，若遍历到的当前行 i 的值与 animationRow[]数组中记录的行号相匹配时，则对当前 i 行进行消行动画演示；若不匹配，则由第 14～23 行代码绘制正常的固定方块。

10.8.6 绘制模块管控

游戏开始前，Draw()函数就会被调用进行绘制，为避免干扰，在 Draw()函数中需对 shadow 模块和活动方块模块进行绘制管制，在 initial()函数中将 animationFlag 初始化为 true，当 animationFlag 为 true 时这两模块的内容不被绘制。因此，在游戏开始时，需要一个契机将 animationFlag 改为 false，让游戏正常显示。这里我们将之与“开始”按钮的响应进行绑定。void Game::gameInput()中的具体代码如下：

```
1.  if (event.type==sf::Event::MouseButtonReleased && event.mouseButton.but-
    ton == sf::Mouse::Left)
2.  {
3.      if (ButtonRectStart.contains(event.mouseButton.x, event.mouseButton.y
    ))
4.          if (isGameBegin == false)
5.          {
6.              isGameBegin = true;
7.              player1.animationFlag = false;//初始化时候，动画的状态
8.              player2.animationFlag = false;//初始化时候，动画的状态
9.              ButtonState_Start = Close_Light;
10.         }
11. //……
```

以上方案尽管解决了动画管理的问题，但是赋予了变量 animationFlag 额外的游戏开始的功能。从开发规范角度出发，是不利于后期维护的。所以，最好的方式是在 Tetris 类中先定义类似 isGameBegin 的变量，然后在 Draw()函数第 4 行代码的 if 条件中再“与”一个 isGameBegin 的条件。

习 题

1. 在俄罗斯方块游戏中，Draw()函数的绘制顺序合理的是(　　)。

A. 活动方块、阴影、背景方块、消行动画、Next 区方块

B. Next 区方块、阴影、活动方块、背景方块、消行动画

C. Next 区方块、背景方块、消行动画、活动方块、阴影

D. Next 区方块、背景方块、活动方块、阴影、消行动画

2. 在俄罗斯方块游戏中，基于 7 种基本图形的特征，消行的时候一次最多可以消除 4 行(如图形 I)。但图形 I 不一定能够确保每次都消除 4 行，在一些特殊的情形下，甚至会出现只消除目标 4 行中的个别行。此时，如果要做消行动画，如何避过不做消行的方格行？请设计一个方案。

3. 俄罗斯方块游戏中活动方块的投影，通常通过在 Logic()函数中调用 shadow()函数进行实现。下方代码为俄罗斯方块游戏中的新图形块生成函数。为何在第 19 行代码中调用 shadow()函数？是否多余了？

```
1.  void Tetris::newShapeFunc()
2.  {
3.      //取下个方块图形
4.      colorNum = nextcolorNum;
5.      currentShapeNum = nextShapeNum;
6.
7.      //更新下个方块图形
8.      nextcolorNum = 1 + rand() % 7;
9.      nextShapeNum = Bag7();
10.
11.     for (int i = 0; i < 4; i++)
12.     {
13.         currentSquare[i] = nextSquare[i];//当前块更新
14.         currentSquare[i].x = currentSquare[i].x + STAGE_WIDTH / 2;
15.         nextSquare[i].x = Figures[nextShapeNum][i] % 2;
16.         nextSquare[i].y = Figures[nextShapeNum][i] / 2;
17.     }
18.
19.     shadow();
20. }
```

10.9　胜负与输出

10.9.1　胜负判定

完整的游戏通常在输赢判断结果产生后进行游戏结束界面的绘制。同时，游戏界面上通常会有足够多的游戏操作的文字提示信息。本节主要完成如下内容。

```
1.  void DrawResults();
2.  void TextOut();
3.  void isWin();
```

由于本章游戏是双人游戏，所以胜负有两个层面的判定：① 玩家自己游戏的胜负判定；② 两玩家之间的胜负判定。本小节先介绍玩家对象自己的游戏胜负判定。

基于 newShapeFunc()的设置方法，新生成的图形块会处于舞台第 5、6 列的最上方 4 行的区域，如图 10-25 所示。依据构建图形块的数学模型，7 个图形新生成时的重心位置在舞台的第 2 行第 6 列。如果背景区域该位置已有方格，那之后新生成的图形块必然会与之发生碰撞。因此，isWin()函数的代码如下所示，其严谨的定义采用 hitTest()函数进行检验。

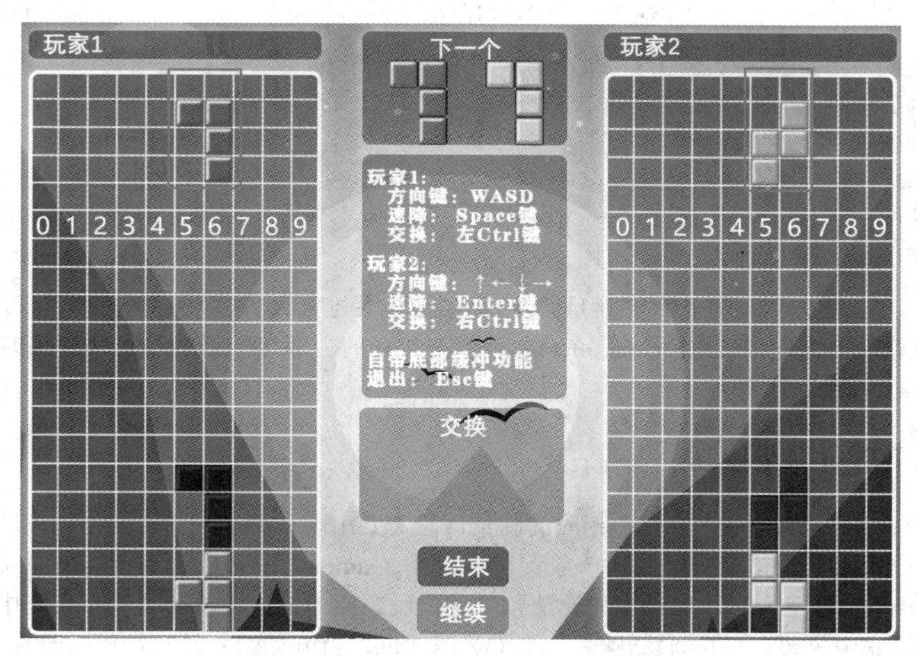

图 10-25 新生成图形块的初始位置示意图

```
1.  void Tetris::isWin()
2.  {
3.      //原本应该用碰撞检测来做结束判断，但此处，两方块位置有一不为零，游戏即结束
4.      //if(!hitTest())
5.      if (Field[2][5] || Field[2][6])
6.          gameOver = true;
7.  }
```

isWin()函数的调用是在 Logic 函数中进行的。具体实现代码如下所示，在每次的行检测之后都需要进行胜负判定。

```
1.  void Tetris::Logic()
2.  {
3.      //……
4.      if (newShapeFlag)
5.      {
6.          if (animationFlag == false)
7.          {
8.              //////check lines//////////
9.              checkLine();
10.             if (animationFlag == false)
11.                 newShapeFunc();//落地应该就要生成新的方块;图形生成函数里面再
    更新 Flag 的状态
12.             isWin();
13.         }
14.         //……
15.     }
16. }
```

通常来说，胜负判定的规则是当生成的新方块与背景方块相撞时游戏判负，那么 isWin()函数应该是在 newShapeFunc()之后跟着执行的，即每次新的图形块生成时，都做一次 isWin()胜负判定。

10.9.2　胜负结果绘制

当有玩家出现失败判定时，相应的胜负信息需要出现在游戏画面上。由于该胜负结果涉及两位玩家，于是相关函数应该放置在平台类 Game 类中完成。胜负结果的绘制函数 DrawResults()如下所示。由于事先无法预知哪位玩家会先输，所以在第 7 行代码中我们设定两位玩家中只要有一位玩家出现 gameOver==true，就开始绘制胜负结果的纹理。其中，第 9～11 行绘制玩家 1 的当前胜负结果；第 13～15 行绘制玩家 2 的当前胜负结果。

```
1.  void Game::DrawResults()
2.  {
3.      int ButtonWidth, ButtonHeight;
4.      ButtonWidth = 250;// sGameOver.getLocalBounds().width / 2;
5.      ButtonHeight = sGameOver.getLocalBounds().height;
6.  
7.      if (player1.gameOver || player2.gameOver)
8.      {
9.          sGameOver.setTextureRect(IntRect(player1.gameOver * ButtonWidth,
    0, ButtonWidth, ButtonHeight));//读取按钮的纹理区域
```

```
10.         sGameOver.setPosition(P1_STAGE_CORNER_X + GRIDSIZE * 1.5, 0);
                                //设置按钮的位置坐标
11.         window.draw(sGameOver);
12.
13.         sGameOver.setTextureRect(IntRect(player2.gameOver * ButtonWidth,
    0, ButtonWidth, ButtonHeight));//读取按钮的纹理区域
14.         sGameOver.setPosition(P2_STAGE_CORNER_X + GRIDSIZE * 1.5, 0);
                                //设置按钮的位置坐标
15.         window.draw(sGameOver);
16.     }
17. }
```

DrawResults()函数包括后面的 TextOut()函数，它的调用发生在 void Game::gameDraw()中。具体代码如下：

```
1.  void Game::gameDraw()
2.  {    //……
3.      sCover.setPosition(P1_STAGE_CORNER_X, P1_STAGE_CORNER_Y);
4.      window.draw(sCover);
5.      sCover.setPosition(P2_STAGE_CORNER_X, P2_STAGE_CORNER_Y);
6.      window.draw(sCover);
7.      DrawButton();
8.      TextOut();
9.      DrawResults();
10.     window.display();
11. }
```

其实，这里有个问题挺有意思的：当出现胜负判定时游戏是否要停止？如果游戏就此结束了，那若游戏只有一位玩家，则该玩家如何继续该游戏呢？

10.9.3 文字输出

双人版 Tetris 游戏涉及的操作按键较多，我们需要添加必要的操作提示信息。这部分工作也交由平台类 Game 类来完成。文字信息的输出坐标位置的宏定义如下：

```
1.  #define  P1_SCORE_CORNER_X      366
2.  #define  P1_SCORE_CORNER_Y      110
3.  #define  P2_SCORE_CORNER_X      1195
4.  #define  P2_SCORE_CORNER_Y      110
5.  #define  INFO_CORNER_X          622
6.  #define  INFO_CORNER_Y          422
```

这与 SFML 中文字输出的操作相类似。我们借鉴前面贪吃蛇游戏中 TextOut()函数的实现，在 Game 类中构造 TextOut()函数。具体代码如下：

```
1.  void Game::TextOut()
2.  {
3.      int initialX, initialY;
4.      int CharacterSize = 48;
5.      text.setCharacterSize(CharacterSize);
6.      text.setFillColor(Color(255, 0, 0, 255));//红色字体
7.      text.setStyle(Text::Bold); // |Text::Underlined
8.      text.setPosition(P1_SCORE_CORNER_X, P1_SCORE_CORNER_Y);
9.      std::stringstream ss;
10.     //player1.score = 9999;
11.     ss << player1.score;
12.     text.setString(ss.str()); window.draw(text);
13.
14.     text.setPosition(P2_SCORE_CORNER_X-CharacterSize*3,P2_SCORE_CORNER_Y);
15.     //player2.score = 6666;
16.     ss.str("");
17.     ss << player2.score;
18.     text.setString(ss.str()); window.draw(text);
19.     CharacterSize = 18;
20.     text.setCharacterSize(CharacterSize);
21.     text.setFillColor(Color(255, 255, 255, 255));
22.     text.setStyle(Text::Regular||Text::Italic);
23.     initialY = P1_STAGE_CORNER_Y + STAGE_HEIGHT *GRIDSIZE;
24.     text.setPosition(P1_STAGE_CORNER_X, initialY);
25.     text.setString(L"■ 感谢 FamTrinl 大佬提供的 Tetris 游戏基础代码");
         window.draw(text);
26.     initialY += CharacterSize;
27.     text.setPosition(P1_STAGE_CORNER_X, initialY);
28.     text.setString(L"■ 感谢助教邓璇小姐姐提出的 Tetris 双打的建议    ■ 感谢助
    教丁筱琳小姐姐给做的游戏 UI 设计"); window.draw(text);
29.     initialY += CharacterSize;
30.     text.setPosition(P1_STAGE_CORNER_X, initialY);
31.     text.setString(L"■ 感谢金邵涵小哥哥教会我 hard drop、底部缓冲、bag7、
    hold、wallkick、nextBlock 等高端玩法"); window.draw(text);
32.     initialY += CharacterSize;
```

```
33.     text.setPosition(P1_STAGE_CORNER_X, initialY);
34.     text.setString(L"■ 感谢李文馨小姐姐让追加 shadow 效果以及消除动画效果的建
    议"); window.draw(text);
35.     initialY += CharacterSize;
36.     text.setPosition(P1_STAGE_CORNER_X, initialY);
37.     text.setString(L"■ 你们的建议和帮助，让这个版本的 Tetris 更加圆满！");
    window.draw(text);
38.     initialY += CharacterSize;
39.     text.setPosition(P1_STAGE_CORNER_X, initialY);
40.     text.setString(L"■ 爱你们！！李仕写于 20191114");win-dow.draw(text);
41.     CharacterSize = 24;
42.     text.setCharacterSize(CharacterSize);
43.     text.setFillColor(Color(255, 255, 255, 255));
44.     text.setStyle(Text::Bold); // |Text::Underlined
45.     initialY = INFO_CORNER_Y;
46.     text.setPosition(INFO_CORNER_X, initialY);
47.     text.setString(L"玩家 1:"); window.draw(text);
48.     initialY += CharacterSize;
49.     text.setPosition(INFO_CORNER_X, initialY);
50.     text.setString(L"   方向键：WASD"); window.draw(text);
51.     initialY += CharacterSize;
52.     text.setPosition(INFO_CORNER_X, initialY);
53.     text.setString(L"   速降： Space 键"); window.draw(text);
54.     initialY += CharacterSize;
55.     text.setPosition(INFO_CORNER_X, initialY);
56.     text.setString(L"   交换： 左 Ctrl 键"); window.draw(text);
57.     initialY += CharacterSize*1.5;
58.     text.setPosition(INFO_CORNER_X, initialY);
59.     text.setString(L"玩家 2:"); window.draw(text);
60.     initialY += CharacterSize;
61.     text.setPosition(INFO_CORNER_X, initialY);
62.     text.setString(L"   方向键：↑←↓→"); window.draw(text);
63.     initialY += CharacterSize;
64.     text.setPosition(INFO_CORNER_X, initialY);
65.     text.setString(L"   速降： Enter 键"); window.draw(text);
66.     initialY += CharacterSize;
67.     text.setPosition(INFO_CORNER_X, initialY);
```

```
68.     text.setString(L"    交换:  右 Ctrl 键"); window.draw(text);
69.     initialY += 2*CharacterSize;
70.     text.setPosition(INFO_CORNER_X, initialY);
71.     text.setString(L"自带底部缓冲功能"); window.draw(text);
72.     initialY += CharacterSize;
73.     text.setPosition(INFO_CORNER_X, initialY);
74.     text.setString(L"退出:  Esc 键"); window.draw(text);
75. }
```

习 题

1. 本章俄罗斯方块游戏在点击界面上的开始按钮之前，游戏舞台上是空的。点击开始按钮之后，程序直接进入游戏循环模块。初始的游戏方块图形是怎么生成的？为什么在游戏开始之前，游戏舞台是空的？

2. 通常来说，Tetris 游戏的胜负判定规则是：如果新生成的方块图形与背景方块相撞，则游戏判负，即胜负判定函数 isWin()函数是在新图形生成函数 newShapeFunc()函数之后跟着执行的，即每次新生成方块时，都做一次 isWin()胜负判定。请结合本章的内容，试分析下方的代码为什么这样调用 isWin()函数，会不会影响游戏结果的判定。

```
1.  void Tetris::Logic()
2.  {
3.      //…
4.      if (newShapeFlag)
5.      {
6.          if (animationFlag == false)
7.          {
8.              ///////check lines//////////
9.              checkLine();
10.             if (animationFlag == false)
11.                 newShapeFunc();//落地应该就要生成新的方块;图形生成函数里面再
    //更新 Flag 的状态
12.             isWin();
13.         }
14.         //…
15.     }
16. }
```

3. 双人版 Tetris 游戏里有个问题挺有意思的。当出现胜负判定时游戏是否要停止/结束？如果游戏就此结束，那么当游戏只有一位玩家时游戏如何进行？如果游戏不就此结束，那么游戏总会有个尽头。当两个玩家都失败时，如何设定游戏的结束？

参 考 文 献

[1] https://www.sfml-dev.org/learn.php.
[2] BARBIER M. SFML Blueprints. Birmingham: Packt Publishing Ltd, 2015